城市气象学

罗小青 编著

图书在版编目（CIP）数据

城市气象学 / 罗小青编著. -- 厦门：厦门大学出版社，2025.6. -- ISBN 978-7-5615-9776-7

Ⅰ．P4

中国国家版本馆 CIP 数据核字第 20253MU973 号

责任编辑　郑　丹
美术编辑　蒋卓群
技术编辑　许克华

出版发行　厦门大学出版社
社　　址　厦门市软件园二期望海路 39 号
邮政编码　361008
总　　机　0592-2181111　0592-2181406(传真)
营销中心　0592-2184458　0592-2181365
网　　址　http://www.xmupress.com
邮　　箱　xmup@xmupress.com
印　　刷　厦门集大印刷有限公司

开本　720 mm×1 020 mm　1/16
印张　13.75
插页　1
字数　260 千字
版次　2025 年 6 月第 1 版
印次　2025 年 6 月第 1 次印刷
定价　58.00 元

本书如有印装质量问题请直接寄承印厂调换

厦门大学出版社
微信二维码

厦门大学出版社
微博二维码

前　言

城市气象学是一门因城市诞生而衍生出的应用气象学分支学科,由于城市快速发展对土地利用、大气环境、水循环、热量平衡以及城市天气、气候产生显著影响使其备受关注。城市气象学主要研究城市化对局地天气、气候、水环境和热环境的影响,例如,城市化进程改变了地表粗糙度,从而使冠层内的气象要素分布异常复杂,人类活动释放出的大量热量、气溶胶和温室气体改变了城市大气环境,城市管网及供排水方式改变了自然下垫面的水循环过程等。2022年5月,国务院印发的《气象高质量发展纲要(2022—2035年)》指出要优化人民美好生活气象服务供给,加强公共气象服务和高品质生活气象服务供给,建设覆盖城乡的气象服务体系,这些举措为城市气象的发展指明了方向。

本书作者根据多年教学和科研经验,并结合城市气象领域最新文献、著作等,系统介绍了城市气象学基本理论、城市大气污染、城市热岛、城市风环境、城市降水、热量平衡和水分平衡以及城市气象要素(湿度、雾、云、日照、辐射等)特征和城市气象服务。本书重点阐述了大城市的气候特征以及城市化进程对局地气象要素时空分布的影响,并辅以介绍国内外前沿热点问题和最新研究成果。本书图文并茂,融合创新思维,可读性强。

本书主要由罗小青撰写完成,其中,李凯主要编写了第4～6章,吴丽晴对第2章、第9章进行了修改和补充,范伶俐对第5章、第6章进行了修改和补充,赵佳玉对第7章、第8章进行了修改和补充,薛宇峰、陈皇池、刘鹏提供了部分插图和建议,李凯、杨熙昊、刘路梅、崔影、王俊栋、蒋怀旭进行了格式修订,本书由罗小青和李凯统稿。本书在撰写过程中参考了国内外众多学者的研究成果,在此谨向各位学者致以诚挚的谢意。

本书是作者在广东海洋大学海洋与气象学院教学和科研实践中不断修改而最终完成的。本书出版得到了广东省高等教育教学改革项目(010201032401)、广东海洋大学海洋与气象学院基础学科"长基"计划项目

(080501032403)、校级质量工程项目（010402032301）和校级科研项目（060302032109)的共同资助。

　　由于城市气象学涉及大气科学、应用气象学、气候学、城市规划、城市生态学、城市管理学等众多学科领域，限于作者学识水平，书中错误和不妥之处在所难免，殷切期望使用本书的读者批评指正，可将相关意见和建议发送至邮箱luoxq14@gdou.edu.cn。

作者

2024 年 7 月

目　　录

第1章　绪论 …………………………………………………………………… (1)
  1.1　基本概念 …………………………………………………………… (1)
  1.2　发展历史 …………………………………………………………… (17)
  1.3　发展现状及方向 …………………………………………………… (19)
  延伸阅读 ………………………………………………………………… (22)
  参考文献 ………………………………………………………………… (24)

第2章　城市大气污染 ………………………………………………………… (29)
  2.1　基本概念 …………………………………………………………… (29)
  2.2　气象条件对大气污染扩散的影响 ………………………………… (41)
  2.3　城市大气环境与健康 ……………………………………………… (45)
  2.4　防治城市大气污染的对策 ………………………………………… (48)
  延伸阅读 ………………………………………………………………… (51)
  参考文献 ………………………………………………………………… (52)

第3章　热岛效应 ……………………………………………………………… (57)
  3.1　基本概念 …………………………………………………………… (58)
  3.2　冠层城市热岛 ……………………………………………………… (67)
  3.3　影响和缓解措施 …………………………………………………… (75)
  3.4　研究热点 …………………………………………………………… (78)
  延伸阅读 ………………………………………………………………… (79)
  参考文献 ………………………………………………………………… (80)

第4章　城市风环境 …………………………………………………………… (84)
  4.1　城市风场 …………………………………………………………… (84)
  4.2　城市风场特征 ……………………………………………………… (94)
  4.3　城市发展对风的影响 ……………………………………………… (96)
  4.4　城市风环境评估 …………………………………………………… (101)
  4.5　城市通风廊道 ……………………………………………………… (105)
  延伸阅读 ………………………………………………………………… (110)

参考文献 ……………………………………………………… (111)

第 5 章　城市的湿度、雾和能见度 ……………………………… (114)
　5.1　湿度 ……………………………………………………… (114)
　5.2　城市雾和能见度 ………………………………………… (127)
　5.3　城市浑浊岛 ……………………………………………… (135)
　　延伸阅读 ……………………………………………………… (136)
　　参考文献 ……………………………………………………… (137)

第 6 章　城市的云和降水 ……………………………………… (139)
　6.1　云 ………………………………………………………… (139)
　6.2　城市化对云的影响 ……………………………………… (145)
　6.3　降水 ……………………………………………………… (147)
　6.4　城市内涝及应对措施 …………………………………… (154)
　　延伸阅读 ……………………………………………………… (155)
　　参考文献 ……………………………………………………… (156)

第 7 章　城市日照和辐射 ……………………………………… (160)
　7.1　城市日照 ………………………………………………… (160)
　7.2　城市建筑日照设计 ……………………………………… (163)
　7.3　城市辐射 ………………………………………………… (170)
　　延伸阅读 ……………………………………………………… (182)
　　参考文献 ……………………………………………………… (183)

第 8 章　城市热量平衡和水分平衡 …………………………… (186)
　8.1　城市地表能量平衡方程 ………………………………… (186)
　8.2　城市地表水分平衡方程 ………………………………… (195)
　8.3　海绵城市 ………………………………………………… (200)
　　延伸阅读 ……………………………………………………… (202)
　　参考文献 ……………………………………………………… (203)

第 9 章　城市气象服务 ………………………………………… (205)
　9.1　基本内涵 ………………………………………………… (205)
　9.2　城市气象服务"两个体系" ……………………………… (208)
　9.3　气象现代化 ……………………………………………… (210)
　9.4　城市智慧气象服务 ……………………………………… (211)
　　延伸阅读 ……………………………………………………… (213)
　　参考文献 ……………………………………………………… (214)

第1章 绪论

1.1 基本概念

1.1.1 城市气象学

城市气象学是应用气象学的分支学科之一，它是研究区域气候变化背景下城市天气、气候现象的一门新兴交叉学科。城市气象学的研究内容以气象学和气候学为基础，涵盖城市设计、城市生态学、城市规划、城市水系统工程、城市管理等学科领域，其关注的空间尺度从百公里级的城市群尺度到建筑物屋顶、墙壁、道路等米级尺度，时间尺度从几分钟到几十年，研究内容非常丰富。城市气象学的理论、方法对城市环境气象学、城市气象灾害学和城市气象信息技术等的发展有巨大促进作用。

1.1.2 城市化

研究城市气象学首先要清楚城市和城市化的概念。城市是一个高度开放的自然、经济与社会的复杂人工系统(图1-1)，主要由生态系统、经济系统、社会系统和生命保障系统构成。城市空间是城市人口、产业经济和基础设施等布局相对集中而形成的建成区地域空间，强调的是一种非行政区概念的地理空间，是城市各种社会生产、生活活动的场所空间和城市景观的地域载体(张健，2016)。城市范围的典型尺度一般认为是20~40 km，包括市中心、居民区、公共活动区、新建区、工业区、不同街道交通区域等(蒋维楣等，2010)。

城市化是指人口向城镇集聚、城市范围不断扩大、乡村变为城镇的过程。城市化是衡量一个国家或地区社会经济发展水平的重要标志，可采用人口密度、人口数量、地表粗糙度[①]、植被覆盖指数、城市建成区面积、夜间灯光照明强度、

[①] 地表粗糙度(z_0)：也称冠层粗糙度，是指近地层风速向下递减为零时的高度，用于描述地表因粗糙特性对风廓线的影响。z_0大小取决于地表几何特性和材料特性，其在一定程度上反映了近地表气流与下垫面之间的物质和能量交换、传输强度及它们之间的相互作用大小等，因此z_0是空气动力学、气候和气象模型中的重要参数。

不透水面积等数据定量表征城市化发展水平,例如城市地表粗糙度和不透水面积越大,城市化程度越高;反之,城市化程度越低。城区植被覆盖率越低的区域和灯光照明强度越强的区域往往是人口密度较大的地区,可代表城市化水平高的区域。根据观测资料显示,1992—2019年全球城市面积占比由0.256%增加到0.577%,其中美国和中国城市面积扩张最快,长江三角洲的城市面积占比由1992年的1.44%增加到2019年的8.35%(Chakraborty和Qian,2024)。

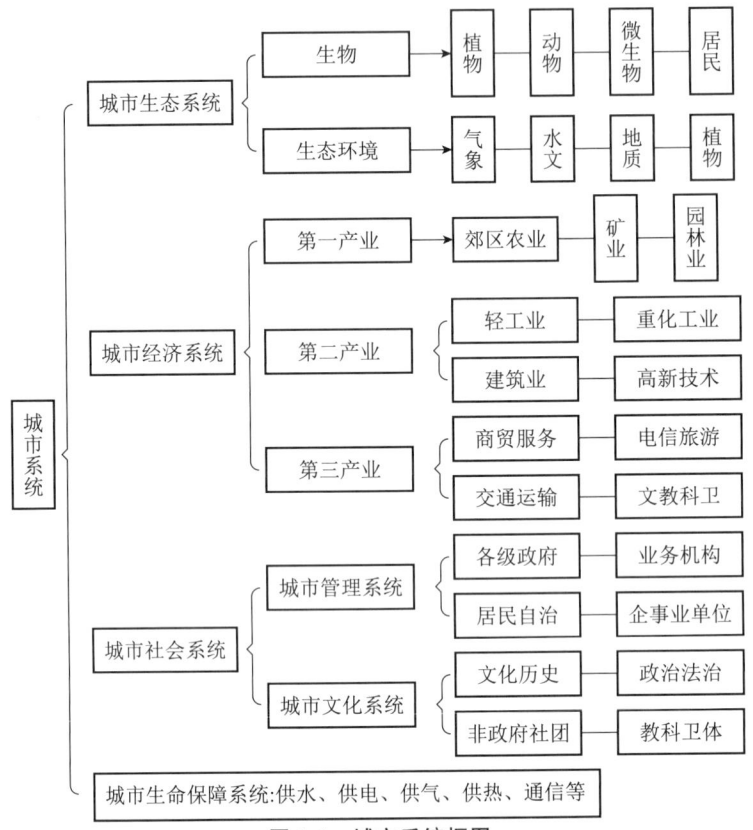

图1-1 城市系统框图
[引自王迎春等(2009)]

世界四大湾区(粤港澳大湾区、东京湾区、纽约湾区和旧金山湾区)都是人口密集、产业集中、经济活动频繁的区域,城市化水平高,其中粤港澳大湾区(Greater Bay Area,GBA)是中国近40年来城市化进程最快的地区之一。大湾区包括广东省9市和2个特别行政区,面积55914平方公里,以第二、第三产业为主,2022年常住人口8644万,其中广州和深圳人口总数居前两位。对比2000年和2020年大湾区植被覆盖指数可以看出中山、佛山、广州、东莞等地植被覆盖度显著减小,这说明2020年大湾区中心城市化水平较2000年显著提升。夜间灯光照明强度越强说明城市化水平越高,反之则越低(Li 等,2021)。对比 2012 年和 2020 年大湾区夜间照明灯光强度,可以看出过去近 20 年中山、佛山、广州、深圳、东莞、香港等城市夜间灯光强度显著增强,范围增大,城市化范围显著扩张,逐渐发展为城市群(图 1-2)。对比 2012 年和 2020 年北京夜间灯光强度也可看出城市化发展速度非常快(图 1-3)。近 20 年大湾区的城市建成区面积也在快速扩张,其中 2010—2018 年东部建成区分布在原有基础上更加紧凑,联系更加紧密,西部城市出现了许多零散的建成区,并且这些零散的建成区逐渐相连(奥勇等,2022)。城市化的发展往往是以改变下垫面为标志的,2000—2020 年粤港澳大湾区近 50% 的城市扩张侵占了农田,25% 的城市扩张侵占了林地,25% 的扩张侵占了水体。另外,由于城市扩张,城市生态系统也发生了显著变化(Yushanjiang 等,2024)。

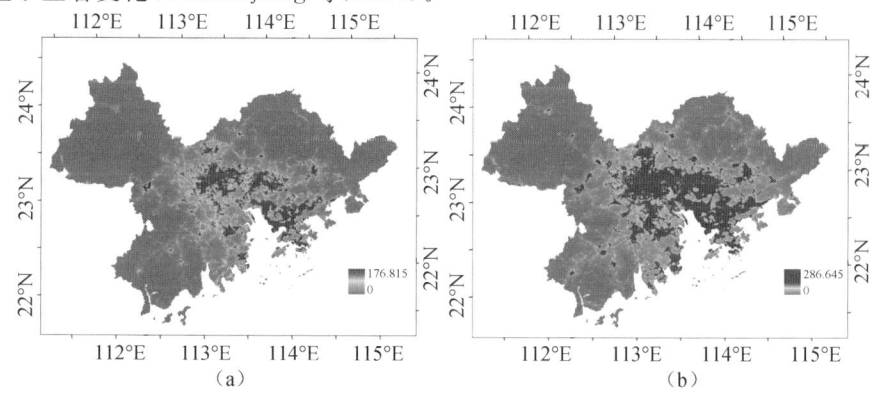

图 1-2 粤港澳大湾区 2012 年(a)和 2020 年(b)夜间灯光照明强度年平均值
(单位:nW/cm² · sr)

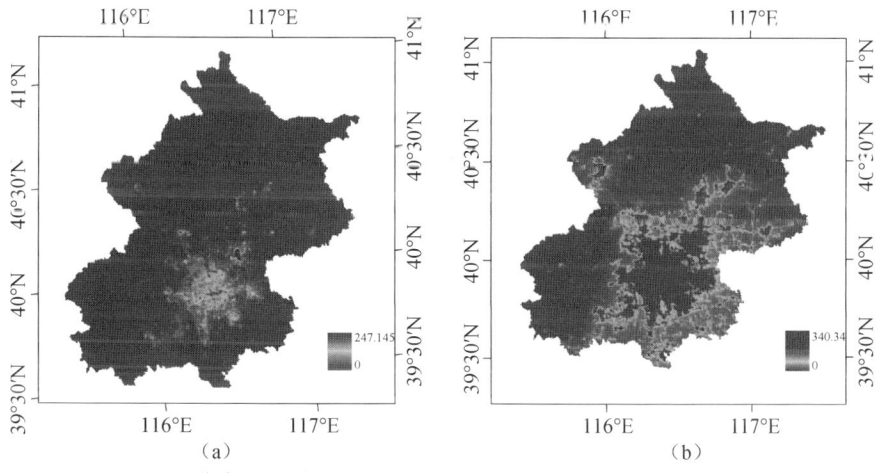

图 1-3 北京 2012 年(a)和 2020 年(b)夜间灯光照明强度年平均值
(单位:nW/cm² · sr)

2011年我国城镇人口首次超过农村人口,2021年第七次人口普查报告显示2020年我国城市人口数量和用地规模较2010年显著增加,大陆地区常住人口城镇化率已达63.89%(国家统计局,2021)。我国目前已形成19个城市群,城市资源环境承载力也备受考验(郭锐等,2020)。长江三角洲城市群、京津冀城市群和珠江三角洲城市群是我国城市化发展速度最快、城市化水平最高、城市规模最大的3个特大城市群,上海、北京、广州、深圳是我国城市化快速发展的4个代表性城市。城市群和快速城市化的地区能量、物质和热量流动非常频繁,城市特殊的下垫面,伴随大量污染物、人为热、人为水汽的排放,这些因素势必会对城市天气、气候和大气环境造成影响,因此这些地区也是城市气象和气候环境的重点研究区域。

随着人们生活水平的提升,大家对美好生活的向往,城市气象和气候环境的研究越来越受到公众和学者的关注。城市化加剧城市热岛,从而很有可能使城市遭受更多极端高温热浪袭击,同时城市化也有可能加强城市上空和下风方向的强降水,也可通过能源消耗、植被覆盖度、地表粗糙度的改变对空气质量和城市气候产生影响(图1-4)。城市形态①、暴露度和脆弱度②之间的相互作用产

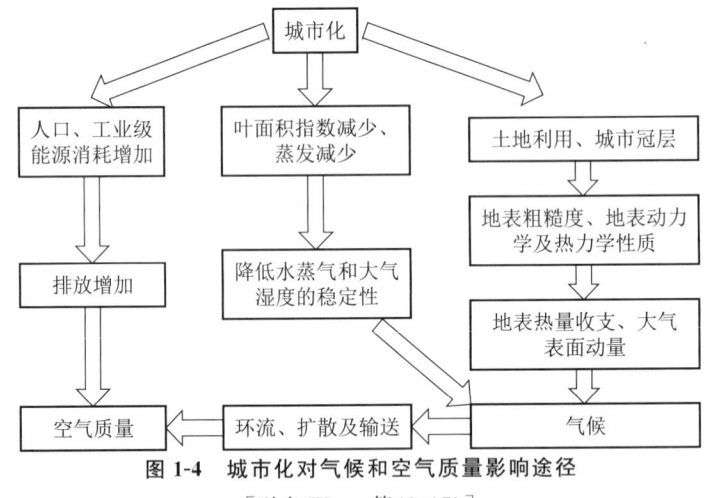

图1-4 城市化对气候和空气质量影响途径

[引自Wang等(2017)]

---

① 城市形态:一个城市的全面实体组成,或实体环境以及各类活动的空间结构和形式。它是城市自然环境、历史文化、经济活动和社会发展共同作用的结果。可按平面布局、功能组织、发展阶段、自然地理条件等角度进行划分。GBA的城市形态以多中心、组团形式为主,具有典型现代城市群特征。

② 暴露度(exposure)是指对生命、物种、生态系统、环境、基础设施、经济等造成不利影响的位置与设置。脆弱度(vulnerability)是指受到不利影响的倾向与本质。它们是灾害风险评估中的重要概念,共同决定了风险的大小。例如对于台风灾害而言,沿海城市受台风强风和暴雨影响大,其暴露度高,而内陆城市因距离远,其暴露度低;沿海城市有抗风建筑等,居民防灾意识强,因此脆弱度低,与此相对,内陆地区则脆弱度高。

生的城市气候变化,对城市正常运转也会造成威胁,而全球化使得我们可以集中更多力量和智慧在城市规划方面做出更合理的决策,从而适应这种变化,沿海城市在这个过程中的作用更大(IAUC,2022)。根据联合国政府间气候变化专门委员会(IPCC)发布的《气候变化 2023》显示,为应对气候危机,各个系统都必须大幅削减碳排放。以交通运输系统为例,大幅度减少碳排放意味着城市规划要最大限度减少人们的通勤出行需求,并建立共享、公共和慢行交通方式,如城市快速交通系统和自行车出行(Lee 等,2023)。

1.1.3 城市下垫面

城市下垫面是指城市区域的地表面、屋顶、墙面等,大多以水泥、沥青、砖石、金属和合成材料等构成,具有人工建筑物高度集中、植被覆盖少、坚硬密实、干燥不透水的特点,是构成城市环境的关键部分。典型的城市地表面有沥青路面、水泥路面、荷兰砖地面、草地、嵌草砖地面、大理石地面等。粤港澳大湾区在城市化水平较高的珠江三角洲地区主要以人工建筑物为主,城市化水平相对较低的肇庆、江门和惠州大部分地区以林地、草地为主。观测资料显示大湾区过去 40 年,城镇用地范围有显著扩张(鞠洪润等,2022)。自然下垫面(代指郊区农村下垫面)通常以大片土壤、水体、植被、农田等为主。相较于自然下垫面,城市下垫面粗糙元[①]更为立体,植被覆盖率低,地表覆盖类型更复杂多样,同一地表分类所占面积也较小,非均一性特点明显。用于描述动量和热量在近地层湍流交换的莫宁-奥布霍夫相似理论[②](张鑫宇等,2023)在城市下垫面也不再适用,一般采用局地相似理论进行描述(邹钧,2017)。下面对城市和郊区下垫面的热力学属性和动力学属性进行简单对比。

(1)热力学属性

热力学属性主要是指热容量、热传导率、吸热、发射和反射能力等,不同下垫面的热力学属性差别很大。下垫面典型材料的 4 个热力性质参数统计见表 1-1,可以看出水的热容是最大的,热导纳能力也很强,但是传热能力相对城市下垫面偏低,砖块、岩石的热扩散率比十黏土的显著偏大,钢的热扩散率约是饱和黏土的 27 倍。建筑物颜色和材质对反照率影响很大,例如白色水泥墙面的反射率是红砖墙面的 2 倍,普通玻璃的反射率远小于不锈钢的反射率等。另外,关于建筑材料热物理性能相关参数具体也可参考《民用建筑热工设计规范》(GB 50176—2016)。

---

① 粗糙元:指实际下垫面或其模型化。例如对植被、地形、建筑物、工厂、桥梁等模型化为均匀分布或非均匀分布的不同高度、宽度、深度、表面等立方体、长方体。粗糙元的密度、形状参数、z_0 等都是其指标参数。

表 1-1 下垫面典型材料的 4 个热力性质统计

材料	状态	热扩散率[1]/[m²/(s×10⁶)]	热导纳 μ[2]/[J/(m²·s^{1/2}·K)]	热传导率 k[3]/[W/(m·K)]	热容量 C[4]/[MJ/(m³·K)]
自然下垫面材料(乡村和未开发的城市站点)					
空气	10 ℃,静止	21.5/10×10⁶	5/390	0.025/~125	0.0012
水	4 ℃,静止	0.14	1545	0.57	4.18
冰	0 ℃,纯	1.16	2080	2.24	1.93
雪	新/旧	0.10/0.40	130/595	0.08/0.42	0.21/0.84
沙土(40%孔隙)	干/饱和	0.24/0.74	620/2550	0.3/2.2	1.23/2.96
黏土(40%孔隙)	干/饱和	0.18/0.51	600/2210	0.25/1.58	1.42/3.10
泥炭土(40%孔隙)	干/饱和	0.10/0.12	190/1420	0.06/0.5	0.58/4.02
干燥状态下的建筑和建筑材料(已建地区)					
沥青路	典型	0.38	1205	0.75	1.94
混凝土	充气/密度	0.29/0.72	150/1785	0.08/1.51	0.28/2.11
岩石	典型	0.97	2220	2.19	2.25
砖块	典型	0.61	1065	0.83	1.37
黏土		0.38	922	0.57	1.5
陶瓦		0.47	1220	0.84	1.77
石渣	40%空隙	0.66	1058	0.86	1.3
木材	轻/密度	0.20/0.13	200/535	0.09/0.19	0.45/1.52
钢		13.6	14475	53.3	3.93
玻璃		0.44	1110	0.74	1.66
水泥	石膏	0.33	795	0.46	1.40
石膏板	典型	0.18	635	0.27	1.49
绝缘体	聚苯乙烯/软木	1.5/0.17	25/120	0.03/0.05	0.02/0.29

引自 Oke 等(2017),范绍佳等(2024),稍作修改。

(1)热扩散率:温度透过材料传输的速度,它是导热系数与热容量之比。

(2)热导纳:也称热惯性,是一种界面属性,由导致系数、密度和比热容乘积决定。空气的热导纳取决于湍流,建筑物或土壤的热导纳取决于热传导率和热容量,热导纳是衡量储热能力的关键参数,值越大,说明下垫面储热能力越强。

(3)热传导率:温度梯度将能量从一个分子传递到另一个分子的能力。

(4)热容量:比热和密度的乘积。

城市建筑物与街道大多由石材、砖头、沥青、混凝土、钢材等热扩散率大、导热率大的材料构成,城市冠层的立体性使平均热容量较郊区偏大,平均热导纳偏大,并且城市下垫面颜色较深,使得平均反照率较郊区偏低,因此白天的城市冠层是一个巨大的蓄热体,夜间密集的建筑群对红外辐射相互吸收、彼此反射,也具有较强的蓄热能力(王迎春等,2009)。研究有植被覆盖区域的屋顶、墙壁或道路的热量收支情况、有行道树街道的行人生物气候、不同类型下垫面地表面温度情况等可为城市环境规划建设提供科学依据。

(2)动力学属性

下垫面动力学特性主要通过摩擦、阻滞、抬升等作用影响气流。城区人工建筑物集中,建筑物形态、分布密集程度、排列样式对局地区域冠层风场影响非常显著,如街道两旁高耸建筑的峡谷效应往往会造成近地面的强风,建筑物背风侧形成风速很小的风影区,塔形建筑物存在急流区等。

地表粗糙度是表征地表不同下垫面与接近地表气流的相互作用以及物质、能量交换的关键参数,计算方法根据研究手段的不同可分为基于实测数据方法、风洞实验法和遥感法(图 1-5),其中基于卫星遥感资料结合地理信息系统(geographic information system,GIS)技术的方法,尤其是形态学方法应用最为广泛(姚佳伟等,2020)。表 1-2 中列出乡村和城市下垫面地表粗糙度,从中发现城市的粗糙度普遍大于自然下垫面的值,一般认为郊区密集低矮建筑物群的平均粗糙度为 0.4~0.7 m,而具有规则建筑物的城市群的平均粗糙度为 0.7~1.7 m。城市高粗糙度对风环境、降水模式等会产生显著影响,例如当城市冠层粗糙度较大时,云团在城市上风向停留,使城市上风向降水增加,使经过城市的暴雨云团运动速度减小,对流中心出现事件推后(邢月等,2020)。

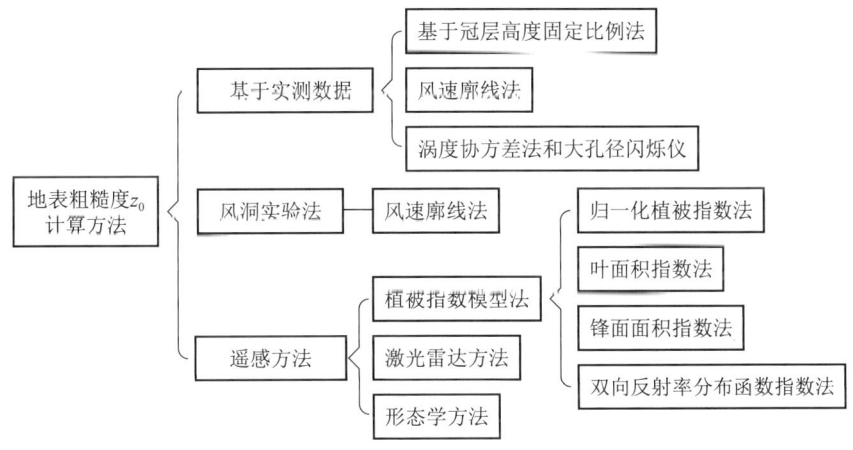

图 1-5 地表粗糙度计算方法

表 1-2 乡村和城市下垫面地表粗糙度 z_0

类别	不同类型下垫面	粗糙度
乡村	泥地、冰面、柏油马路	0.001~0.01 mm
	雪、水体	0.1~1 mm
	草地、农田	0.03~0.15 m
	灌木、果园、草原	0.4~1 m
城市	低高度和密度的住宅、花园、树林、厂房	0.3~0.8 m
	中等高度和密度成排紧挨的住宅和城镇中心	0.7~1.5 m
	高大和高密度低于6层的成排成区的建筑物	0.2~2 m
	高大建筑物写字楼和公寓楼群等	>2 m

(3) 城市下垫面划分

为便于建模,可将城市下垫面根据其高度和形状简化为6种模型(Oke等,2017):全三维表面、地面、屋顶面、投影面、百叶箱高度面和零平面位移[①]面。全三维表面需要考虑所有界面细节,比较复杂,一般不采用此方法。将地面或屋顶面作为下垫面较为容易,早期的平板(slab)模型就采用该方法,该方法适合模拟空间尺度较大的情况(刘衍等,2022),零平面位移面视角经常是处理考虑冠层结构的微气候交换过程,投影面是从上向下俯瞰到的下垫面,墙壁等垂直表面被忽略,百叶箱高度面是气象观测气温常用的高度。

通过地表覆盖类型、街谷高宽比(H/W)、容积率[②]等参数描述地表属性,将城市单元按照尺度从小到大分为组成面(屋顶、墙壁、道路)、粗糙元(居民楼、高楼、厂房)、街区(街道、街谷)、小区或局地气候区、城市(建成区)和城市区域(城市和周边乡村)等类型。不同组成单元的水体特性、气候现象、典型气候尺度也都不一样。另外,城市更新单元是在保证基础设施和公共服务设施相对完善的前提下,按照有关技术规范,综合考虑道路、河流等自然要素及产权边界等因素,划定的相对成片区域。

局地气候分区(local climate zone, LCZ)是一种基于局地气候理念的分类体系,它是基于大部分城市形态特征进行的统一下垫面类型分类方法。Stewart 和 Oke(2012)将水平范围几百米或几公里具有均匀一致地表覆盖、结构、性质和人类活动的区域定义为1个LCZ,并由此将城市及周边区域划分为

---

① 零平面位移:当地面有较高的覆盖物(如城市建筑、树林和农作物)时,平均风速为零的高度值(离地面高度)与粗糙度的差值,也就是指风速的有效作用高度。这个差值为冠层高度的修正值,是一个概念性的量,其典型值约为覆盖物高度的2/3~4/5。

② 容积率:建筑总面积与地块总面积的比值。

10个LCZ类型,将农村划分为7个LCZ类型。不同LCZ类型的区域,其不透水面积、下垫面热性质和局地气候也不一样,而同一类型的区域具有相同的气候特征和热力学、动力学参数(Oke等,2017)。该方法根据地表覆盖类型、城市结构、建筑材料和活动特征的比例对城市和乡村进行分类,因此在城市热环境方面的应用十分广泛。关于LCZ的制图方法与步骤常采用Bechtel等(2015)研发的世界城市数据库和获取门户工具(the world urban database and access portal tools,WUDAPT)①制图流程,也可直接采用南京大学张宁教授团队建立的中国60个主要城市1 km分辨率的城市建筑形态学参数集(Sun等,2021)对下垫面进行分类,该数据可通过哈佛大学数据分享中心(https://doi.org/10.7910/DVN/VZH1QY)免费下载。

1.1.4 城市边界层

(1) 基本特征和高度

研究城市气象和气候特征,首先要明确城市边界层(urban boundary layer,UBL)基本特征、高度和结构。城市边界层基本特征主要有以下几点:第一,由于UBL受太阳辐射、冠层人工构筑物以及人类活动热力和动力作用影响,使得UBL的热力湍流和机械湍流异常丰富;第二,UBL的季节变化、日变化以及城郊差异均非常显著,白天以对流边界层为主,夜间以稳定边界层为主;第三,UBL顶常存在逆温层和下沉夹卷运动;第四,中性层结或者均匀下垫面UBL低空水平风速随高度增加呈对数律分布,通过风廓线雷达可看到该特征(廖廓等,2021)。

UBL的高度Z与城市地理环境、城市大气质量、建筑物高度、下垫面热力和动力过程有关,具有显著的日变化和季节变化特征,UBL高度一般在1~2 km范围。例如北京春夏季午后UBL的高度变化范围为1~1.5 km,而冬季大多时候低于1 km(Solanki等,2021),白天的边界层高度往往高于夜间,夏季的边界层高度一般高于冬季。城市的UBL一般比周边农村的高,城市地表能量平衡也显著区别于农村。UBL高度一般通过气象铁塔、系留气球、风廓线雷达、激光雷达、飞机等进行观测,各个观测手段的优缺点可参考车军辉等(2021)的总结。

(2) 垂直结构

UBL的三维结构非常复杂,此处主要讨论其垂直结构。UBL从低到高是由城市冠层(urban canopy layer, UCL)、粗糙子层(roughness sublayer, RSL)、惯性子层(interia sublayer, ISL)、混合层(mixed boundary layer, MBL)

---

① WUDAPT是一个用气候建模、LCZ分类的全球开放共享的城市数据库和工具集。

组成,其中混合层是白天 UBL 的主要结构(图 1-6)。也可根据受力情况将 UBL 从低到高分为黏性副层(以分子黏性力为主,几厘米的厚度)、近地层(也称常通量层,约 100 m 高度,以湍流黏性力为主)、Ekman 层(也称上部摩擦层,约 1.5 km 的高度,湍流黏性力、科氏力和气压梯度力三力平衡)。

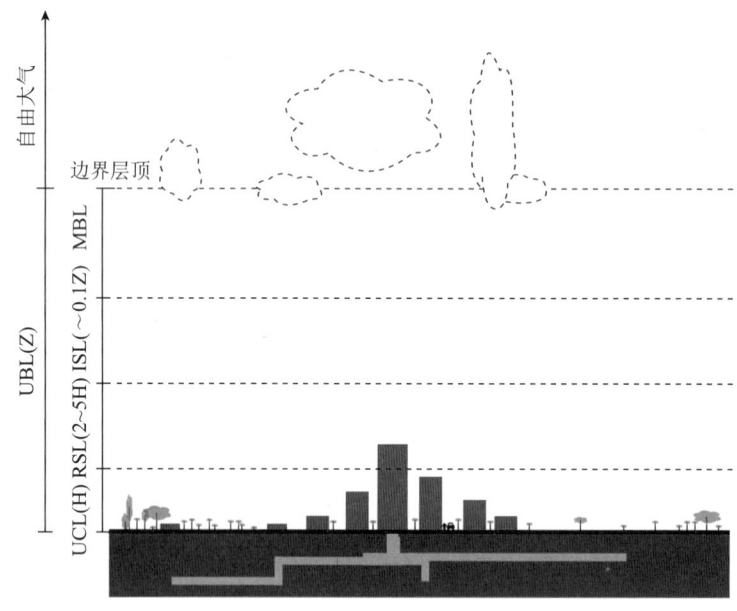

图 1-6　城市大气边界层结构(以白天为例)

城市冠层(UCL)是指从地面到建筑物或者树木的平均几何高度。UCL 厚度 H 通常几十米,如北京城市冠层厚度为 50 m 左右(苗世光等,2012),深圳高层、超高层建筑超过 5500 栋,最高建筑达到 590 m,其平均冠层厚度大于 60 m,冠层高度与粗糙度 z_0 的经验参见式(1-1)。

$$z_0 \approx 0.1H \tag{1-1}$$

城市冠层气流和能量的交换主要由微尺度过程控制,受建筑物密度、高度、几何形状、外表面涂料、颜色、街道宽度和朝向、路面铺砌材料、不透水面积、绿化面积、空气中污染物浓度以及人为热、人为水汽排放量等的影响,时空分布非常复杂,尤其是在建筑物密集的地区分布更复杂。城市冠层参数化方案,尤其是决定城市形态的冠层参数对城市地区的热岛效应、边界层结构和夏季降水的模拟有重要影响。为了精细表述城市化的天气气候效应,国内外学者发展了一系列与陆面模式耦合的城市冠层模式,如城市地表能量平衡方案及其改进方案(town energy balance,TEB)、单层城市冠层模式(single-layer urban canopy model,SLUCM)、多层城市冠层方案(building effect parameterization,BEP)

和建筑能量模式(building energy parameterization)(马小娇等,2023)。另外,需要注意区分城市冠层高度和植被冠层高度,城市冠层高度一般是城市建成区建筑物的平均几何高度,城市中植被冠层高度是指植被平均几何高度,该值往往很低,有学者采用深度学习技术,结合多源遥感数据构建了中国植被冠层高度数据,具体可以参考 Liu 等(2022)的研究。

粗糙子层(RSL)是指冠层高度之上厚度为 $2H \sim 5H$ 高度的空气层,主要由粗糙元尾流组成,动力和热力学特征受粗糙元尺度影响较大。在高建筑物的区域,RSL 占据城市边界层的大部分,大多数污染问题发生在这一层(邵博豪等,2021),城市近地层的湍流观测大多集中在 RSL 和 UCL,但这一层与 UCL 都不适用莫宁-奥布霍夫相似理论。

惯性子层(ISL)是指 RSL 之上切变主导的湍流产生对数风廓线[①],且垂直湍流切变小,扰动通量不随高度变化的层结。ISL 是在中性层结条件下才存在的,因此也把 ISL 称为常通量层(近地层),莫宁-奥布霍夫相似理论在这一层中是适用的,其高度约为 RSL 顶之上 $0.1Z$ 厚度(Li,2019)。

混合层(MBL)是指惯性子层之上到边界层顶的范围。该层占据了 UBL 的绝大部分,具有明显的日变化特征,白天受太阳辐射影响,湍流混合作用显著,使得风速、温度和比湿等气象要素随高度变化较小。夜间地面辐射冷却作用湍流减弱,但上部摩擦层仍然保持白天混合层的特性,因此被称为剩余层,混合层下部的近地层形成了稳定的夜间边界层。目前由于缺乏观测资料,关于混合层的研究仍然很不充分(Barlow,2014),Oke 等(2017)等也将 UCL,夜间的 RSL、ISL 称为城市边界层 UBL。

另外,城市尾羽层(UPL)是在城市下风方向形成的一个孤立存在于空中的大气层,它保持了城市的热力、水汽和动力影响并可以在下游方向传播数十千米,其区别于下风方向的农村边界层。这一层属于中尺度气候,其特征受城市表面性质的影响,通常与热岛、污染物扩散等联系较为紧密。

(3)稳定度参数

大气边界层稳定度是研究城市环境气象非常重要的参数,许多扩散模式中用此来定义大气湍流状态或描述大气扩散能力。边界层稳定度参数常用的有莫宁-奥布霍夫长度 L,具体见式(1-2)。

$$L = -\frac{Tu_*^3}{\kappa \cdot g \cdot Q_H} \tag{1-2}$$

其中,T 为绝对温度(K),u_* 为摩擦速度,κ 为卡曼常数(≈ 0.4),g 为重力加速度,Q_H 为感热通量。

---

① 关于对数风廓线将在第 4 章城市风环境部分详细介绍。

L 越大说明热力湍流占比越小,反之则占比越大,中性层结下,$L\to\infty$,热力湍流和机械湍流平衡梯度理查森数、总体理查森数,关于这几个参数的具体计算及稳定度分类标准可参考毕雪岩等(2005)给出的方法。

1.1.5 城市气候

城市气候可看作城市气象学的一个研究领域。城市气候是指城市化改变原有区域气候状况,形成一种从微观到区域尺度上的独特局地气候。人类活动对气候的影响在城市中表现最为突出,因此,城市气候已成为全球环境变化研究的焦点。UBL对城市气候的影响主要体现在城市屋顶吸热和上空排放物截获太阳辐射,导致气温升高,热量释放致使增暖的空气上升,盛行风作用下使城市和下风区形成较多降水等(蒋维楣等,2010)。

城市下垫面的动力、热力属性以及人为热、温室气体和气溶胶的大量排放,形成了特殊的城市气候,如著名的城市"五岛效应"(周淑贞,1988;史军等,2011)。"五岛效应"分别为热岛效应、湿岛效应、干岛效应、浑浊岛效应和雨岛效应。关于城市化对当地天气和气候扰动的研究主要集中在这"五岛效应"上,其中关于城市热岛的研究最为广泛和深入,这也是城市气候学研究历史中最悠久的课题之一。如 Wang 等(2017)基于逐小时站点气温和地表温度研究了城市热岛的日变化和季节变化;苗世光等(2020)认为城市化通过改变土地利用率、植被覆盖率和人口、工业以及能源消耗等改变城市气候,同时,他也翻译了《城市气候》一书。

另外,一些重大的历史事件和突发公共安全事件也会对城市气候、下垫面、人体健康、社会经济等产生巨大影响。例如20世纪50年代伦敦烟雾事件,2011年福岛核事故造成的大气污染、地震、气体泄漏,以及2020年新型冠状病毒全球蔓延造成全球二氧化碳短期快速下降等。关于城市气候特征和最新研究成果也可通过 Masson 等(2020a)的综述进行了解。

1.1.6 城市和郊区的划分

城市是人口密度高度集中、人类活动频繁和人工构筑物高度集中的地区,因此可以根据人口密度、夜间灯光照明强度、植被覆盖指数、不透水面积等表征城市化发展程度的数据来划分城市站和乡村站。对城市气象进行研究时,经常会用到城郊对比分析法,因此需要掌握城市和郊区的划分方法,以下列举五种常用的划分方法。

(1) 站点法

采用气象台站划分城市站和乡村站。例如气象观测台站落在人口密度小于300人/km²区域的台站可划分为农村站,否则归为城市站;台站位置落在夜间灯光照明强度小于某个阈值的地区可划分为农村站,否则归为城市站。Ren等(2015)提出了一套基于气象观测台站划分城郊站点的原则、标准和程序,并使用该方法研究发现1961—2004年,我国城市化效应为0.0748 ℃·10 a^{-1},城市化贡献率为24.9%。Huang等(2022)参考了该方法进行城市和郊区站点划分,从而研究城市干岛效应。敖雪等(2020)根据气象站经纬度、海拔高度、仪器变更和迁站情况、各市县人口资料和人口密度资料、各市县建成区面积和土地面积数据等筛选乡村站。划分城郊站点的参考标准有:气象站观测资料时间连续性好;气象站迁站次数不超过一次;测风仪器高度均在10 m左右,未发生过观测高度变更;气象站不位于城区中心或者居民区内;气象观测站所在经纬度上的人口密度不超过300人·km^{-2};气象站所在县或区的建成区密度不超过35%;站点距离市中心的距离。

(2)遥感法

采用卫星遥感影像资料划分城市站和乡村站。深圳市气象局采用卫星资料反演出地表温度,将不透水层的地表温度作为城市值,将同一时间植被(或水体)的温度作为郊区值,以此构造了城市热岛强度指数(《城市热岛效应遥感评估技术规范》,DB4403/T 193—2021)。敖雪等(2020)采用DMSP/OLS卫星夜间灯光数据,利用二分法设定不断变化阈值,计算每个动态阈值下的城镇面积,并将计算结果与统计年鉴中的城镇面积对比,直到某一阈值下利用卫星夜间灯光数据计算的城镇面积值与统计年鉴充分接近,则该阈值为该市的最佳阈值。当各市最佳阈值确定后,计算各站点7 km半径之内的夜间灯光强度值的平均值,如果计算值大于该站点所在市的阈值,则该站为城市站。

(3)格点数据法

采用格点数据划分城市站和乡村站。罗小青等(2024)选取ERA5 2 m气温格点数据,根据城市行政区域范围,选取较大范围网格区域作为背景场,将背景场气温格点值作为城市气温代表值,再采用面积加权平均法计算同一时刻背景场气温区域平均值,以此作为郊区的代表值。该方法简单、有效,适用于城市尺度或中尺度热岛的各种时间尺度分析,但要注意的是热岛形态的确定因资料和研究区域会有较大差异,应根据实际情况进行修改。

(4)LCZ法

局地气候分区法(local climate zone,LCZ)是一种应用非常广泛的城郊划分方法。根据Stewart和Oke(2012)提出的LCZ划分方法及给定的参数,将城市下垫面进行LCZ划分,或者采用WUDAPT的制图流程,结合卫星资料和软件进行LCZ划分,也可采用开源的维基世界地图OpenStreetMap(OSM)数据进行 LCZ 划分。目前采用 LCZ 划分法进行城市热环境研究的较多。

(5) 多种数据融合法

遥感反演法的结果与地面监测气温存在一定的差异，从而影响城市热岛效应分析，因此也有学者将地面站点的监测数据与卫星遥感反演的结果结合来划分城市站和郊区站。广州市气象局采用数学方法和地理信息系统方法相结合的方式，运用客观、定量、动态的方法划分城市-郊区气象站点。应用 SPSS 软件进行聚类分析，分为第 1 类郊区站点、第 2 类城市站点、第 3 类高海拔站点；基于前两类站点再综合考虑土地利用类型分类、海拔高度、地形、人口密度、国内生产总值（gross domestic product，GDP）、夜间灯光强度等资料，挑选 12 个站点作为广州城市代表站和 34 个站点作为广州郊区代表站（《2021 年广州市城市热岛监测公报》，2022）。

1.1.7 城市建成区

城市建成区的提取是城市扩张时空变化研究的重要部分，城市建成区资料的获取途径主要是通过查阅各地区统计年鉴，然而这些数据缺少建成区空间结构信息（奥勇等，2022）。随着现代遥感技术的发展，依据城市不透水面[①]的概念，通过卫星遥感数据提取城市不透水面积，进而确立城市建成区成为主要技术手段。城市不透水面作为人工地物直接反映了城市的发展和扩张，具有低渗透性和低比热容的特点。我国 2000—2018 年城市 30 m 分辨率的不透水面相关数据可从国家冰川冻土沙漠科学数据中心获取（http://ncdc.ac.cn/portal/metadata/fadbbaf7-6d8c-461a-9db6-20136d2ec3b6）。

通过遥感数据提取城市不透水面进而提取建成区，但建成区作为城市发展的活跃地区，单纯通过不透水面很难反映建成区的社会与经济活跃程度。夜间灯光的强度可以很好地反映城市扩张水平，灯光的强弱反映了城市内部人类活动的活跃程度，因此也可以用来定义城市建成区范围。目前常用于城市扩张研究的数据为 DMSPOLS 和 NPP-VIIRS 夜间灯光数据。图 1-2 和图 1-3 就是利用 DMSPOLS 数据绘制的粤港澳大湾区和北京的夜间灯光强度。

1.1.8 研究方法

研究城市气象首先要掌握所研究城市尺度的土地利用类型、植被覆盖情况、建成区面积、城市经济结构、人口密度以及城市风热环境等基本特征。其次，掌握城市建筑结构形态参数、地表粗糙度等信息，以上信息的获取依赖于大

---

① 不透水面：指由不透水材料或弱透水材料所铺装的陆地表面，包含建筑物、构筑物、不透水道路等。城市不透水面是指城区实体地域范围内的不透水面（《城市不透水面数据规定》CH/T 6010—2023）。

量的外场观测、数值模拟结果。总体而言可采用下列4种方法(Oke等,2017)对城市气象和气候环境进行研究。

(1)观测研究:通过观测了解城市大气中的各种现象及演变规律。例如采用观测数据,对周末与工作日、城市和郊区、城市内部不同性质下垫面气象要素和气候特征进行对比等。UBL中各种现象及演变规律具有不同的空间特征和物理特性,可有选择性地采用地面气象观测(自动气象站等)、雷达气象观测(天气雷达)、城市边界层观测(风廓线雷达、铁塔气象站等)、环境气象观测(大气成分站等)、移动气象观测(应急监测车、飞机和无人机等)、个人手机和社交媒体、卫星遥感等获得相应的数据。移动气象观测方面可以在自行车上安装传感器,收集城市微气候数据,或者将一些环境测量仪器嵌入智能设备(如手机和可穿戴设备)来研究城市气象和气候环境。

(2)实验研究:采取准受控实验,模拟一个或多个气候变量对风环境、热环境的影响。例如风洞实验、城市缩尺度外场实验、水槽实验。边界层风洞实验是将城市中的建筑物、街道、树木等物体固定在人工地面环境中,根据相似性原理,利用风洞产生的人造气流模拟不同风速、风向、湍流与模型间的相互作用。华南理工大学SCUT大型边界层风洞实验室可对高层建筑物的风荷载[①]及风振响应进行模拟分析。

(3)理论研究:基于获取的数据采用数学物理方法从理论上研究城市大气现象和过程。例如对城市能量平衡、热岛效应、大气边界层结构等的研究,城市精细天气预报理论的研究等(孙继松,2014)。

(4)数值模拟方法:借助计算机,采用数值模式进行模拟研究。常用的数值模型有ENVI-Met、WRF、SURFEX、RegCM、CLMM、UCMs、UrbClim等。街道尺度、街区尺度、城区尺度模拟的分辨率分别约为100 m以内、1000 m以内和20 km以内(Barlow,2014)。马小娇等(2023)从城市精细化模拟方面总结了百米级模式及其应用情况。由于大多数地球系统模型缺乏对城市的详细描述,因此不适合用来研究城市化对气候影响的模拟研究。

ENVI-Met是模拟城市气候和缓解情景的主要三维微气候模型,是免费、共享的。该模型可以模拟城市环境中的表面-植物-空气相互作用,具有空间0.5~10 m和时间10 s的典型分辨率。ENVI Met是一个基于流体动力学和热动力学基本定律的预后模型。其具体模拟如下过程:建筑物周围和建筑物之间的流动、地面和墙壁的热量和水汽交换过程、湍流、植被和植被参数的交换、生

[①] 建筑风荷载是指空气流动对建筑产生的压力,是建筑设计中必须考虑的重要因素。

物气候过程、颗粒分散和污染物化学过程。Faragallah 和 Ragheb(2022)采用 ENVI-Met 模型评估降温路面材料对人体舒适度和热岛效应的影响。

中尺度 WRF 数值模式有 3 种城市冠层方案,包括 SLUCM、BEP 模型和 BEP + BEM 模型。SLUCM 假设建筑物具有相同的建筑形式,并假设城市表面的三维性质,城市区域由无限长的街道峡谷组成,根据地表能量计算屋顶、墙壁和道路的表面温度,并考虑峡谷的阻力效应。在 BEP 和 BEP + BEM 模型中,城市网格单元假定由位于相同距离、相同建筑宽度但不同建筑高度的建筑物阵列组成。BEP 模型将建筑物分为若干层,计算每一层的动量和热通量,并且考虑水平(屋顶和街道)和垂直(墙壁)城市表面对预报动量、热量和湍流动能(TKE)通量的影响。WRF 模式可用于城市通风廊道的研究(莫尚剑等,2021)、城市热岛效应研究(郭飞,2017)、城市大气污染研究(秦闯,2021)、城市气候预测(南鹏飞,2021)、城市边界层研究(Shi 等,2023)等,其中 WRF-UCM、WRF-CHEM 耦合模式应用广泛。SURFEX 陆面模型常用于城市气候(Zsebeházi 和 Szépszó,2020)模拟和城市水文过程模拟等(Stavropulos-Laffaille 等,2018)。

UrbClim 模型是比利时法兰德斯技术研究院(VITO)(De Ridder 等,2015)专门为研究城市气候开发的城市边界层陆气耦合降尺度模型,仅需要气象和土地数据即可精确计算城市建筑、人类活动等非气候因素对城市气候、热流和水资源蒸发的影响,可以在多尺度的 2D/3D 城市边界上呈现城市温度、湿度、风速等主要气候变化信息。

1.1.9 研究内容

城市气象的研究内容(苗世光等,2023)主要有以下 6 个方面。

(1)城市陆面与边界层过程

本领域的研究集中于城市地表的能量和水分平衡,探讨城市化进程及人类活动如何改变水热平衡,同时还涉及地表-大气相互作用,以及城市布局形态、粗糙度和建筑材料对边界层结构的影响。

(2)城市高影响天气与气象灾害

城市环境对高温、极端降水、极端干旱等极端天气事件的响应是此领域的研究重点。此外,还包括开发精细的预报模型,气象灾害的风险分析和评估,以及制定灾害区划策略等。

(3) 城市气候、气候变化与气候韧性[①]

此领域研究涉及城市气候特征成因、气候变化预估、减缓与适应对策、气候韧性等。其中,城市热岛属于城市气候研究最核心的研究内容之一,研究城市热岛效应经常要采用城市和郊区的温度差构建热岛强度指数。

(4) 城市大气环境与健康效应

探索城市大气环境的演变及其对公共健康的影响。研究污染物的传播、空气质量的变化,以及精细化预报方案。例如风环境质量是生态环境质量的一个重要内容,它与热岛强度、雾霾天气出现频率和静风日数等指标密切相关,因此,城市风环境评估尤为重要,这一部分将在第四章进行详细介绍。近地面风环境质量的评价,将有助于优化和提高城市宜居环境的质量。

(5) 城市气象服务与气象经济

研究如何通过气象服务提升城市运行的安全性和效率,包括灾害预防和减灾措施,以及支持生态文明建设的气象技术,包括对城市特定区域(如街道、小区)的天气条件进行详细预测,以支持重大活动的气象服务和日常的城市管理等。

(6) 城市生态气象、碳达峰、碳中和

此领域关注城市生态系统中的气象因素,以及碳达峰和碳中和目标的实现。研究城市植被、土壤和水体的碳循环过程,以及城市发展对区域和全球碳平衡的影响等。

1.2 发展历史

城市气象学的科学研究最早可以追溯到 19 世纪早期,气象探测技术和基础理论研究极大地推动了城市气象学的发展。大致可以划分为以下 4 个阶段。

第一阶段:1930 年以前,主要是针对特定城市和气象要素的开创性城市气候研究。代表性人物有卢克·霍华德(Luke Howard)、埃米林·让·雷诺(Emilien Jean Renou)、维克托·克雷姆瑟(Viktor Kremser)、朱利叶斯·冯·希姆(Julius von Hann)。这一时期主要关注城市大气污染事件、城市热岛现象和城市降水的简单分析,比如 Luke Howard 在《伦敦气候》一书中采用台站观测的气温资料发现城市温度高于郊区温度的现象。

第二阶段:1930—1965 年,城市研究受到了微气候和局地气候学的巨大影响,它们为气候学的分化和新的现场技术提供了更深入的见解。关于城市温

[①] 气候韧性(climate resilience):也称气候复原力,是指预测、准备和应对与气候相关的危险事件、趋势或干扰的能力。

度、湿度、风、雾、降水和太阳辐射的研究逐渐增多,但城市热岛仍然是主要的关注对象。威尔海姆·施密特(Wilheim Schmidt)发明了移动观测站,并得到了广泛应用,艾克·桑德伯格(Ake Sundborg)对观测站点进行分类,首次根据天气状况预测热岛强度,并分析其成因。

第三阶段:1965—2000年,随着计算机、高空探测技术及卫星遥感技术和设备的广泛应用,城市气候学经历了研究兴趣上的爆发式增长,包括与气象学更紧密的联系,以及基于物理认识的城市大气模式的出现。彼得·萨默(Peter Summer)提出城市边界层概念,并对城市热岛进行模拟。蒂莫西·理查德·奥克(Timothy Richard Oke)将城市热岛进行分类,并首次识别出粗糙子层的概念。1968年世界气象组织召开了第一次国际性的城市气候会议。1971—1975年美国大城市气象观测实验METROMEX(metropolitan meteorological experiment)在中部平原密苏里州的圣路易斯城及其郊区布设了大量观测仪器,对城市边界层以及城市化对风、温、降水、云等影响都做了系统观测和研究。1976年,努涅斯(Nunez)等提出城市街谷的概念。1987年,Oke提出了城市冠层的概念。我国学者周淑贞和张超(1985)出版了《城市气候学导论》,对"五岛效应"做了系统阐述,城市气象观测网络加速构建,我国也成立了北京市气象科学研究所。

第四阶段:从21世纪开始,城市气候学和气象学发展成熟,成为一门可预测的科学。例如2004年中国国家自然科学基金重点项目"城市边界层三维结构研究",从城市边界层观测与分析着手,开展城市边界层结构数值模拟与分析的基础研究,首次在城市多尺度模拟中引入城市边界层三维结构特性及其参数分布,取得了城市热岛、人为热和人为水汽及可分辨建筑物的形态学特征,城市陆面过程和城市冠层(含建筑物和植被等)及其参数化的引入等技术(苗世光等,2020)。国际城市气候协会(International Universities Climate Alliance,IAUC)成立,更多的国际组织和数值模式关注城市气候模拟,并且提出气候敏感性城市设计的概念,IAUC也设立了Luke Howard Award奖项和Timothy Oke Award奖项授予在城市气象和气候领域做出杰出贡献的学者。在21世纪,随着气候变化对全球城市的影响日益显著,城市气候学开始更多地关注城市化与全球气候变化的相互作用,以及城市适应和缓解气候变化的策略。研究者开始利用遥感技术和大数据分析,更精细地研究城市热岛效应的时空分布特征,以及其对能源消耗、人类健康和生态系统的影响。城市气候学的研究范围也扩展到了城市生物气候学、城市通风和风场模拟、城市水文和水资源管理等领域,以更全面地理解城市气候系统。

1.3 发展现状及方向

下面将从城市气象观测网与观测试验、城市气象多尺度模式、城市大气污染研究、城市气候及风险预测研究4个方面介绍城市气象发展现状及方向。

1.3.1 城市气象观测网与观测试验

我国的城市气象观测网以京津冀、长江三角洲(简称长三角)和珠江三角洲(简称珠三角)城市群的城市气象综合观测网最为发达和成熟,这些地区布设了密集的观测网络(苗世光等,2020;Li等,2021)。上海是世界上最早开始气象观测的城市之一,1872年12月1日,徐家汇观象台开始了气象观测,标志着上海连续150年不间断气象观测记录的开端。目前已建成了多目标、多尺度、多要素、多手段、同化和融合的上海城市气象综合观测网(Shanghai's urban integrated meteorological observation network,SUIMON),其完善度、数据可用率均达95%以上,灾害性天气监测率达100%,观测系统和观测要素具体见表1-3(陈浩君等,2017;高伟等,2017)。粤港澳大湾区截至2019年底共有2000多个自动气象站,数据采集时间间隔缩短到1~5 min,其中深圳是中国大陆第一个以每分钟一次的频率采集地面气象数据的城市,还拥有多普勒雷达、边界层风廓线仪、微波辐射计、无线电探空仪站(香港)以及用于边界层大气探测GPS/MET和350 m的气象观测塔。

表1-3 上海城市气象综合观测网系统和观测要素

观测系统	项目名称	数量	观测要素
地面气象观测	自动气象站	260	温、风、雨、湿、压、能见度
	天气实景监测	27	天气实景显示
	天气现象仪	12	天气现象+(天空成像、雨滴谱、雾滴谱、闪电定位、大气电场)
天气雷达气象观测	S波段天气雷达	2	发射率、径向速度、谱宽、差分反射率、差分相位、相关系数
	X波段天气雷达	1	发射率、径向速度、谱宽、差分反射率、差分相位、相关系数

续表

观测系统	项目名称	数量	观测要素
城市边界层观测	边界层风廓线雷达		0~3 km垂直风向风速
	激光测风仪	2	30~200 m不同高度10层风向风速
	梯度观测站	11	不同高度风向风速(总高度为70~100 m不等)
	激光雷达	2	130~6 km垂直消光系数、云底高度、边界层高度
	云高仪	10	0~6 km垂直消光系数、云底高度、边界层高度
	微波辐射计	1	温、湿和水汽廓线
	L波段雷达探空	1	0~30 km温、湿、压、风垂直廓线
	涡动通量系统	2	四分量辐射、CO_2/H_2O浓度通量、三维超声风、湍流
卫星遥感观测	卫星	6	FY-3、FY-4、Himawari、NOAA系列、TERRA和AQUA的数据和产品
	GPS/MET	200+	大气整层水汽含量
环境气象观测	大气成分观测	12	反应性气体、气溶胶、浊度、黑碳等化学组分以及UVA、UVB和AOD等
	臭氧探空	1	臭氧垂直分压、浓度廓线和臭氧总量
	酸雨观测站	2	电导率、pH
	负氧离子站	3	负氧离子浓度
	花粉站		花粉数量和类别
	温室气体站		甲烷、二氧化碳、一氧化二氮
海洋气象观测	海岛自动气象		温、风、雨、湿、压、能见度
	船舶自动气象站		温、风、雨、湿、压、能见度
	波浪观测站		波浪大小、形态
	潮位站		潮位高度
	温盐流站		温盐含量
移动气象观测	应急监测车		常规气象要素+(天气雷达、风廓线、云高仪、激光雷达等)

  城市气象综合观测试验、城市气候缩尺外场实验、大气风洞试验等都为城市气象的发展提供了宝贵的观测资料。2001—2003年北京的大气边界层动力、热力、化学综合观测试验(Beijing city atmospheric pollution observation field experiment,BCAPEX)是中国首个在超大城市开展的大规模城市气象综合观测试验;中山大学杭建教授的城市气候研究组于2016—2017年在广州郊区建立了城市气候缩尺度外场试验观测场(面积4800 m²),实验采用2000~3000个水泥建筑模型先后建立了热惯性(热导纳)足够大、储热项易测、建筑形态和污染

源及绿化参数可控、可调的缩尺度二维街谷和三维城区模型,可实现全时空城市气候参数化多要素观测,并揭示了城市湍流、热环境与能量平衡影响机理,这为国内外城市气候研究提供了重要的实验支持。与外场观测试验相比,风洞实验具有条件易于控制、测量方便、成本低等优势。中国首次在大气环境风洞中运用了流体物理模拟手段,如南京大学大气环境风洞进行了城市气象和城市环境应用研究的物理模拟试验,取得了良好效果(苗世光等,2020)。华南理工大学大气风洞实验在结构风荷载、建筑风环境、室内外通风、高层建筑烟囱效应、列车风、大跨结构雪荷载、环境噪声、绿色建筑技术等领域的数值风洞研究中都取得了很好的成果。

2016年中国气象局印发《超大城市综合气象观测试验总体工作方案》,由中国气象局气象探测中心牵头,联合北京市气象局、南京大学、北京师范大学等10余家单位和学校,组织开展了超大城市气象观测试验,利用毫米波测云雷达、风廓线雷达、微波辐射计、激光雷达等新型地基遥感设备对北上广等10余个大城市(群)风、温、湿、水凝物、气溶胶等要素廓线开展连续观测。根据2021年发布的《"十四五"中国气象局野外科学试验基地发展规划》,新建城市气象观测试验基地的科学目标应揭示不同气候区、不同类型城市(群)相关的天气、气候系统演变机理以及城市-大气相互作用,弄清城市气象对区域可持续发展的影响及其反馈作用。功能定位应该是针对典型或代表性气候区、不同类型城市(群)和超大城市,开展天气、气候、生态、环境以及大气边界层内的大气热力、动力、大气化学和生态特征的观测试验研究。

1.3.2 城市气象多尺度模式

城市气象数值模拟有以下几种模型尺度,见表1-4。常用的微尺度模型有ADMS温度和湿度模型、高级SkyHelios模型、ANSYS FLUENT、ENVI-met、RayMan、SOLWEIG、TownScope和UMEP等。这些模型大多数模拟气温、辐射用以评估城市的室外热舒适度,提供了与CAD或GIS软件以及各个级别用户支持系统的链接,从而促进了规划和设计的顺利集成(Jänicke等,2021)。另外,CFD建模也是城市微气候建模的重要工具(Mirzaei,2021)。

目前用于边界层数值模拟的中尺度模式有MM5、RAMS、ARPS、WRF等(王蓉等,2020),如杨胜朋等(2010)利用RAMS模式,通过改变城市绿化效果的敏感性试验,模拟研究了城市绿化对于城市边界层结构的影响;Marcel和Villot(2021)利用一个5 m分辨率的简化微尺度模型构建了热岛指数。Jandaghian和Berardi(2020)采用WRF分别与3个冠层模型耦合预测从冠层到大气的热量和湿气通量,研究发现多伦多的日热岛强度为1.2~1.5 ℃,夜间热岛强度可达 2 ℃。申冲等(2019)采用 WRF 模式耦合 Noah LSM 模式研究建筑物高度和密度对边界层储热、温度、高度、风速等的影响。基于湍流建模的 RANS 模型也常用于边界层数值模拟。

表 1-4　城市气象模拟尺度

城市冠层模拟	冠层尺度:冠层模式,空间分辨率>100 m,预报时间:数小时 建筑尺度:CFD,WRF,空间分辨率 1~100 m,预报时间:数分钟到数小时 小于建筑尺度:CFD,空间分辨率<1 m,预报时间:数秒至数分钟
边界层模拟	边界层中尺度模式:水平分辨率 2~3 km,垂直尺度 100 m

1.3.3　城市大气污染研究

城市大气污染和气溶胶的研究主要集中于其成分和来源、空气质量和大气污染对健康的影响研究、污染物传输和扩散研究、气溶胶气候效应和辐射强迫研究、污染物监测技术研究以及大气污染物缓解和控制策略的研究。例如 Kadaverugu 等(2019)采用中尺度模式和 CFD 模式耦合对城市空气质量进行模拟,Gendron-Carrier 等(2022)研究发现地铁开口可使市中心周边地区的颗粒物减少 4%,He 等(2020)采用观测数据研究发现短暂封城可以大幅改善城市空气质量。

1.3.4　城市气候及风险预测研究

研究涉及气候学、气象学、城市规划、生态学、地理学、环境科学、工程学等多学科领域,研究内容主要集中于城市热岛、风环境、小气候和城市降水研究、城市绿化和生态系统服务研究、气候变化适应和恢复力研究以及城市能量平衡和建筑设计等方面。Masson(2020b) 对城市气候模型中城市描述性输入数据的来源和面临的挑战等做了详细阐述;Zhao 等(2021)将气候建模和数据驱动的方法结合,给出 21 世纪城市气候的全球多模型预测。结果证明在高排放情景下,美国、中东、中亚北部、中国东北部以及南美洲内陆和非洲的城市预计到 2020 年底将出现超过 4 K 的大幅变暖(比区域变暖还要大);Qin 等(2023)提出双阻力机制贡献归因方法研究城乡热应力对比,研究发现城乡热应力差异的主要原因是白天城市地区缺乏蒸散和释放夜间储热,由于城市地区的水分不足,湿球温度、黑球温度的城乡对比度受到抑制。

延伸阅读

创新精神和创新能力于个人而言是激发潜力、自我革新的引擎,于学科发展而言是开拓研究领域、填补空白的必备技能。城市气象学属于交叉学科,在其发展的 4 个历史阶段中,涌现了一大批不断创新的学者,贡献了诸多开创性的研究成果。

蒂莫西·理查德·奥克(Timothy Richard Oke)博士是一位在城市气候领域具有重要影响力的英国科学家,被誉为"城市气候学之父",现为哥伦比亚大学荣誉教授,研究领域主要为城市气候、城市能量平衡和水分平衡。奥克出生于英格兰西南部的一个宁静小渔村,那里与世隔绝,他从未真正体验过都市的繁华。然而,一切在他前往布里斯托尔深造时发生了改变。大学不仅为他揭开了大城市的神秘面纱,更激发了他对城市生活的深刻思考。毕业后,奥克踏入钢铁行业,直面工业对环境可能造成的破坏。这份震撼成了他科研之旅的催化剂。他的博士研究专注于气候与能量交换的基本原理,这让他开始思索如何将这些原理应用于解决城市气候问题,这是当时一个颇具前瞻性和开创性的研究领域。带着这份不断创新、不断探索的精神,奥克投入了数十年的精力,深入研究城市气候、城市能源与水平衡。他的努力不仅推动了学术界的发展,更促成了国际城市气候协会(The International Association for Urban Climate, IAUC)的成立,他担任了首任主席。为了纪念他对年轻城市气候学者的激励与支持,IAUC设立了以他名字命名的Timothy Oke Award奖项。奥克的学术成就获得了广泛认可,2002年他荣获加拿大气象局帕特森勋章(Patterson Medal),2005年获加拿大皇家地理学会缅西奖章(Massey Medal),这些荣誉充分肯定了他在城市气候研究领域的杰出贡献。奥克在其研究领域发表了多篇论文和专著,其中由英国劳特利奇出版社于1988年出版的 *Boundary layer climates* 引用率已超1万次,他的著作 *Urban Climate* 于2017年面世,由北京城市气象研究院的苗世光研究员翻译成中文版《城市气候》,进一步影响了中国的学术界。截至2023年,根据谷歌学术的统计,奥克的学术成果被引次数高达60991次,H指数达到84,这些数字不仅彰显了他学术生涯的辉煌,也映照出他在城市气象学领域的深远影响。

卢克·霍华德(Luke Howard)是英国著名的气象学家和药剂师。他出生于伦敦,后来创办了知名的制药企业霍华德父子有限公司(Howards & Sons Ltd)。霍华德在气象学上的贡献之一体现在对云的命名和分类上,他首次将云作为大气流变的参考值,并给云的4种基本形态(卷云、积云、层云、雨云),以拉丁文的方式命名。霍华德的成就不仅限于云的分类,他还撰写了《气象学七讲》,被认为是气象学史上第一部专业性教材,因此也被称为"英国气象之父"。此外,他的著作《伦敦气候》记录了对伦敦天气长达40年的观测结果,是一部具有里程碑意义的著作,书中首次提到城市热岛现象,从而被认为是世界上第一部城市气候方面的著作。尽管霍华德是一名业余气象学家,但他在气象学领域做出了开创性的工作。他的研究成果不仅改变了人类对天空和云的认识,还促进了天气预报的发展。霍华德通过坚持不懈的观察和创新性的思考,为气象学的发展做出了重要贡献。IAUC设立的Luke Howard Award奖项以卢克·霍华德的名字命名,每年颁发给在城市气候学领域,为国际城市气候学家社区的研究、教学或服务工作做出杰出贡献的个人。

参考文献

[1] 张健.城市空间与城市设计:公共空间引领的城市设计[M].北京:清华大学出版社,2016.

[2] 蒋维楣,苗世光,张宁,等.城市气象环境与边界层数值模拟研究[J].地球科学进展,2010,25(5):463-473.

[3] Chakraborty T C,Qian Y. Urbanization exacerbates continental-to regional-scale warming[J]. One Earth,2024,7:1387-1401.

[4] 王迎春,郑大玮,李青春,等.城市气象灾害[M].北京:气象出版社,2009.

[5] Li L,Chan P W,Deng T,et al. Review of advances in urban climate study in the Guangdong-Hong Kong-Macau greater bay area[J]. Atmospheric Research,2021,261:105759.

[6] 奥勇,毋冰龙,白召弟,等.基于类NPP-VIIRS夜间灯光数据的粤港澳大湾区城市建成区时空动态特征[J].地球科学与环境学报,2022,44(03):513-523.

[7] Yushanjiang A,Zhou W Q,Wang J,et al. Impact of urbanization on regional ecosystem services:a case study in Guangdong-Hong Kong-Macao Greater Bay Area[J]. Ecological Indicators,2024,159:111633.

[8] 国务院第七次全国人口普查领导小组办公室.第七次全国人口普查公报(第七号)[EB/OL]. (2021-05-22)[2024-09-04]. https://www.stats.gov.cn/sj/tjgb/rkpcgb/qgrkpcgb/202302/t20230206_1902007.html.

[9] 郭锐,孙勇,樊杰."十四五"时期中国城市群分类治理的政策.中国科学院院刊[J],2020,35(7):844-854.

[10] Wang K C,Jiang S J,Wang J K,et al. Comparing the diurnal and seasonal variabilities of atmospheric and surface urban heat islands based on the Beijing urban meteorological network[J]. Journal of Geophysical Research:Atmospheres,2017,122(4):2131-2154.

[11] IAUC. Urban cliamte news[EB/OL]. (2022-03-01)[2024-09-04]. https://urban-climate.org/wp-content/uploads/2023/02/IAUC083.pdf.

[12] Lee H,Calvin K,Dasgupta D,et al. Climate change 2023:synthesis report,summary for policymakers. contribution of working groups Ⅰ,Ⅱ and Ⅲ to the sixth assessment report of the intergovernmental panel on climate change[core writing team,H. Lee and J. Romero(eds.)][R]. Geneva,Switzerland:IPCC,2023.

[13] 鞠洪润,张生瑞,闫逸晨.1980—2020年粤港澳大湾区城镇用地空间格局类型演变及其驱动力多维探测[J].地理学报,2022,7(5):1086-1101.

[14] 张鑫宇,陈敏,范水勇.基于莫宁-奥布霍夫相似理论的地面站点风速预报偏差订正[J]. 气象,2023,49(05):624-632.
[15] 邹钧.城市粗糙子层中动量和热量的湍流交换特征研究[D].南京:南京大学,2017.
[16] 中华人民共和国住房城乡建设部.民用建筑热工设计规范:GB 50176—2016[S].北京:中国建筑工业出版社,2016.
[17] Oke T R,Mills G,Christen A,et al. Urban climates[M]. United Kingdom:Cambridge university press, 2017.
[18] 范绍佳,卢骁,王海潮,等.环境气象学[M].北京:气象出版社,2024.
[19] 姚佳伟,黄辰宇,庄智,等.面向城市风环境精细化模拟的地面粗糙度参数研究[J].建筑科学,2020,36(08):99-106.
[20] 邢月,刘家辉,倪广恒.城市冠层粗糙度对暴雨云团运动和降雨落区的影响[J].清华大学学报(自然科学版),2020,60(10):845-854.
[21] 刘衍,李奇,杨柳,等.中高密度城市居住区热岛强度计算模型研究[J].北京大学学报(自然科学版),2022,58(6):66-68.
[22] Stewart I D,Oke T R. Local climate zones for urban temperature studies[J]. Bulletin of the American Meteorological Society,2012,93(12):1879-1900.
[23] Bechtel B,Alexander P J,Böhner J,et al. Mapping local climate zones for a worldwide database of the form and function of cities[J]. ISPRS International Journal of Geo-Information,2015,4(1):199-219.
[24] Sun Y,Zhang N,Miao S G,et al. Urban morphological parameters of the main cities in China and their application in the WRF model[J]. Journal of Advances in Modeling Earth Systems,2021,13:e2020MS002382.
[25] 廖廓,黄鑫毅,陈耀亮.台风过境前后武夷山风廓线雷达数据集(2016—2020)的研发与特征分析[J].全球变化数据学报,2021,5(3):346-353.
[26] Solanki R,Guo J P,Li J,et al. Atmospheric-boundary-layer-height variation over mountainous and urban sites in Beijing as derived from radar wind-profiler measurements[J]. Boundary-Layer Meteorology,2021,181:125-144.
[27] 车军辉,赵平,史茜,等.大气边界层研究进展[J].地球物理学报,2021,64(3):735-751.
[28] 苗世光,窦军霞,李炬,等.北京城市地表能量平衡特征观测分析[J].中国科学:地球科学,2012,42(9):1394-1402.
[29] 马小娇,陈敏,黄向宇,等.百米级气象数值模拟研究进展与展望[J].地球物理学报,2023,66(5):1911-1930.
[30] Liu X Q,Su Y Y,Hu T Y,et al. Neural network guided interpolation for mapping canopy height of China's forests by integrating GEDI and ICESat-2 data[J]. Remote Sensing of Environment,2022,269:112844.
[31] 邵博豪,袁仁民,刘豪,等.城市粗糙子层内湍流特性研究:以合肥一站点为例.大气与环境光学学报[J],2021,16(4):307.
[32] Li D. Turbulent Prandtl number in the atmospheric boundary layer-where are we now?

[J]. Atmospheric Research,2019,216:86-105.

[33] Barlow J F. Progress in observing and modelling the urban boundary layer[J]. Urban Climate,2014,10:216-240.

[34] 毕雪岩,刘烽,吴兑. 几种大气稳定度分类标准计算方法的比较分析[J]. 热带气象学报,2005,21(4):402-409.

[35] 周淑贞. 上海城市气候中的"五岛"效应[J]. 中国科学(B辑地学),1988,11:1226-1234.

[36] 史军,梁萍,万齐林,等. 城市气候效应研究进展[J]. 热带气象学报,2011,27(6):942-951.

[37] 苗世光,蒋维楣,梁萍,等. 城市气象研究进展[J]. 气象学报,2020,78(3):477-499.

[38] Masson V,Lemonsu A,Hidalgo J,et al. Urban climates and climate change[J]. Annual Review of Environment and Resources,2020a,45:411-444.

[39] Ren G Y,Li J, Ren Y Y,et al. An integrated procedure to determine a reference station network for evaluating and adjusting urban bias in surface air temperature data[J]. Journal of Applied Meteorology and Climatology,2015,54(6):1248-1266.

[40] Huang X L,Hao L, Sun G, et al. Urbanization aggravates effects of global warming on local atmospheric drying[J]. Geophysical Research Letters,2022,49(2):e2021GL095709.

[41] 敖雪,崔妍,翟晴飞,等. 辽宁省气温变化趋势中的城市化影响研究[J]. 冰川冻土,2020,42(3),1067-1076.

[42] 深圳市市场监督管理局. 城市热岛效应遥感评估技术规范:DB4403/T 193—2021[S]. 深圳:深圳市市场监督管理局,2021.

[43] 罗小青,李凯,徐建军,等. 一种基于大气再分析资料的城市热岛效应评估方法:ZL 2024 10129938.7[P]. 2024-04-05.

[44] 广州市气象台. 2021年广州市城市热岛监测公报[EB/OL]. (2022-03-04)[2024-09-04]. http://www.tqyb.com.cn/gz/climaticprediction/islandmonitoring/2022-03-04/9893.html.

[45] 中华人民共和国自然资源部. 城市不透水面数据规定:CH/T 6010—2023[S]. 北京:中华人民共和国自然资源部,2023.

[46] 孙继松. 城市精细天气预报的理论与技术研究进展[J]. 气象科技进展,2014,4(1):15-21.

[47] Faragallah R N, Ragheb R A. Evaluation of thermal comfort and urban heat island through cool paving materials using ENVI-Met[J]. Ain Shams Engineering Journal,2022,13(3):101609.

[48] 莫尚剑,沈守云,廖秋林. 基于WRF模式的长株潭城市群绿心通风廊道规划策略研究[J]. 中国园林,2021,37(1):80-84.

[49] 郭飞. 基于WRF的城市热岛效应高分辨率评估方法[J]. 土木建筑与环境工程,2017,39(1):13-19.

[50] 秦闯. 改进气象场模拟对WRF-Chem模式模拟河谷地形颗粒物浓度影响的研究[D]. 兰

州:兰州大学,2021.

[51]南鹏飞.基于 WRF 的未来(2050s)城市气候预测及适应性规划策略[D].大连:大连理工大学,2021.

[52]Shi Y,Zeng Q C,Hu F,et al. Different turbulent regimes and vertical turbulence structures of the urban nocturnal stable boundary layer[J]. Advances in Atmospheric Sciences,2023,40(6):1089-1103.

[53]Zsebeházi G,Szépszó G. Modeling the urban climate of Budapest using the SURFEX land surface model driven by the ALADIN-Climate regional climate model results[J]. Időjárás/quarterly journal of the hungarian meteorological service,2020,124(2):191-207.

[54]Stavropulos-Laffaille X,Chancibault K,Brun J M,et al. Improvements to the hydrological processes of the Town Energy Balance model (TEB-Veg,SURFEX v7.3) for urban modelling and impact assessment[J]. Geoscientific Model Development,2018,11(10):4175-4194.

[55]De Ridder K,Lauwaet D,Maiheu B. UrbClim-a fast urban boundary layer climate model[J]. Urban Climate,2015(12):21-48.

[56]苗世光,王雪梅,刘红年,等.城市气象与环境研究[M].南京:南京大学出版社,2023.

[57]周淑贞,张超. 城市气候学导论[M],上海:华东师范大学出版社,1985.

[58]陈浩君,高伟,付元冲.上海城市综合观测系统[J].气象科技进展,2017,7(6):38-41.

[59]高伟,陈浩君,谈建国.上海城市气象综合观测网应用及展望[J].气象科技进展,2017,7(6):99-104.

[60]中国气象局."十四五"中国气象局野外科学试验基地发展规划[EB/OL].(2021-11-30)[2024-10-01]. https://www.cma.gov.cn/zfxxgk/gknr/ghjh/202111/t20211130_4277258.html.

[61]Jänicke B,Milošević D,Manavvi S. Review of user-friendly models to improve the urban micro-climate[J]. Atmosphere,2021,12(10):1291.

[62]Mirzaei P A. CFD modeling of micro and urban climates: problems to be solved in the new decade[J]. Sustainable Cities and Society,2021,69:102839.

[63]王蓉,张强,岳平,等.大气边界层数值模拟研究与未来展望[J].地球科学进展,2020,35(4):331.

[64]杨胜朋,吕世华,陈玉春,等.绿化对冬季山谷城市边界层结构影响的数值模拟研究[J].中国沙漠,2010,30(3):691-698.

[65]Marcel C,Villot J. Urban Heat Island index based on a simplified micro scale model[J]. Urban Climate,2021,39:100922.

[66]Jandaghian Z,Berardi U. Comparing urban canopy models for microclimate simulations in Weather Research and Forecasting Models[J]. Sustainable Cities and Society,2020,55:102025.

[67]申冲,沈傲,田春艳,等.城市形态参数对边界层气象条件影响的模拟[J].中国环境科

学,2019,39(1):72-82.

[68] Kadaverugu R, Sharma A, Matli C, et al. High resolution urban air quality modeling by coupling CFD and mesoscale models: a review[J]. Asia-Pacific Journal of Atmospheric Sciences,2019,55:539-556.

[69] Gendron-Carrier N, Gonzalez-Navarro M, Polloni S, et al. Subways and urban air pollution[J]. American Economic Journal: applied economics,2022,14(1):164-196.

[70] He G J, Pan Y H, Tanaka T. The short-term impacts of COVID-19 lockdown on urban air pollution in China[J]. Nature sustainability,2020,3(12):1005-1011.

[71] Masson V, Heldens W, Bocher E, et al. City-descriptive input data for urban climate models: model requirements, sources and challenges[J]. Urban Climate,2020b,31:100536.

[72] Zhao L, Oleson K, Bou-Zeid E, et al. Global multi-model projections of local urban climates[J]. Nat. Clim. Chang,2021,11:152-157.

[73] Qin Y, Liao W L, Li D. Attributing the urban-rural contrast of heat stress simulated by a global model[J]. Journal of Climate,2023,36(6):1805-1822.

第2章 城市大气污染

两百多年以来,随着工业革命的迅速发展和化石燃料的大量使用,严重的大气污染事件接连发生。1930年比利时马斯河谷大气污染事件导致60余人死亡,1952年英国伦敦烟雾事件导致约4000人死亡,数万人受呼吸道疾病影响,20世纪中叶美国洛杉矶出现多次严重的烟雾污染事件,导致能见度下降、呼吸道疾病剧增和公共卫生问题凸显。1995—2012年,我国大气污染事件发生总次数为8116次,年均达到451次(丁镭等,2015)。2013年1月,我国中东部发生持续近1个月的大范围雾霾,面积超140万平方公里,影响人口约8亿。

人们大部分时间待在室内,而室内空气污染的成分复杂,健康危害往往比室外大气污染更高,因此也受到越来越多的关注(González-Martín 等,2021;Liu 等,2023)。根据美国健康影响研究所2020年的报告"State of Global Air 2020"显示,2019年全球有667万人因大气污染死亡,2020年空气污染导致60万儿童死亡,且造成全球经济损失约2.9万亿美元。世界卫生组织也已将空气污染与呼吸道疾病、心血管疾病等致命疾病联系起来。本章第1节主要讲解城市大气污染的基本概念、危害、空气质量标准,第2节介绍气象条件对大气污染物扩散的影响,第3节介绍城市大气环境与健康,第4节介绍防治城市大气污染的对策。

2.1 基本概念

2.1.1 定义

人为或自然因素,使城市大气成分、结构和状态发生变化,与原本的清洁大气比较,增加了有害物质,使大气环境质量恶化,扰乱并破坏了正常生活环境和生态系统,从而形成城市大气污染。污染源、达到一定浓度的污染物、威胁环境和人是构成城市大气污染的三要素。通常认为城市大气污染是室外污染,因其影响范围广,有时会涉及城市周边较远地区,造成较大危害,因此备受关注。但由于室内空气污染来源多种多样，人类活动大多数时间在室内，因此也会引起众多疾病，近年来室内空气污染越来越受到关注(Kumar 等,2023)。

大气污染物含量一般用体积浓度 ppm($cm^3 \cdot m^{-3}$)或质量浓度($mg \cdot m^{-3}$)表示。在一个标准大气压下(温度为 273.15 K,大气压强为 1013.25 hPa)下,假如某个物质的摩尔体积为 23 $L \cdot mol^{-1}$,则两个单位之间的换算关系为

$$C = \frac{23 \times X}{M} \tag{2-1}$$

式中,C 表示体积浓度单位(ppm),X 表示质量浓度单位($mg \cdot m^{-3}$),M 表示污染物的摩尔质量($kg \cdot mol^{-1}$)。摩尔质量与摩尔体积之比为密度 ρ($kg \cdot m^{-3}$)。

2.1.2 来源

城市大气污染物来源广,排放源密集、复杂,按照预测模式的模拟形式可分为点源、面源、线源、体源 4 种类别;按照与人类活动的关系可分为自然源和人为源,其中自然源是由于自然原因(如火山爆发、森林火灾、自然尘、海浪飞沫等)排放,人为源是由人们从事生产和生活活动而产生的,大气污染物的人为源中有相当一部分是挥发性有机物(VOCs),并且大部分 VOCs 有毒,可对人体和环境造成较大危害;也可以将城市大气污染物的排放源分为以下 5 种。

(1) 交通运输源(人为源)

交通运输源指机动车、火车、飞机、轮船等交通运输工具燃烧汽油、柴油、煤油等石油产品产生的污染物,主要有 CO、NO_x、C_nH_m、SO_x、CO_2、颗粒物和 VOCs 等。印度的城市空气污染大概有 70% 是由交通运输源造成(Shrivastava 等,2013)。根据我国生态环境部发布的《中国移动源环境管理年报(2023 年)》,2023 年我国机动车保有量达 4.35 亿辆,城市交通大气污染物排放已经成为威胁中国空气质量的主要因素之一,而这一威胁在未来可能会更加严重。

(2) 生活炉灶与采暖锅炉源(人为源)

生活炉灶与采暖锅炉源指城市居民用的炉灶燃烧天然气释放 CO_2、CH_4、CO、HCHO、NO_2、C_6H_6 等污染物,工厂采暖锅炉燃烧煤炭释放大量烟尘、CO_2、CO、SO_2 等污染物。这类排放源与交通运输源都具有分布广、排放量大,污染高度低的特点。

(3) 工业源(人为源)

工业源指电力、钢铁、印刷、水泥企业等在生产过程中排放烟尘、气体等污染物。这类污染物种类繁多、性质复杂,有 NO_x、SO_x、有机化合物、卤化物、碳化合物等。工业排放源一般较为集中,排放污染物浓度高,容易造成局地较严重的污染。

(4)生物源(自然源)

生物源是指动物、植物的代谢过程或活动产生的污染物,以及土壤因人为干扰进入大气中的颗粒物等。常见的有 VOCs、CH_4、NH_3、N_2O、气溶胶、CO_2 等。

(5)泄漏和蒸发源(人为源)

泄漏和蒸发源指管道泄漏排放天然气、甲烷等,此外港口溢油燃烧也会释放大量污染物。

污染大气是相对于清洁大气而言,而清洁大气也是个相对的概念。我国现行的《环境空气质量标准》(GB 3095—2012)将环境空气功能区划分为一类区(自然保护区、风景名胜区和其他特殊需要保护的区域)和二类区(居住区、商业交通居民混合区、文化区、工业区和农村地区)。其中,一类区的大气属于清洁空气。气溶胶光学厚度(aerosol optical depth,AOD)是表示大气浑浊度的重要物理量,利用 AOD 也可定义清洁大气,如舒卓智(2018)将 AOD≤0.2 时的大气定义为清洁大气。AOD 通过推算与反演可以计算气溶胶含量变化特征,用于评估大气污染状况。例如长三角地区气溶胶的季节变化可以很好地用 AOD 表征(陈裕迪等,2021)。另外,全球的 AOD 数据可从美国航空航天局下载。

2.1.3 大气污染物分类

大气污染物分类标准多样,按照污染物出现时间以及管控措施等可以分为传统污染物和新污染物,新污染物将在 2.3 节进行介绍,以下是对传统污染物的分类。

(1)按照污染途径可分为一次污染物和二次污染物

一次污染物是由人为污染源或自然过程直接排入环境,其物理和化学性质未发生变化,主要来源是燃料燃烧的化学过程、污染物的直接释放过程等。一次污染物主要有落尘、煤尘、悬浮颗粒、石棉、无极金属尘、SO_2、CO、NO_2、CO_2、C_mH_n、氟、氯、硫化氢、氨等。它们又可分为反应物和非反应物,前者不稳定,在大气环境中常与其他物质发生化学反应,或者作催化剂促进其他污染物之间的反应,后者则不发生反应或反应速度缓慢。1952 年 12 月英国伦敦发生了严重的硫化烟雾事件,硫化烟雾的主要污染物为一次污染物,其在湿度高、温度低、光照弱和无风的条件下污染程度更严重。

二次污染物是由一次污染物彼此间发生反应或一次污染物与存在于空气中的物质反应而生成,生成机制复杂,其毒性一般比一次污染物强。二次污染物主要包括 O_3、硫酸盐、硝酸盐、有机颗粒物等。

光化学烟雾是指参与光化学反应①过程的一次污染物和二次污染物所形成的烟雾污染现象,这种类型的烟雾最早出现于20世纪40年代的美国洛杉矶,因此又称为洛杉矶烟雾。Tiao等(1975)采用洛杉矶1955—1975年的污染物数据分析了光化学烟雾事件的时空变化特征,研究发现早晨8时到下午4时边界层O_3含量较高,并且在混合层高度和风速比较低的情况下O_3含量更高。

机动车尾气、石油化工等排放的大量NO_x、挥发性有机物(VOCs)在太阳紫外辐射作用下,通过光化学反应生成O_3、醛类和过氧酰基硝酸酯(PANs)(Oke等,2017)等,O_3占光化学烟雾反应物的85%以上,由此可见O_3是光化学烟雾的主要成分。评估O_3生成潜能指数可用莱顿关系[式(2-2)](Oke等,2017)。从该关系中可以发现当辐射越强,光解速率越高,或者$[NO_2]$越大时,$[IO_3]$越大,光化学烟雾越严重。发生严重光化学烟雾必须同时满足表2-1中的3个条件。另外,由于城市近地层存在大量NO_x和挥发性有机物,因此在紫外辐射较强的中午及午后容易出现光化学烟雾。光化学烟雾在近地层呈现红棕色而不是O_3的淡蓝色,且带有刺激性气味,这主要是因为近地层存在大量红棕色刺激性气体NO_2,而NO_2也是光化学烟雾的成分之一所致。

$$[IO_3] = \frac{j1[NO_2]}{k3[NO]} \qquad (2-2)$$

式中[ ]表示某个气体的浓度,$[IO_3]$表示臭氧生成潜能指数($\mu mol \cdot mol^{-1}$),$j1$和$k3$分别表示光解速率(s^{-1})和O_3动力学反应速率(s^{-1})。

表2-1 严重光化学烟雾产生时需同时满足的3个条件

条件	来源
高浓度的NO_x	机动车排放
活跃的挥发性有机物	机动车排放、其他人为源和生物源
强紫外辐射	太阳辐射

(2)按照污染物的状态可分为气态污染物和气溶胶态污染物

①气态污染物:工业生产和机动车尾等排放的废气等。气态污染物种类繁多、成分复杂,一次污染物也会转变为二次污染物,常见的气态污染物有SO_2、NO_x、CO、C_nH_m、O_3。其污染的尺度很大程度上取决于在大气中的停留时间,如OH停留时间为几秒到几分钟,因此它们在大气中的扩散距离非常有限,氮氧化物、硫氧化物和O_3等组成的城市污染混合气体污染范围通常达整个边界层,停留时间一周以上,而长寿命温室气体影响范围则是全球的,可停留数年到几世纪。近年来,我国O_3污染现象频发,O_3可以增加大气的氧化性,促进大气

---

① 光化学反应:太阳光照下气体分子发生化学反应的过程。

中 NO_x、SO_2、VOCs 的氧化和气粒转化为颗粒物,进而增强 $PM_{2.5}$ 等颗粒物污染,同时高浓度的 O_3 也会导致城市光化学烟雾发生。秦毅等(2021)分析了粤港澳大湾区 O_3 的时空分布特征及其与气象要素的关系,发现春夏季 O_3 浓度较高,且高值区主要分布在肇庆、广州和佛山等地,温度较高时的 O_3 浓度也较高。

②气溶胶态污染物:如粉尘、烟、飞灰、黑烟、雾、总悬浮颗粒物等。粉尘通常是在固体物质破碎、分级、研磨等机械过程或土壤、岩石风化等自然过程中形成的,可分为降尘和飘尘。钢铁生产原料在运输、装卸及加工生产过程中也会产生大量烟气(张建良等,2021)。钢铁生产过程中的燃烧和冶金化学反应通常会释放粒径更细微的有毒烟雾、飞灰和悬浮颗粒物等。我国生态环境部 2019 年印发的《有毒有害大气污染物名录(2018 年)》给出 11 种有毒有害大气污染物(表 2-2),主要来自采矿业、制造业、电力、热力、燃气及水生产和供应业、水利、环境和公共设施管理业。

不同尺度污染物的排放源、成分、扩散规律、停留时间等都不一样。在微观和局地尺度上,大气污染物主要是来自燃烧过程的一次污染物,且具有显著的小尺度变率,这是由特定排放源的分布与复杂风场、周围建筑的室内通风方式、城市街谷、城市小区以至城市冠层特征之间的相互作用决定的。在城市边界层中,来自独立排放源的空气污染物经过一定时间的混合和转化,形成了典型的城市污染混合体,通常含有 CO、NO_2、SO_2、O_3。城市冠层中的室外污染要比室内污染气候学更复杂,污染物浓度主要由交通排放决定,浓度变化很大程度取决于城市冠层气流的分布,建筑物和树木也会影响污染物混合和稀释(苗世光等,2020)。

表 2-2 有毒有害大气污染物的用处及其对健康的危害

序号	大气污染物	用处及其对健康的危害
1	二氯甲烷	常用于制作工业清洁剂、黏合剂、密封剂、制冷剂等。少量吸入可对鼻子及喉咙造成轻微刺激;短时间吸入较高浓度的二氯甲烷可能导致头晕、头痛、恶心、呕吐、手脚麻木、疲劳、协调性降低以及眼和上呼吸道刺激症状;高浓度暴露可能导致共济失调、意识丧失甚至死亡;长期吸入会造成肝及肾的损伤
2	甲醛	常用于板材黏合剂、油漆涂料、化妆品、清洁剂、杀虫剂、消毒剂、防腐剂、印刷油墨、纸张、纺织纤维等多种化工轻工产品等。接触后可以出现眼睛刺激,皮肤刺激,呼吸道黏膜刺激、气喘以及呼吸困难、中枢神经系统损伤;长期暴露可出现倦怠、头痛、睡眠障碍、易怒、灵敏性降低、记忆力下降、平衡感受损;高浓度接触会导致白血病和罕见的癌症,包括副鼻窦癌、鼻腔癌和鼻咽癌等
3	三氯甲烷	常用于溶剂,用作熏蒸剂等,具有急性毒性、生殖毒性、致癌性,会造成眼部和皮肤刺激

续表

序号	大气污染物	用处及其对健康的危害
4	三氯乙烯	常用于工业清洗剂、干洗剂等,吸入、皮肤接触或口服等途径进入人体,可引发肝、肾、心以及神经系统等中毒症状
5	四氯乙烯	常用于金属脱脂溶剂、干洗剂和纺织品加工,可引起急性中毒、接触性皮炎等
6	乙醛	常用于制作乙酸的前体、树脂、消毒剂等,会对肝脏、呼吸系统、生殖系统产生危害,可导致乳腺癌
7	镉及其化合物	金属"五毒"元素之一。常用于制作镉合金、镉颜料、涂料和电镀、镉镍电池、塑料稳定剂等。具有较强的致癌、致畸及致突变作用
8	铬及其化合物	金属"五毒"元素之一。常用于冶金工业生产不锈钢及各种合金钢,钢制品镀铬、涂料、催化剂、着色剂、医学领域等。六价铬有剧毒
9	汞及其化合物	金属"五毒"元素之一。常用于制作气压计、温度计、电极、电池、杀菌剂、消毒剂、冷却剂、催化剂、提炼金属等。对中枢神经系统、消化系统及肾脏危害较大,此外对呼吸系统、皮肤、血液及眼睛也有一定的影响
10	铅及其化合物	金属"五毒"元素之一。常用于制作铅酸蓄电池、电缆护套、铅箔及挤压产品、铅合金、颜料及其他化合物、弹药。对机体的影响是全身性的和多系统的。它可以在体内长期蓄积,会严重危害神经系统、造血系统及消化系统,对婴幼儿的智力和生长发育影响尤其严重
11	砷及其化合物	金属"五毒"元素之一。常用于制作合金材料、半导体材料、医药、木材处理等。高浓度的无机砷接触会导致急性中毒,表现为恶心、呕吐、腹泻等症状;慢性中毒更为隐蔽,长期低剂量暴露可能会导致皮肤色素沉着、角化过度,甚至皮肤癌

2.1.4 悬浮颗粒物

悬浮颗粒物(suspended particulate matter,SPM)又称气溶胶,是主要的大气污染物类型。粒径≤100 μm 的称为总悬浮颗粒物(total suspended particulates,TSP),粒径≤10 μm 的称为粗颗粒物(PM_{10}),粒径≤2.5 μm 的称为细颗粒物($PM_{2.5}$)。PM_{10}和$PM_{2.5}$容易被人和动物呼吸进入肺部并产生一系列致病风险,因此又称可吸入颗粒物。PM_{10}在大气中长期漂浮,主要来源有扬尘、煤烟尘、工业源、机动车排放、生物质燃烧等。$PM_{2.5}$成分主要是有机物、黑碳、铵盐、硫酸盐、硝酸盐、重金属等,可来自自然源(风扬尘土、火山灰、森林火灾、漂浮的海盐、花粉、真菌孢子、细菌等)、人为源(化石燃料的燃烧、生物质的燃烧、垃圾焚烧、道路扬尘、建筑施工扬尘、工业粉尘、厨房烟气)和二次颗粒物(硫酸盐、硝酸盐)。$PM_{2.5}$由于其粒径小、面积大、活性强、易附带有毒物质,且在空气中能长时间停留,输送距离远,因而对人体健康和大气环境质量影响更大。

我国$PM_{2.5}$浓度高值区主要分布在华北平原、四川盆地、长三角地区、华北平原,年均浓度在 80 $\mu g \cdot m^{-3}$左右,各城市$PM_{2.5}$浓度季节变化基本为冬季>春季>秋季>夏季,燃煤源、工业源、汽车尾气是对$PM_{2.5}$有明显贡献的主要排放源类,其中机动车尾气对$PM_{2.5}$的贡献大多在 10%~30%(程念亮等,2014)。粤港澳大湾区 2016 年和 2021 年主要污染物浓度年均值如表 2-3 所示,珠江三角洲区域空气监测网络于 2006 年开始监测SO_2、NO_2、O_3及PM_{10}的浓度水平,$PM_{2.5}$则于 2014 年 9 月加入监测网络体系,2021 年的监测数据表明,SO_2、NO_2及PM_{10}的年平均值与 2006 年相比降低了 40%~84%,$PM_{2.5}$的年平均值与 2015 年相比减少了 28%,但O_3的年平均值与 2006 年相比上升了 34%,说明区域内的光化学污染仍有待改善(许堞和马丽,2020)。读者也可通过《中国高分辨率高质量近地表空气污染物数据集》(Wei 等,2023)了解粤港澳大湾区$PM_{2.5}$和PM_{10}的时空分布情况。

表 2-3 粤港澳大湾区 2016 年和 2021 年主要污染物浓度年均值

指标浓度年均值		区域			
		粤港澳大湾区	香港地区	澳门地区	珠三角九市
SO_2含量/	2016 年	11	8.3	8	11
($\mu g \cdot m^{-3}$)	2021 年	7	4.7	5.3	7
PM_{10}含量/	2016 年	41	33.75	43.8	49
($\mu g \cdot m^{-3}$)	2021 年	37	28	41	32
$PM_{2.5}$含量/	2016 年	26	22.3	25.8	21
($\mu g \cdot m^{-3}$)	2021 年	21	16.2	16.4	35
NO_2含量/	2016 年	32	50.2	41.4	27
($\mu g \cdot m^{-3}$)	2021 年	25	41.4	30.4	151
O_3含量/	2016 年	44	37.6	48.0	153
($\mu g \cdot m^{-3}$)	2021 年	59	51.2	49.5	1.300
CO 含量/	2016 年	0.728	0.782	0.800	0.900
($mg \cdot m^{-3}$)	2021 年	0.600	0.595	0.800	0.700

大气气溶胶在大气辐射强迫的直接和间接两种效应中都占有重要地位(石广玉等,2008)。它可以通过直接效应改变地气系统辐射平衡,也可通过云微物理等过程影响云凝结核、云反照率、云量等要素,从而间接对区域或全球气候变化造成影响。例如大气气溶胶作为云的凝结核,通过改变云微观特性来间接影

响地气辐射收支和降水,气溶胶通过散射、吸收作用影响辐射平衡。气溶胶间接气候效应又可分为第一间接效应和第二间接效应(张文忠,2020)。第一间接效应是指如果云水含量保持不变,当气溶胶增多时,云滴谱的有效半径减小,云滴数目增多,从而增加云反照率。第二间接效应是指如果气溶胶粒子增加,导致云滴数目增多,云滴粒径变小,使得云滴粒之间碰撞、合并的机会变少,最终将降低云的降水效率,增加云的寿命和云中的凝结水,使降水延迟时间平均或区域平均的云反照率增加。

　　大气气溶胶主要有6类,分别为沙尘气溶胶、碳气溶胶(黑碳和有机碳气溶胶)、硫酸盐气溶胶、硝酸盐气溶胶、铵盐气溶胶和海盐气溶胶,其寿命一般是几天到几周,清除机制主要包括干沉降①和湿沉降②。含碳物质不完全燃烧产生的一种大气污染物称为黑碳气溶胶,由于其较宽的光学吸收波段和较强的光学吸收特性,因此得名,它是一种典型的吸收性气溶胶。黑碳气溶胶在大气中浓度较低,在大气气溶胶成分中所占比例也比较小,如 Ambade 等(2021)观测发现东印度城市地区黑碳质量浓度为 $(6.60 \pm 3.50) \mu g \cdot m^{-3}$,在大气细颗粒物中占比为3.79%~6.92%,其中冬季占比最高。但在特定季节和地区中黑碳的贡献可能较大,如 Chen 等(2020)等研究发现冬季北京城市大气细颗粒物中黑碳气溶胶占比较大,可达60%~78%。黑碳气溶胶可以通过直接和间接气候效应改变地气系统辐射平衡,产生的净增温效果可同 CO_2、CH_4、CFCs 等温室气体的升温作用相比拟。Ramachandran 和 Kedia(2010)研究发现黑碳气溶胶的辐射和气候影响导致印度降水量减少。关于黑碳气溶胶对气候系统的定量评估也可参考 Bond 等(2013)的研究。

2.1.5　危害

(1)导致城市气象条件及其气候恶化

　　城市大气污染使空气质量恶化,其直接影响就是降低大气透明度,削弱到达地表的太阳直接辐射,进而对能见度、日照时数、霾日数等产生影响。同时也增加烟雾发生频率,产生城市浑浊岛效应。光化学烟雾和硫化烟雾是人类工业革命的产物,也是最早出现的城市大气污染现象。气溶胶作为空气污染主要成分,通过其气候效应也会对城市云、降水、温度等产生影响(丁一汇等,2009)。需要注意的是虽然大气污染往往造成雾霾天气,但是霾与 $PM_{2.5}$ 污染并非绝对、必然的对应关系。

---

① 干沉降:大气中的污染物在没有降水情况下,通过重力、滞流、扩散等方式沉降到地面的过程。
② 湿沉降:指大气污染物在降水作用下,被带到地表的过程。

(2) 对人体健康的危害

大气污染对人体的危害有 3 条途径：①污染空气通过呼吸进入人体；②附着在食物上或溶于水中，随饮食侵入人体；③通过皮肤和眼睛接触进入人体。其中通过呼吸侵入人体是主要的途径，危害也最大。可吸入颗粒物，如 $PM_{2.5}$ 通过肺屏障进入血液系统，长期暴露于该环境可能会引发心血管疾病、呼吸道疾病、生殖和中枢神经系统功能障碍，增加罹患癌症风险。如长期处于充满尘埃的场所，因吸入大量灰尘，导致末梢支气管下的肺泡积存灰尘，一段时间后肺内发生变化，形成纤维化灶，被称为尘肺病，它是当今中国第一大职业病。O_3 是引发哮喘的一个主要因素，NO_2 和 SO_2 也可导致哮喘、支气管症状、肺部炎症和肺功能下降。吸入高浓度 CO 时会引起中毒，人体吸收大量铅等重金属时，也会导致直接中毒或慢性中毒（Manisalidis 等，2020）。室内空气污染主要由在通风不良的地方使用明火或低效炉灶燃烧家用燃料（煤炭、木柴或煤油等）以及装修材料释放污染气体等产生，因此长居室内的妇女、儿童受室内污染也非常严重。室内、室外污染还会造成结膜炎、青光眼、白内障和老年性黄斑变性（age-related macular degeneration，AMD）等眼部疾病（Lin 等，2022）。关于大气污染物与健康将在 2.3 节做进一步介绍。

(3) 对基础设施、建筑物、工业机械、历史遗迹等的影响

其影响主要表现在干沉降和湿沉降两方面。干沉降影响主要表现在大气污染物可以使得建筑物变色、磨损、结构破坏和污染，从而使建筑物寿命缩短和安全性降低，织物和橡胶等材料的大部分退化都归因于 O_3 引起的风化作用，但这些影响十分缓慢。湿沉降影响主要表现为酸沉积腐蚀作用，例如酸雨对材料表面的腐蚀，硫酸雾导致大理石雕塑等结构材料恶化。常见的腐蚀成分有 SO_2、NO_x、CO_2、氯化物和颗粒物。Rao 等（2014）详细总结了各种腐蚀作用对建筑物结构的影响。另外，大气腐蚀是自然环境下最为常见的腐蚀形式，它是基于材料和大气环境的相互作用而发生的电化学腐蚀，通常是由潮气在物体表面形成薄液膜，当液膜到达一定的厚度时，变成电化学腐蚀所需的电解质膜，进而发生腐蚀导致材料失效。大气腐蚀在金属腐蚀中是数量最多、覆盖面最广、破坏性最大的一种腐蚀，普遍存在于各种基础设施、交通运输、能源化工、军事设备等领域之中（周梦鑫等，2022）。金属表面上的锈病形成是腐蚀的常见指标，每年在全球范围内造成巨大的经济损失，腐蚀预测对环境具有重要意义，Cai 等（2020）对金属材料的大气腐蚀预测做了详细总结。

(4) 对城市下风方向天气和气候的影响

在所有引起天气、气候自然变化的污染物中，气溶胶对城市下风方向大气中的物理过程影响最大。气溶胶通过影响大气辐射传输过程，这些效应通过区域尺度羽流向下游传递,其大小取决于浓度、颗粒物尺度及其分布、环境风速和停留时间等。颗粒物作为云凝结核参与云滴的形成,从而影响城区及下游地区的云量、云的生命周期和降水量等。另外,有些大气污染物如 CO_2、$PM_{2.5}$、黑碳等,在大气中的停留时间非常长,因此它们具有全球尺度的影响。

2.1.6 环境空气质量标准及其指数

(1)环境空气质量标准

空气质量(air quality)的好坏反映了空气污染程度。空气污染是一个复杂的现象,在特定时间和地点空气污染物浓度受到许多因素的影响。来自固定和流动污染源的人为污染物排放量大小是影响空气质量的最主要因素,城市化水平、地形地貌和气象条件等也是影响空气质量的重要因素。各个国家和地区重点控制的污染项目主要有 SO_2、CO、NO_2、O_3、PM_{10} 和 Pb 等(杨晓波等,2013)。

世界卫生组织(WHO)颁布的 *Air quality guidelines global update* 2005 首次对颗粒物做了规定,其中 PM_{10} 和 $PM_{2.5}$ 的年平均浓度准则值分别为 20 $\mu g \cdot m^{-3}$ 和 10 $\mu g \cdot m^{-3}$,2021 年修订并发布的 *WHO global air quality guidelines*(WHO AQG)中则分别提高到 15 $\mu g \cdot m^{-3}$ 和 5 $\mu g \cdot m^{-3}$,该标准指出全球 99% 的人口暴露在污染大气中。2023 年一项对 134 个国家和地区空气质量的统计中,只有 10 个国家实现了 $PM_{2.5}$ 为 5 $\mu g \cdot m^{-3}$ 的指导值(IQAir,2024)。欧盟现行的《环境空气质量指令》[也叫作《环境空气质量标准及清洁空气法案》(2008/50/EC)],其中规定 $PM_{2.5}$ 的目标值为 25 $\mu g \cdot m^{-3}$,2020 年前限值为 20 $\mu g \cdot m^{-3}$,但目前欧盟中东部一些城市也还未达标。为对标 WHO AQG 2021,美国国家环境保护局于 2024 年宣布,将 $PM_{2.5}$ 年均浓度一级标准由 12 $\mu g \cdot m^{-3}$ 提高为 9 $\mu g \cdot m^{-3}$。我国于 2016 年 1 月 1 日开始实施的《环境空气质量标准》(GB 3095—2012)对环境空气污染物基本项目(SO_2、NO_2、CO、O_3、PM_{10}、$PM_{2.5}$)也给出了浓度限值的一级和二级标准,其中一级标准适用一类区(如自然保护区、风景区等),二级标准适用二类区(居住区)。PM_{10} 和 $PM_{2.5}$ 的年平均浓度一级标准分别为 40 $\mu g \cdot m^{-3}$ 和 15 $\mu g \cdot m^{-3}$,而二级标准则分别为 70 $\mu g \cdot m^{-3}$ 和 35 $\mu g \cdot m^{-3}$。可见,我国环境空气质量标准与 WHO AQG 2021 以及其他欧美发达国家相比还有较大的修订空间。另外,WHO 对室内空气污染物如苯、CO、甲醛、萘、NO_2 等也给出了质量浓度标准(WHO,2010)。

(2)空气质量指数

空气质量指数(air quality index,AQI)是定量描述空气质量状况的无量纲指数,针对单项污染物还规定了空气质量分指数(individual air quality index,IAQI),参与空气质量评价的基本污染物为 SO_2、NO_2、CO、O_3、PM_{10}、$PM_{2.5}$。我国现行的 AQI 标准为《环境空气质量指数（AQI）技术规定（试行）》（HJ633—2012），空气质量指数及相关信息见表 2-4，空气质量分指数及对应的污染物项目浓度限值见表 2-5，计算 AQI 指数的方法见式(2-3)和式(2-4)。

表 2-4　空气质量指数及相关信息

空气质量指数	空气质量指数级别	空气质量指数类别及表示颜色		对健康影响情况	建议采取的措施
0～50	一级	优	绿色	空气质量令人满意，基本无空气污染	各类人群可正常活动
51～100	二级	良	黄色	空气质量可接受，但某些污染物可能对极少数异常敏感人群健康有较弱影响	极少数易感人群应减少户外活动
101～150	三级	轻度污染	橙色	易感人群症状有轻度加剧，健康人群出现刺激症状	儿童、老年人及心脏病、呼吸系统疾病患者应减少长时间、高强度的户外锻炼
151～200	四级	中度污染	红色	进一步加剧易感人群症状，可能对健康人群心脏、呼吸系统有影响	儿童、老年人及心脏病、呼吸系统疾病患者避免长时间、高强度的户外锻炼，一般人群适量减少户外活动
201～300	五级	重度污染	紫色	心脏病和肺病患者症状显著加剧，运动耐受力降低，健康人群普遍出现症状	儿童、老年人和心脏病、肺病患者应停留在室内，停止户外运动，一般人群减少户外运动
>300	六级	严重污染	褐红色	健康人群运动耐力降低，有明显强烈症状，提前出现某些疾病	儿童、老年人和心脏病、肺病患者应停留在室内，避免体力消耗，一般人群应避免户外活动

表 2-5　空气质量分指数及对应的污染物项目浓度限值

空气质量分指数(IAQI)	污染物项目浓度限值									
	SO_2 24h 平均/ ($\mu g \cdot m^{-3}$)	SO_2 1h 平均(1)/ ($\mu g \cdot m^{-3}$)	NO_2 24h 平均/ ($\mu g \cdot m^{-3}$)	NO_2 1h 平均(1)/ ($\mu g \cdot m^{-3}$)	PM_{10} 24h 平均/ ($\mu g \cdot m^{-3}$)	CO 24h 平均/ ($mg \cdot m^{-3}$)	CO 1h 平均(1)/ ($mg \cdot m^{-3}$)	O_3 1h 平均/ ($\mu g \cdot m^{-3}$)	O_3 8h 滑动平均/ ($\mu g \cdot m^{-3}$)	$PM_{2.5}$ 24h 平均/ ($\mu g \cdot m^{-3}$)
0	0	0	0	0	0	0	0	0	0	0
50	50	150	40	100	50	2	5	160	100	35
100	150	500	80	200	150	4	10	200	160	75

续表

空气质量分指数(IAQI)	污染物项目浓度限值									
	SO_2 24 h 平均/ ($\mu g \cdot m^{-3}$)	SO_2 1 h 平均(1)/ ($\mu g \cdot m^{-3}$)	NO_2 24 h 平均/ ($\mu g \cdot m^{-3}$)	NO_2 1 h 平均(1)/ ($\mu g \cdot m^{-3}$)	PM_{10} 24 h 平均/ ($\mu g \cdot m^{-3}$)	CO 24 h 平均/ ($mg \cdot m^{-3}$)	CO 1 h 平均(1)/ ($mg \cdot m^{-3}$)	O_3 1 h 平均/ ($\mu g \cdot m^{-3}$)	O_3 8 h 滑动平均/ ($\mu g \cdot m^{-3}$)	$PM_{2.5}$ 24 h 平均/ ($\mu g \cdot m^{-3}$)
150	475	650	180	700	250	14	35	300	215	115
200	800	800	280	1200	350	24	60	400	265	150
300	1600	(2)	565	2340	420	36	90	800	800	250
400	2100	(2)	750	3090	500	48	120	1000	(3)	350
500	2620	(2)	940	3840	600	60	150	1200	(3)	500
说明	(1)SO_2、NO_2 和 CO 的 1 h 平均浓度限值仅用于实时报,在日报中须使用 24 h 平均浓度限值。 (2)SO_2 1 h 平均浓度值高于 800 $\mu g \cdot m^{-3}$ 的,不再进行其空气质量分指数计算,SO_2 空气质量分指数按 24 h 平均浓度计算的分指数报告。 (3)O_3 8 h 平均浓度值高于 800 $\mu g \cdot m^{-3}$ 的,不再进行其空气质量分指数计算,O_3 空气质量分指数按照 1 h 平均浓度计算的分指数报告。									

$$AQI = \max\{IAQI_1, IAQI_2, IAQI_3, \cdots, IAQI_n\} \quad (2-3)$$

$$IAQI_P = \frac{IAQI_{Hi} - IAQI_{Lo}}{BP_{Hi} - BP_{Lo}}(C_P - BP_{Lo}) + IAQI_{Lo} \quad (2-4)$$

式中 C_P 表示污染物项目 P 的质量浓度值,BP_{Hi}、BP_{Lo} 分别表示表 2-5 中与 C_P 相近的污染物浓度限值的高位值和低位值,$IAQI_{Hi}$、$IAQI_{Lo}$ 分别表示表 2-5 中与 BP_{Hi}、BP_{Lo} 对应的空气质量分指数。例如,当测量的 $PM_{2.5}$ 质量浓度为 405 $\mu g \cdot m^{-3}$,且其他污染物浓度很低时,则通过式(2-5)计算的 AQI 为 435,此时 $PM_{2.5}$ 也被称为首要污染物。对比美国环保局 AQI 指数的计算方法可以发现,计算公式一样,但空气质量分指数和浓度限值与我国标准不同(Lemeš,2018),导致最终计算的 AQI 不同。另外,欧盟采用 CAQI 指数(Van den Elshout 等,2014)定量衡量空气质量状况。

$$AQI = \frac{500-400}{500-350} \times (403-350) + 400 = 435 \quad (2-5)$$

2.1.7 室内空气质量标准

2023 年国家市场监督管理总局、国家标准化管理委员会联合发布《室内空气质量标准》(GB/T 18883—2022),该标准对住宅和办公建筑物等规定了室内空气质量的物理性、化学性、生物性和放射性指标及要求,描述了各指标的测定方法。例如物理性指标包括温度、湿度、风速和新风量,其中要求室内冬季相对湿度在 30%～60% 为达标;化学性指标包括 O_3、CO_2、SO_2、CO、甲醛、苯的浓度,其中采样 10 L 室内空气,甲醛最低检出浓度低于 $0.08~mg \cdot m^{-3}$ 为达标;化学性指标包括甲苯、总挥发性有机物、$PM_{2.5}$、PM_{10}、二甲苯等浓度,其中要求 $PM_{2.5}$ 24 h 平均值低于 $50~\mu g \cdot m^{-3}$,PM_{10} 24 h 平均值低于 $100~\mu g \cdot m^{-3}$ 为达标,可以发现 $PM_{2.5}$ 浓度限值比我国环境空气质量标准的浓度限值要高一些。

2.2 气象条件对大气污染扩散的影响

进入大气的污染物,受到大气水平运动、湍流扩散及各种不同尺度扰动的影响,而被输送、混合和稀释的过程称为大气污染物扩散。大气污染的形成,污染物输送、汇聚和沉降是一个复杂的物理、化学过程(高庆先等,2020)。影响污染物扩散范围、强度和程度的因素有以下几点:污染物的性质(如形态、毒性、挥发性等)、污染源的参数(如排放量、组成、排列方式、烟囱高度等)、气象条件(湍流、风、温度等)和下垫面地表性质(粗糙度)。本节介绍气象条件对大气污染扩散的影响。

2.2.1 风和湍流

风和湍流是影响大气边界层大气污染物扩散、稀释最重要的因子,地面风速大小决定污染物的扩散速率,而风向决定污染物的落区。湍流扩散比分子扩散快 $10^5 \sim 10^6$ 倍(湍流扩散系数通常取 $0.1 \sim 1~m^2 \cdot s^{-1}$,气体分子扩散系数通常取 $10^{-5} \sim 10^{-4}~m^2 \cdot s^{-1}$)。风速大和湍流强时,扩散稀释速率快,污染物浓度低。风速小时,污染物主要通过重力、湍流输送达到自净。2016 年 12 月 6 日至 2017 年 1 月 8 日,北京经历了 5 次严重的污染过程,从图 2-1 可以看出风速小、湍流弱的时段对应着几次严重的污染事件(Wei 等,2020)。

城市中严重的大气污染现象都出现在微风和静风天气,一般都发生在风速 $\leqslant 3~m \cdot s^{-1}$ 时,而当风速 $\geqslant 6~m \cdot s^{-1}$ 时,边界层的大涡表现为水平对流卷涡,空气中污染物稀释扩散较快,除特别强的污染源附近外,极少地区出现严重污染现象。主导风对污染物的扩散以平流输送为主,对于高架连续点源,当风速从 $2~m \cdot s^{-1}$ 增大到 $6~m \cdot s^{-1}$ 时,下游相同距离处,单位体积的污染物浓度显著减小。

风速较小情况下,污染物主要通过湍流扩散传播。混合层内热力湍流强烈,大气污染物的垂直扩散效率就强。对于冠层内的机械湍流而言,当烟团尺度与湍流尺度大小相当时,扩散效率最强(盛裴轩等,2013),这是因为烟团受到大小尺度相当的湍涡扰动变形,使得污染物快速扩散。在实际大气中同时存在各种不同大小的湍涡,扩散过程是多种尺度湍涡与烟团共同作用完成的。处理湍流扩散的 3 个理论分别是梯度输送理论、湍流统计理论(K-ε 模型、雷诺应力模型)和相似理论。常用的扩散应用模式为高斯扩散模型、拉格朗日粒子模型等。空气污染物通过湍流边界层的垂直输送可以用垂直风速和浓度的协方差来定量描述。

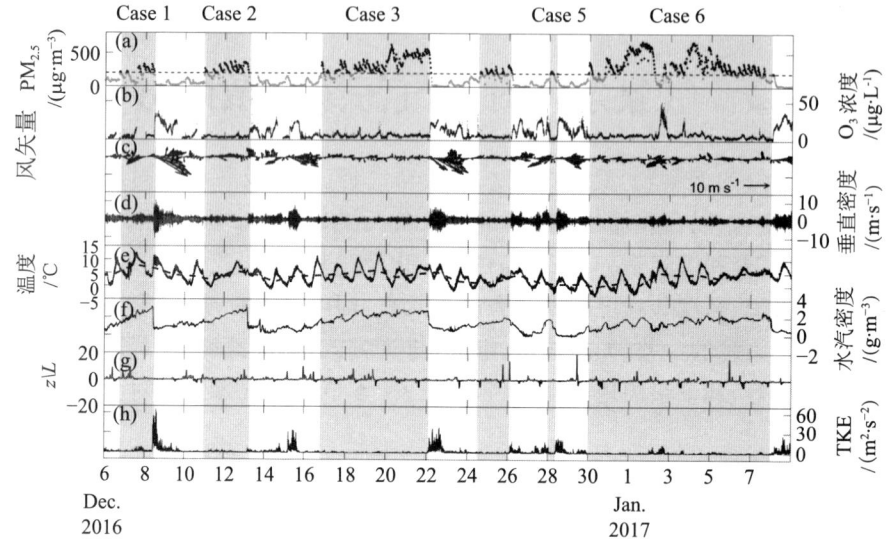

图 2-1 时间序列

[(a)PM$_{2.5}$浓度(30 min),(b)O$_3$浓度(1 min),(c)风矢量(30 min),(d)垂直速度(10 Hz),(e)温度(10 Hz,虚线指每日平均温度),(f)水汽密度(10 Hz),(g)稳定性参数 Z/L(1 min),(h)TKE(1 min),从 2016 年 12 月 6 日至 2017 年 1 月 8 日。图中灰色阴影是指污染期,剩余区域对应于清洁期](Wei 等,2020)]

高架点源烟囱有效高度[①]与风速、风向、温度层结、地形和周围环境等均有关系(杨佳财等,2007)。在弱风状况下,从高架点源烟囱排放的烟气由于热力作用,其往往有一定抬升,从而使得烟囱有效高度升高,利于污染物扩散。有研究认为(谷清,1991)烟囱出口高度处的风速与抬升高度成反比,出风口处的风速越大,越不利于烟气抬升,这可能会增强近地面污染物的浓度。高烟囱排放可使污染物在垂直方向及水平方向在更大范围内散布,因此对降低地面浓度的作用明显。但建设过高的烟囱对企业投资是一种负担,因为烟囱的造价与烟囱高度平方成正比,且过高的烟囱对周边的景观环境产生影响。因此,烟囱高度

---

① 烟囱有效高度:烟囱几何高度与烟气有效抬升高度之和。一般情况下,污染物排放量越大,高架点源的烟囱有效高度就越高。

应设置在一个合理的范围内才能达到环境效益和经济效益相统一。关于工厂高架点源烟囱有效高度的计算具体可参考《大气污染物综合排放标准》(GB 16297—1996)和《火电厂大气污染物排放标准》(GB 13223—2011)。

2.2.2 温度层结

大气温度层结是指大气中气温随高度变化的垂直分布特征,可分为稳定层结、不稳定层结和中性层结。大气干绝热递减率为 $9.8\ ℃·km^{-1}$,也就是说高度每上升 1 km,干空气温度下降 9.8 ℃。当环境温度递减率大于干绝热递减率时,通常为不稳定层结,反之则为稳定层结。两者相当时为中性层结。逆温层是温度随高度上升而增加的一种稳定层结。

大气温度层结是影响污染物扩散的重要热力学因子,采用不同的大气稳定度便于研究在不同温度层结下污染物的排放。关于大气稳定度分级的方法较多,常见的有 Pasquill 法、Pasquill-Turner 法、P·S 法、温度梯度法、温度梯度-风速法、理查逊数法、总体理查逊数、风向脉动标准差法、莫宁-奥布霍夫长度法等 11 种方法(李祥余,2015)。国家环保局 1991 年发布的《制定地方大气污染物排放标准的技术方法》(GB/T 3840—91)中采用 Pasquill 法划分稳定度,具体是依据太阳高度角、云量、地面风速和太阳辐射将大气稳定度分为强不稳定、不稳定、弱不稳定、中性、较稳定和稳定。该方法中规定当地面 10 m 高度 10 min 平均风速$\geqslant 6\ m·s^{-1}$,或者低云量$\geqslant 8$ 时,层结均为中性,不利于污染物扩散。也可利用莫宁-奥布霍夫长度 L 衡量层结稳定性,当 L 为正值且越小时,层结越稳定(Wei 等,2020),越不利于污染物扩散,从图 2-1(g)也可看出 5 次污染事件期间层结均较为稳定。

对于高架连续点源,受温度层结影响,烟流形态通常呈现以下 5 种情况。

第一种情况,在晴天夜晚,受地面辐射冷却作用影响,近地层空气温度降低,但混合层仍然保留白天强湍流的特性,进而形成边界层逆温。因此在这种层结下,烟型在水平方向上呈现扇形或扁平状,垂直混合弱,这种烟型的大气污染物可以扩散到很远的地方,造成大范围边界层的污染现象。

第二种情况,日出后 $1\sim 2$ h,近地层逆温被破坏,而烟囱高度以上的大气层较稳定,从而形成逆温覆盖下的不稳定层结,此时容易出现熏烟型污染,造成地面污染源周围区域较强污染,这种情形经常发生在冬季,持续时间 $0.5\sim 1$ h。

第三种情况,当气温直减率大于干绝热递减率时,整个边界层处于不稳定状态,此时存在大尺度的湍流涡旋,烟型呈环链型,污染物垂直扩散强烈,很快扩散到地面,源地附近个别区域的浓度比较高,距离源地较远地区的浓度较小,这种情况一般发生在夏天或者晴天的白天或午后。这种烟形有利于污染物的快速扩散,减少污染物的地面积累。

第四种情况,在中性层结大气条件下,烟型呈锥型,这种多发生在阴天或多云、大风天气下,污染物均匀稀释,浓度低。

第五种情况,逆温在地面逐步建立过程中,当逆温层低于烟囱高度而上层保持不稳定或中性时,烟型呈屋脊形,源地的下方及下游浓度较小,但遇到建筑物阻挡,也可造成局地较强污染。另外,屋脊形烟型是判断大气分层结构和稳定性的重要现象之一。

在判断烟型和温度层结的关系时,还需要注意烟囱高度和混合层厚度,如果烟囱高度高于混合层厚度,地面污染浓度可近似看作0,但是可能对较高层大气造成累积性污染。烟囱对污染物的有效抬升高度常采用 Holland 公式或者 Briggs 公式计算。

在城市所有尺度上空气污染物的混合和扩散过程中,风、湍流和温度层结起着至关重要的作用。在微观尺度上,由城市形态决定的城市冠层内风的分布有助于气流循环和沿街传输空气污染物。在城市边界层内,风和混合层高度决定了空气污染物排放后在多大体积的空气中混合,而城市气候的某些特征,如城市热岛,可以改变这些气象因子。

2.2.3　降水

降水对大气污染物扩散的影响主要表现为冲洗和凝聚作用。雨、雪在其下降过程中能捕获一部分颗粒状的污染物质,使之一起下落到地面,把它们从大气中清洗掉。而且,降水还可将能溶解于水的气体污染物清除掉。降水的清除作用属于湿清除过程中的云下清除。另外,相对湿度高不利于污染物的扩散,容易导致二次污染物形成和能见度降低。Olszowski(2016)研究了2007—2013年无风情况下299次大尺度降水对城市区域 PM_{10} 的清除效率,发现不同地区,中雨及以上相同等级的降水强度和持续时间的湿清除效率区别不大,强降水对 PM_{10} 的清除效率很明显。栾天等(2019)利用2014年3月—2016年7月北京地区连续观测的 $PM_{2.5}$ 和降水数据研究发现,降水强度越大,对 $PM_{2.5}$ 清除效率越高,小雨不但对 $PM_{2.5}$ 的清除率最低,而且约50%的小雨个例中 $PM_{2.5}$ 质量浓度出现不降反升的情况。因此在进行空气质量监测时,为使监测结果能代表和反映评价区域的正常背景浓度,一般不要在大雨或者下雪后进行。

2.2.4　天气形势

一般在高压控制下,天气晴朗,存在下沉逆温,风小,污染物不易扩散,往往造成较严重的污染;而在气旋控制下,一般风速较大,有上升气流,气层往往不稳定，有利于污染物的稀释扩散。天气形势对污染物扩散的具体影响需要结合温度层结、风速等气象条件具体分析。高庆先等（2020）揭示了2020年1月下旬—2月中旬京津冀及周边地区发生的2次大气重度污染过程的形成原因，结果显示，气象条件对2次典型大气重度污染过程起着至关重要的作用，第一次是高压主导型的污染过程，高压抑制了污染物水平扩散，同时大气低层有逆温，抑制了污染物垂直扩散，第二次是低压前部型污染过程，由于地面伴有弱低压，并有较强逆温，抑制了污染物扩散。

2.2.5 气候变化

气候变化使大气环流形势发生变化，如全国性的寒潮事件发生频次减少，从而导致大气扩散能力下降，此外气温升高、降水减少、平均风速降低等也不利于污染物扩散（秦大河等，2015）。Ma和Cao（2010）利用模型量化了温度和降水变化对持久性有机污染物扩散的影响。全球变暖背景下，更容易出现利于气溶胶污染形成的气象条件，导致气溶胶污染持续累积，污染又会进一步显著改变边界层气象条件，使得污染物扩散条件进一步恶化。

另外，云量和太阳辐射对污染物浓度也有一定影响，云层可以反射太阳辐射，减少到达地面的太阳辐射，从而降低地面温度，进一步影响大气的热力学状态和污染物的化学反应速率。同时，太阳辐射对某些气态污染物（如O_3）的生成也有直接影响。

城市中的风、湍流、温度层结、降水以及整个天气形势等影响和制约着大气污染的浓度和时空分布，而城市大气污染物反过来又影响城市气候。尤其是在静稳天气条件下，以下情况会加剧：如气溶胶对太阳辐射产生吸收和散射作用，使得大气透射率降低，削弱达到地面的太阳直接辐射；气溶胶中吸湿性云凝结核含量增加，会使下风区云量增多，云滴浓度增大，同时也减少了日照时数；大气污染增加城市烟雾频率、减小能见度等。中国气象局定义了空气污染扩散条件指数，它是在不考虑污染源的情况下，从气象角度出发，对未来大气污染物的稀释、扩散、聚积和清除能力进行评价，主要考虑的气象因素是温度、湿度、风速和天气现象，对气象条件进行分级。该指数分为5级，级数越高则气象条件越不利于污染物的扩散。

2.3 城市大气环境与健康

空气污染是当前人类社会共同面临的环境问题之一，暴露于空气污染会影响人体的大多数器官系统，导致一系列生理变化、器官功能障碍，引起心脏代谢、呼吸和神经系统疾病等明显的临床疾病,如心律失常、中风、慢性阻塞性肺病和急慢性支气管炎等,最终增加死亡率(Sigsgaard 和 Hoffmann,2024)。因此,空气污染对人类健康的影响是当前国内外环境健康研究的核心。

根据污染物类型,影响人类健康的空气污染物大致分为已受管制的传统污染物与尚未受管制但可能有危害的新污染物。除空气污染外,气候变化已成为另一个紧迫的环境问题,其健康效应的研究也越来越受到关注。

2.3.1 传统污染物与健康

传统污染物包括 NO_2、SO_2、O_3 等气态污染物和颗粒物等固态污染物。大量环境科学、公共卫生、地理信息等领域的研究以及毒理学研究和长期流行病学研究的机理证据证实,PM_{10}、$PM_{2.5}$、O_3、NO_2、SO_2 等均对人体健康造成极大危害。然而由于缺乏毒理学研究和长期流行病学研究的机理证据,目前 NO_2 暴露对健康的影响仍具有一定争议(Meng 等,2021)。值得注意的是,朱彤院士在《中国科学报》专访中指出,在全球致死风险因素中,空气污染中的颗粒物污染高居第四位,仅次于高血压、不良饮食习惯和吸烟。

2019 年全球分别有 97.5% 和 87.1% 的人口经历着 $PM_{2.5}$ 和 O_3 污染,日 $PM_{2.5}$ 和 O_3 浓度最高分别可达 631.2 $\mu g \cdot m^{-3}$ 和 357.3 $\mu g \cdot m^{-3}$(Liu 等,2024)。从空间分布上看,$PM_{2.5}$ 污染引起的人口死亡率排名前几的地区位于南亚(18.2 人/10 万人)、东亚(15.8 人/10 万人)和撒哈拉以南的非洲西部(15.3 人/10 万人)。与此同时,东亚(11.9 人/10 万人)、南亚(11.6 人/10 万人)和高收入亚太地区(9.3 人/10 万人)等地区归因到臭氧污染的人口死亡率较高。

2.3.2 新污染物与健康

新污染物不仅是指由化学品特别是有毒有害化学物质的生产和使用所排放的污染物,更是指既往存在但没有纳入管控的污染物,如持久性有机污染物、内分泌干扰物、抗生素和重金属等(Zhao 等,2024)。随着未管控污染物的大量排放,这些污染物可能直接暴露于人体,也可通过食物链在人类等高端生物体内蓄积,进而对人类健康产生影响。

中华人民共和国生态环境部关于《中共中央 国务院关于深入打好污染防治攻坚战的意见》的系列解读(2021)中指出,新污染物具有两大特点:

(1)新

新污染物种类繁多,目前全球关注的新污染物超过 20 大类,每一类又包含数十或上百种化学物质。随着大众对化学物质环境和健康危害认识的不断深入以及环境监测技术的不断发展,可被识别出的新污染物还会持续增加。

(2)环境风险大

主要体现在以下 5 个方面：第一，危害严重性。新污染物多具有器官毒性、神经毒性、生殖和发育毒性、免疫毒性、内分泌干扰效应、致癌性、致畸性等多种生物毒性，其生产和使用往往与人类生活息息相关，很容易对生态环境和人体健康造成严重影响。第二，风险隐蔽性。多数新污染物的短期危害不明显，即便在环境中存在或已使用多年，人们并未将其视为有害物质，而一旦发现其危害性时，它们已经通过各种途径进入环境介质中。第三，环境持久性。新污染物多具有环境持久性和生物累积性，可长期蓄积在环境中和生物体内，并沿食物链富集，或者随着空气、水流长距离迁移。第四，来源广泛性。我国现有化学物质 4.5 万余种，每年还新增上千种新化学物质，这些化学物质在生产、加工使用、消费和废弃处置的全过程都可能存在环境排放，还可能来源于无意产生的污染物或降解产物。第五，治理复杂性。对于具有持久性和生物累积性的新污染物，即使达标排放，以低剂量排放进入环境，也将在生物体内不断累积并随食物链逐渐富集，进而危害环境生物和人体健康。因此，以达标排放为主要手段的常规污染物治理，无法实现对新污染物的全过程环境风险管控。此外，新污染物涉及行业众多，产业链长，替代品和替代技术不易研发，需多部门跨界协同治理。

新污染物数量多、类别杂、理化性质差异大，且我国新污染物治理起步较晚，在环境风险管理的法律法规、治理体制机制以及环境风险评估与管控的科研支撑等方面均存在诸多短板，因此，我国新污染物治理工作面临重大挑战。

2.3.3 气候变化与健康

气候变化是人类在 21 世纪面临的全球最大的健康挑战之一，可通过一系列直接和间接的复杂方式影响人类健康。比如，通过极端天气气候事件或不利气象条件直接影响人类健康，如高温和洪涝等导致过早死亡或诱发疾病；或者通过造成病媒生物时空分布变化、环境污染、粮食短缺等间接途径影响人类健康，使人类罹患传染性疾病、非传染性疾病和其他气候敏感疾病，甚至产生心理压力或精神疾病（黄存瑞和刘起勇，2022）。2023 年 9 月，世界气象组织（World Meteorological Organization，WMO）发布的《WMO 空气质量与气候公报》指出全球气候变化导致热浪的发生频率和强度明显增强，使得野火和沙尘发生的频率大大增加，同时高温通过促进高活性化学物质的积累和提高大气化学反应的速率增加 O_3 的生成，进一步又会形成有严重健康威胁的颗粒物和臭氧污染等空气污染事件（2023 *WMO Air Quality and Climate Bulletin*）。

2023 年 11 月在迪拜召开的第二十八届联合国气候变化大会（COP28）首次设立"健康日"，把对气候变化健康影响的重视提到了一个新的高度。

2.4 防治城市大气污染的对策

2.4.1 控制污染源的排放

(1)以法治污

城市大气污染治理工作涉及方方面面,但万变不离其宗,大气污染治理的基本依据是大气环境保护法规。我国 1987 年颁布《中华人民共和国大气污染防治法》,2018 年做了第二次修正。修正后的法律分别从燃煤和其他能源污染防治、工业污染防治、机动车船等污染防治、扬尘污染防治、农业和其他污染防治 5 个方面介绍了大气污染防治措施。污染物总量控制制度和排污许可制度是我国环境管理制度体系改革的重点内容,出台的一系列政策和制度是防治大气污染的重要依据(蒋洪强等,2017),另外已出台的关于大气污染物的国家、地方、行业排放标准,对污染物的限值做了规定。《中华人民共和国刑法》对严重污染环境的情况也做出了相应处罚规定。2013 年印发的《大气污染防治行动计划》(简称"大气十条")确定了 10 个方面的污染防治措施,此后又陆续发布了《打赢蓝天保卫战三年行动计划》《中共中央 国务院关于深入打好污染防治攻坚战的意见》《空气质量持续改善行动计划》等,这些政策为控制污染源排放提供了思路。Li 等(2023)对 2013—2021 年受管控的常规污染物观测数据进行分析发现,去除气象条件影响后,国家污染防治政策的实施使得 $PM_{2.5}$、PM_{10}、NO_2、SO_2 和 CO 浓度分别下降了 46.2%、43.1%、24.7%、55.5% 和 37.2%,这说明政府从制度上的干预对治理大气污染十分有效。

电力、热力、工业、交通、建筑等作为我国最主要的能源消费领域,既是温室气体的主要排放源,也是大气污染物的主要排放源。因此,我国在实现"碳达峰"和"碳中和"目标愿景的过程中,将有效推动大气污染源头治理和污染物减排。脱硫、脱硝、除尘电价和超低排放电价政策的实施,有助于推动中国成为世界规模最大的清洁燃煤发电基地。目前,我国大气污染防治法律制度仍然需要不断完善(王婷婷和王丽艳,2014),为早日实现"双碳"目标贡献中国力量。

(2)改善能源结构

2022 年我国能源消费结构中煤炭占比约 56.2%,天然气、水电、核电、风电、太阳能发电等清洁能源消费量占能源消费总量的 25.9%(国家统计局,2023),优化能源结构,加速"去煤化"进程是防治大气污染的必然选择。煤炭发电和终端燃烧所产生的碳排放量占能源活动碳排放的绝大部分。因此,需要大力发展清洁能源,加快太阳能、风能、水能、储能等新能源、新技术、新业态、新模式创新发展,实现清洁能源大范围经济高效配置,持续推动可再生能源对化石能源的替代,有效降低碳排放水平,改善空气质量。同时,也要意识到清洁能源的开发、利用、存储等也存在一些问题。例如跨区域输送风电的补偿机制需要进一步完善,太阳能电池和光伏板成本较高、核电技术和核污染问题须进一步提升和考量,海洋能发电成本较高且存在技术瓶颈等问题。

(3) 技术治污

通过改善燃烧技术、除尘技术和废气回收技术,燃料脱硫和烟气脱硫、火电机组的超低排放改造、灵活性改造、节能改造等清洁生产技术可以降低污染物排放。例如,循环流化床燃烧技术是适应劣质煤的低成本污染控制的洁净燃烧技术(岳光溪等,2016);纺织印染业的废气回收装置能回收排放的挥发性有机物,进而用于加热空调用水以及熨整工序。大力发展高排放工业部门代表性节能减排技术非常有必要,如钢铁行业的废铁回收利用技术、建筑行业的暖通系统、化工行业的油田采油污水余热综合利用技术以及交通领域的纯电动汽车技术等。

2.4.2 合理规划城市布局,制定相应政策,建设低碳城市

根据城市气候条件,按照大气污染物传输、扩散、稀释和净化的规律,进行合理布局,安排不同功能区,对减轻污染物对城市环境的影响是十分有益的。1914 年,Shmauss 提出工业区应布置在主导风向的下风方向,居住区在其上风方向,即"主导风"原则(房小怡等,2015)。"主导风"原则能有效减少居住区的空气污染。城市的形态和设计与其经济功能相结合,决定了污染物排放的地理位置。例如当通风较弱时,在建筑内或城市冠层内的排放会使污染浓度变得非常高。城市冠层顶部与上方空气的交换以及在此高度以上的污染物排放,都有助于改善城市边界层内的空气质量。城市边界层内的污染物会通过化学反应生成二次污染物,有时这些二次污染物的生成甚至可发生在离城市主要排放区域下游相当远的地方。

制定相应政策,建设低碳城市。例如基于大气污染关键问题识别与污染成因分析,制定空气质量改善目标,并提出污染防治措施方案以及减排潜力分析,这一步骤有助于明确空气质量改善的具体路径和措施。从人群健康的角度出发,设计与空气质量目标一致的污染物减排方案,并实施空气质量"日"管理。这包括对未来重污染天气进行污染源排放管理,并对污染源减排方案实施持续动态评估和调整。深圳从 2000 年开始的产业结构调整、能源结构清洁战略,尤其是从 2012 年开始将两者整合提升为低碳发展规划,在建设低碳城市的同时,对空气质量改善产生了积极的影响。深圳的工业与能源排放在排放源贡献与

排放强度上都远低于其他大型城市,它是我国首个实现空气质量达标的千万级人口的超大型城市,也是第一批承诺提前达到碳排放峰值的城市,建设低碳城市经验值得借鉴(中国清洁空气联盟,2016)。

2.4.3 数值模拟

研究者采用数值模拟手段,从污染物扩散机理角度研究应对大气污染的措施。通过模拟城市规划前后的气象场和大气环境,分析规划区的建成对本地和整个区域的影响。例如,可以通过计算 PM_{10} 浓度分布来评估规划对空气质量的具体影响。对于室内空气污染,可采用简单的箱体模型描述,见式(2-6)(Oke 等,2017)。从式(2-6)中可知减少室内净排放、提供更大的室内体积、加强通风率、降低室内空气污染浓度等均是减少室内空气污染的有效途径。

$$\frac{\partial \overline{\chi}_i}{\partial t} = \frac{E - D + \chi(\overline{\chi}_o - \overline{\chi}_i)}{V} \tag{2-6}$$

其中 E、D、V 分别表示总排放率($\mu g \cdot s^{-1}$)、总清除率($\mu g \cdot s^{-1}$)和室内体积(m^3),χ、$\overline{\chi}_o$、$\overline{\chi}_i$ 分别表示通风率($m^3 \cdot s^{-1}$)、室外时间平均浓度($\mu g \cdot m^{-3}$)和室内时间平均浓度($\mu g \cdot m^{-3}$)。

根据 Zannetti(1993)的分类可将大气污染模型分为烟羽抬升模型、高斯模型、半经验模型、欧拉模型、拉格朗日模型、化学模型、随机模型,其中欧拉模型和化学模型可用于各种尺度的科学研究。对于城市冠层的高架连续点源污染物扩散可采用高斯烟羽扩散模式,该模式是假定在均匀、定常的湍流大气中,大气污染源下风向污染物浓度分布服从正态分布的经验模式,该方法是计算释入大气气体污染物下风向浓度应用最广的方法。

城市尺度到区域尺度的空气质量数值模式是预测空气质量和指导排放管理策略的必要工具。一般来说,这些模式是结合了大气动力学、大气化学和城市排放清单的物理模型,其基本理论是梯度输送理论、湍流统计理论和相似性理论,可以预测空气污染物的空间分布和时间变化(Oke 等,2017)。根据研究对象的不同、设计方法的差异,空气质量模型分类不尽相同。美国环境规划署将空气质量模型分为扩散模型、光化学模型和受体模型三大类,其中广泛使用的扩散模型为 AERMOD、ADAM、ADMS3、CALPUFF 等,光化学模型有 CMAQ、CAMx、REMSAD、UAM-V 等,受体模型有 CMB、Unmix、PMF 等(Li 等,2021)。按照模拟尺度分类,可分为适用于局地尺度(50 公里以下)、城市尺度(几十到几百公里)、区域尺度(几百公里以上)等类别。

2.4.4 提高环保修养,践行低碳环保理念

公众应积极了解城市空气污染基本理论和我国防治大气污染的政策,提高

环保修养,时刻践行低碳环保理念;关注每日空气质量预报和室内空气环境,倡导健康绿色环保生活方式。当代大学生应该在本专业领域和生活中自觉渗透学习低碳环保理念,认识环境污染问题,提高环保修养,践行低碳环保理念,建立整个社会保护环境的文化氛围,传播可持续发展正能量。

延伸阅读

"青年强则国家强。"青年是国家的未来,青年的力量和信念是推动社会进步的关键。在新时代,青年大学生要坚定中国特色社会主义道路自信、理论自信、制度自信、文化自信,做好新时代的接班人。新中国成立70多年以来我国形成了具有中国特色的大气污染防治理论与管理模式,构建了系统科学的大气污染综合防控体系。今后我国大气污染治理工作应进一步明确各级政府主体责任,强化重点污染源治理,继续调整优化四大结构,统筹兼顾,强化区域联防联控,强化科技能力建设,注重大气环境问题预测,加强环境科学与技术研究,共同推进大气污染防治,打赢蓝天保卫战(王文兴等,2019)。

在应对气候变化、推进全球生态文明建设的进程中,中国一直是积极的践行者和引领者。2020年12月12日,国家主席习近平在气候雄心峰会上通过视频发表题为《继往开来,开启全球应对气候变化新征程》的重要讲话,宣布中国国家自主贡献一系列新举措,并提出力争2030年前CO_2排放达到峰值,努力争取2060年前实现"碳中和"。

"碳达峰"(Carbon emission peak)是指某个国家、地区、企业、团体或个人CO_2年总量的排放在某一个时期达到历史最高值,达到峰值之后逐步降低。"碳中和"(Carbon neutrality)是指某个国家、地区、企业、团体或个人测算在一定时间内,直接或间接产生的温室气体排放总量,通过植树造林、节能减排等形式,抵消自身产生的CO_2排放量,实现"零排放"。要达到"碳中和",一般有两种方法,一是通过特殊的方式去除温室气体,二是使用可再生能源,减少碳排放。

"双碳"目标已经被纳入生态文明建设的整体布局。我国碳排放重点行业领域也纷纷提出了"碳达峰"的时间节点,能源结构不断优化,清洁生产技术持续革新,绿色金融体系不断完善。《中国碳中和与清洁空气协同路径(2022)》报告显示,近年来,我国实施的一系列大气污染防治政策措施推动空气质量显著改善,但改善成果尚不稳固,秋冬季重污染天气时有发生。在生态文明建设的新形势下,我国同时面临"碳达峰、碳中和""美丽中国建设"四大战略任务,协调推进降碳、减污已成为中国社会经济发展实现全面绿色转型的必然趋势。如何通过优化技术路径、设计政策组合,推动清洁空气与碳达峰碳中和措施协调发力,是社会各领域关注与探索的重点。

当代大气科学类专业大学生应该在掌握本专业知识和技能的同时，厚植爱国主义情怀，坚定"四个自信"，践行低碳环保理念，提高学生环保修养，传播可持续发展正能量，努力成为新时代的创新型、应用型气象人才，为祖国的繁荣发展贡献自己的力量。

参考文献

[1]丁镭,黄亚林,刘云浪,等.1995—2012年中国突发性环境污染事件时空演化特征及影响因素[J].地理科学进展,2015,6:749-760.

[2]González-Martín J,Kraakman N J R,Pérez C,et al. A state-of-the-art review on indoor air pollution and strategies for indoor air pollution control[J]. Chemosphere, 2021, 262:128376.

[3]Liu N R,Liu W,Deng F R,et al. The burden of disease attributable to indoor air pollutants in China from 2000 to 2017[J]. The Lancet Planetary Health, 2023, 7(11):e900-e911.

[4]Health Effects Institute . State of global air 2020: a special report on global exposure to air pollution and its health impacts[R/OL]. (2020-10-26)[2024-10-01]. https://www.stateofglobalair.org/resources/archived/state-global-air-report-2020.

[5]Kumar R,Verma V,Thakur M,et al. A systematic review on mitigation of common indoor air pollutants using plant-based methods: a phytoremediation approach[J]. Air Quality, Atmosphere & Health, 2023, 16(8):1501-1527.

[6]Shrivastava R K,Neeta S,Geeta G. Air pollution due to road transportation in India: a review on assessment and reduction strategies[J]. Journal of environmental research and development, 2013, 8(1):69.

[7]环境保护部.环境空气质量标准:GB 3095—2012[S],北京:中华人民共和国生态环境部,2016.

[8]舒卓智.云贵高原清洁大气背景下贵阳市大气复合污染变化及气象影响研究[D].江苏:南京信息工程大学,2018.

[9]陈裕迪,王洁,陈唯天,等.基于MODIS的长三角地区气溶胶时空变化规律及其气象解释[J].环境工程,2021,39(12):120-127.

[10]Tiao G C,Box G E P,Hamming W J. Analysis of Los Angeles photochemical smog data: a statistical overview[J]. Journal of the Air Pollution Control Association, 1975, 25(3):260-268.

[11]Oke T R,Mills G,Christen A,et al. Urban climates[M]. United Kingdom Cambridge university press, 2017.

[12]秦毅,刘旻霞,宋佳颖,等.粤港澳大湾区近地层O_3浓度的时空变化特征[J].环境科学学报,2021,41(8):2987-3000.

[13]张建良,尉继勇,刘征建,等.中国钢铁工业空气污染物排放现状及趋势[J].钢铁,2021,

56(12):1-9.

[14] 中华人民共和国生态环境部,中华人民共和国国家卫生健康委员会.关于发布《有毒有害大气污染物名录(2018)》的公告:公告 2019 年 第 4 号[R/OL].(2019-01-23)[2024-01-01]. https://www.mee.gov.cn/xxgk2018/xxgk/xxgk01/201901/t20190131_691779.html.

[15] 苗世光,蒋维楣,梁萍,等.城市气象研究进展[J].气象学报,2020,78(3):477-499.

[16] 程念亮,李云婷,孟凡,等.我国 $PM_{2.5}$ 污染现状及来源解析研究[J].安徽农业科学,2014,42(15):4721-4724.

[17] 许堞,马丽.粤港澳大湾区环境协同治理制约因素与推进路径[J].地理研究,2020,39(9):2165-2175.

[18] Wei J,Li Z Q,Lyapustin A,et al. First close insight into global daily gapless 1 km $PM_{2.5}$ pollution, variability,and health impact[J]. Nature Communications, 2023, 14(1):8349.

[19] 石广玉,王标,张华,等.大气气溶胶的辐射与气候效应[J].大气科学,2008,32(4):826-840.

[20] 张文忠.云上气溶胶及其对低云影响的卫星遥感研究[D].合肥:中国科学技术大学,2020.

[21] Ambade B,Sankar T K,Panicker A S,et al. Characterization, seasonal variation, source apportionment and health risk assessment of black carbon over an urban region of East India[J]. Urban Climate,2021,38:100896.

[22] Chen L,Zhang F,Yan P,et al. The large proportion of black carbon (BC)~containing aerosols in the urban atmosphere[J]. Environmental Pollution,2020,263:114507.

[23] Ramachandran S,Kedia S. Black carbon aerosols over an urban region: Radiative forcing and climate impact[J]. Journal of Geophysical Research:Atmospheres,2010,115:D10

[24] Bond T C,Doherty S J,Fahey D W,et al. Bounding the role of black carbon in the climate system: A scientific assessment[J]. Journal of Geophysical Research,Atmospheres,2013,118(11):5380-5552.

[25] 丁一汇,李巧萍,柳艳菊,等.空气污染与气候变化[J].气象,2009,35(3):3-14.

[26] Manisalidis I,Stavropoulou E,Stavropoulos A,et al. Environmental and health impacts of air pollution: a review[J]. Frontiers in public health,2020,8:14.

[27] Lin C C,Chiu C C,Lee P Y,et al. The adverse effects of air pollution on the eye: a review[J]. International journal of environmental research and Public Health,2022,19(3):1186.

[28] Rao N V,Rajasekhar M,Rao G C. Detrimental effect of air pollution,corrosion on building materials and historical structures[J]. American Journal of Engineering Research,2014,3(3):359-364.

[29] 周梦鑫,吴军,樊志彬,等.大气腐蚀在线监测技术研究现状与展望[J].中国腐蚀与防护学报,2022,43(1):38-46.

[30] Cai Y K,Xu Y M,Zhao Y,et al. Atmospheric corrosion prediction: a review[J]. Corros

Rev,2020,38(4):299-321.

[31] 杨晓波,杨旭峰,李新.国内外环境空气质量标准对比分析[J].环保科技,2013,19(5):16-19.

[32] WHO. Air quality guidelines global update 2005[EB/OL].(2006-08-12)[2024-09-04]. https://iris.who.int/bitstream/handle/10665/107823/9789289021920-eng.pdf?sequence=1.

[33] WHO global air quality guidelines. Particalute matter(PM$_{2.5}$ and PM$_{10}$),ozone,nitrogen dioxide, sulfur dioxide and carbon monxide[R/OL].(2021-09-22)[2024-10-01]. https://www.who.int/publications/i/item/9789240034228.

[34] IQAir. 2023 IQAir World Air Quality Report[R/OL].(2024-03-19)[2024-09-04]. https://www.iqair.com/in-en/newsroom/waqr-2023-pr.

[35] 欧洲联盟.环境空气质量标准及清洁空气法案:2008/50/EC[S/OL].(2008-05-21)[2024-09-04]. https://eur-lex.europa.eu/eli/dir/2008/50/oj.

[36] World Health Organization. WHO guidelines for indoor air quality:selected pollutants[EB/OL].(2010-10-01)[2024-10-01]. https://www.who.int/europe/publications/i/item/9789289002134.

[37] 中华人民共和国环境保护部.环境空气质量指数(AQI)技术规定(试行):HJ 633—2012[S].北京:中华人民共和国环境保护部,2016.

[38] Lemeš S. Air Quality Index (AQI)—comparative study and assesment of an appropriate model For B&H[C]//2th Scientific/Research Symposium with International Participation Metallic And Nonmetallic Materials,2018:282-291.

[39] Van den Elshout S,Léger K,Heich H. CAQI common air quality index—update with PM$_{2.5}$ and sensitivity analysis[J]. Science of the total environment,2014:488,461-468.

[40] 国家市场监督管理总局,国家标准化管理委员会.室内空气质量标准:GB/T 18883—2022[S/OL].北京:国家疾病预报控制局,2022.

[41] 高庆先,王宁,高文康,等.2020年春节期间京津冀及周边地区2次大气重污染过程分析[J].环境工程技术学报,2020,10(4):517-530.

[42] Wei W,Zhang H S,Cai X H,et al. Influence of intermittent turbulence on air pollution and its dispersion in winter 2016/2017 over Beijing,China[J]. Journal of Meteorological Research,2020,34(1):176-188.

[43] 盛裴轩,毛节泰,李建国,等.大气物理学[M].北京:北京大学出版社,2013.

[44] 杨佳财,王继民,孙白妮.电厂烟囱高度确定的技术方法[J].环境科学与管理.2007,32(1):176-180.

[45] 谷清.烟气抬升公式计算对比[J].环境科学研究,1991,4(3):25-32.

[46] 中华人民共和国环境保护局,国家技术监督局.大气污染物综合排放标准:GB 16297—1996[S].北京:中华人民共和国生态环境部,1997.

[47] 中华人民共和国环境保护局,国家质量监督检验检疫总局.火电厂大气污染物排放标准:GB 13223—2011[S].北京:中华人民共和国生态环境部,2011.

[48]李祥余.大气稳定度分类方法及判据比较研究[J].环境与可持续发展,2015,40(6):93-95.

[49]中华人民共和国技术监督局,中华人民共和国环境保护局.制定地方大气污染物排放标准的技术方法:GB/T 3840—91[S].北京:中华人民共和国生态环境部,1992.

[50]Olszowski T. Changes in PM_{10} concentration due to large—scale rainfall[J]. Arabian Journal of Geosciences,2016,9(2):160.

[51]栾天,郭学良,张天航,等.不同降水强度对$PM_{2.5}$的清除作用及影响因素[J].应用气象学报,2019,30(3):279-291.

[52]秦大河,张建云,闪淳昌,等.中国极端天气气候事件和灾害风险管理与适应国家评估报告:精华版[G].北京:科学出版社,2015.

[53]Ma J M,Cao Z H. Quantifying the perturbations of persistent organic pollutants induced by climate change[J]. Environmental Science & Technology,2010,44(22):8567-8573.

[54]Sigsgaard T,Hoffmann B. Assessing the health burden from air pollution[J]. Science,2024,384(6691):33-34.

[55]Meng X,Liu C,Chen R J,et al. Short term associations of ambient nitrogen dioxide with daily total, cardiovascular, and respiratory mortality: multilocation analysis in 398 cities[J]. BMJ,2021,372(n534):1-9.

[56]Liu S,Li X C,Wei J,et al. Short-term exposure to fine particulate matter and ozone: source impacts and attributable mortalities[J]. Environmental Science & Technology,2024,58(26):11256-11267.

[57]Zhao B,Wang S X,Hao J M. Challenges and perspectives of air pollution control in China [J]. Frontiers of Environmental Science & Engineering,2024,18(6):68.

[58]黄存瑞,刘起勇.IPCC AR6报告解读:气候变化与人类健康[J].气候变化研究进展,2022,18(4):442-451.

[59]WMO. 2023 WMO Air Quality and Climate Bulletin[R/OL]. (2023-09-06)[2024-09-05]. https://wmo.int/publication-series/wmo-air-quality-and-climate-bulletin-no-3-september-2023.

[60]蒋洪强,周佳,张静.基于污染物排放许可的总量控制制度改革研究[J].中国环境管理,2017,9(4):9-12.

[61]Li R,Gao Y M,Xu J H,et al. Impact of clean air policy on criteria air pollutants and health risks across China during 2013—2021[J]. Journal of Geophysical Research:Atmospheres,2023,128(14):e2023JD038939.

[62]王婷婷,王丽艳.我国大气污染防治法律制度评析及其完善[J].资源与产业,2014,16(2):32-36.

[63]国家统计局.中华人民共和国2022年国民经济和社会发展统计公报[R/OL].(2023-02-28)[2024-09-04]. https://www.stats.gov.cn/sj/zxfb/202302/t20230228_1919011.html.

[64]岳光溪,吕俊复,徐鹏,等.循环流化床燃烧发展现状及前景分析[J].中国电力,2016,49(1):1-13.

[65]房小怡,王晓云,杜吴鹏,等.我国城市规划中气候信息应用回顾与展望[J].地球科学进展,2015,30(4):445-455.

[66]中国清洁空气联盟.中国空气质量管理评估报告(2016)[R/OL].(2016-09-06)[2024-09-04].http://www.cleanairchina.org/product/7963.html.

[67]Zannetti P. Numerical simulation modeling of air pollution:an overview[J]. Computational Mechanics Publications,1993,3-11.

[68]Li X J,Hussain S A,Sobri S,et al. Overviewing the air quality models on air pollution in Sichuan Basin,China[J]. Chemosphere,2021,271:129502.

[69]王文兴,柴发合,任阵海,等.新中国成立 70 年来我国大气污染防治历程:成就与经验.环境科学研究[J].2019,32(10):1621-1635.

[70]北京大学.中国碳中和与清洁空气协同路径(2022)[EB/OL].(2022-12-15)[2024-09-04].https://www.efchina.org/Attachments/Report/report-cemp-20230322.

第3章 热岛效应

随着城市的不断发展,我们在生活中会发现一个有趣的现象,城市地表和大气的温度普遍比周边非城区要高,夏季人们纷纷往城郊避暑,冬季城市沥青路面相对郊区而言很少出现结冰情况。这种类似高温孤岛的城市气候现象在大城市更为明显,这便是城市热岛。它产生的根本原因是城市具有更好的教育、保健和住房机会使得城市地区的人口增长较快,而高密度的人口及人类活动加剧了城市热条件,因而导致这一现象的发生(任晓娟等,2022)。

城市热岛出现时,城市上空会存在等温线向上凸起的现象,形成一个热穹顶(urban heat dome,UHD)。关于城市热岛的表述最早可以追溯到900多年前,南宋诗人陆游在《秋怀》中写道:"城市尚余三伏热,秋光先到野人家。"意思是说街市里还有三伏酷热,秋天凉爽的光景已先来到乡野人家。1833年,英国科学家Luke Howard采用站点数据第一次对伦敦市中心的温度与郊区温度进行对比,发现市中心与郊区的日最小温度差可达12 °F,并将相关研究成果在 *Climate of London* 一书中进行了全面论述。1958年,英国气候学家Gordon Manley在研究城市降雪时首次提出城市热岛(urban heat island,UHI)的概念(Manley,1958)。1982年"城市气候学之父"Timothy Richard Oke在北美、加拿大等地多次观测到城市热岛现象,并对近百年学者关于城市热岛现象的研究做了总结和思考(Oke,1982)。我国学者夏豫齐于1982年发表《关于武汉地区的"热岛效应"及对空气污染的影响》一文,使用定点观测方法首次研究郊外与城区白天与夜间温度差及其与气象要素的关系。

UHI是人类活动导致区域气候变化最显著的例子之一,大城市的热岛强度可达10 °C(Masson等,2020a),我国超过90%的城镇存在显著的昼夜热岛现象(孙艳伟等,2021)。城市热岛影响空气质量、威胁居民健康、影响建筑能耗,并导致室外热环境存在过热风险,因此它是目前城市气象和城市气候研究最多、最广泛的领域。本章系统介绍有关UHI的基本理论、时空变化特征、冠层城市热岛的概念和影响、缓解措施以及研究方向。

3.1 基本概念

3.1.1 定义

《2021年广州市城市热岛监测公报》将城市热岛定义为：当城市发展到一定规模，由于城市下垫面性质的改变、大气污染以及人工废热的排放等使城市气温明显高于郊区，形成类似高温孤岛的现象。因为等温线在城市边界层的空间分布类似于海洋岛屿等高线的分布形式，"热岛"也因此得名。UHI是人类活动与气候系统相互作用所形成的特殊区域性气候特征，是城市化对气温影响最突出的特征。由于UHI与高温热浪存在相互作用(Dong等，2018；Ward等，2016)，且对城市热环境评估、城市设计和规划、热环境改善、城市能源供需等具有重要作用，因此关于UHI的研究受到广泛关注。深圳市气象局从2011年起开始发布年度城市热岛监测公报，2023年深圳市的热岛强度为0.85 ℃(数据引自《深圳市2023年城市热岛监测公报》)，广州市气象局从2014年开始发布热岛检测公报，2023年广州市的热岛强度为1.0 ℃(数据引自《2023年广州市城市热岛监测公报》)。1990年以来北京城市热岛面积一直呈现明显上升的趋势，强度不断增强，平均每十年增加0.32 ℃。热岛范围由城区不断发展并有连接成片的趋势，同时不断向周边扩张，到2017年，北京城六区热岛面积比例已接近80%，北京的热岛区域还出现了从中心城区向北、东和南三面扩展的态势，其中向昌平、顺义和通州方向扩展最为明显。

3.1.2 分类

在一个城市生态系统①中，地表几何特性、辐射、热力性质、湿度和空气动力学特征等因素对温度影响显著，且城市边界层具有一定的厚度，湍流特性显著，因此选取哪个位置、哪个高度的温度数据研究UHI需要慎重考虑。Oke等(2017)根据选取的监测点高度将UHI分为以下4类。

(1) 地下城市热岛(UHI_{sub})

地表以下温度分布的空间差异，包括城市土壤和地下建筑材质与周围乡村地区对应高度的温度差，可定义为UHI_{sub}。深度大于10 m，UHI_{sub}消失(Huang等，2020)，因此选取的深度不宜太深，一般选取地下0.2 m、0.5 m、2 m等深度研究UHI_{sub}。城市区域地下温度的上升导致UHI_{sub}现象，比如地下室、地铁隧

---

① 城市生态系统：城市中的大气、生物、水、土壤、岩石、构筑物、人等组成的生态系统。

道等地下结构非常吸热,土壤、地下水等不同地质成分的吸热能力也有差异,而且城市里的高楼大厦通常在地面之下扎根很深,在极端高温天气下,这些高大建筑表面吸附的热量也会使地表下方的温度升高。Rotta 和 Alessandro(2023)采用 150 个温度传感器对芝加哥的 UHI_{sub} 进行研究,发现地铁下方的温度比公园下方的温度高 10 ℃左右;Yang 等(2024)研究发现全球年均 UHI_{sub} 的幅度约为 1.0 ℃(白天)和 0.8 ℃(夜间),超过 60%的城市 UHI_{sub} 强度存在年际上升趋势。另外,可以利用观测井的数据或采用基于卫星资料的经验模型研究 UHI_{sub}(Qian 等,2022)。

(2)地表城市热岛(UHI_{surf})

将城市地表温度值与乡村地表温度值的差值定义为 UHI_{surf}。地表热岛是由地表能量平衡控制,可以采用地表温度传感器或卫星遥感资料进行研究,但需要注意的是只有静止卫星资料才可用于 UHI_{surf} 日变化研究。由于地表几何特性、辐射、热力性质、湿度和空气动力学特征等都会显著影响地表温度,导致 UHI_{surf} 的地表温度代表值较难选取。朱亚军(2023)采用 Landsat 资料反演出地表温度,研究指出深圳市不同土地利用类型地表年平均温度差别非常大,2014 年建设用地与耕地的地表温度差值可达 5 ℃,但这一差距在 2019 年缩小到 1 ℃左右(表 3-1);孙艳伟等(2021)采用 MODIS 数据,研究发现我国昼夜 UHI_{surf} 强度分别达到(0.75±0.6)℃和(0.81±0.53)℃,且夏季日间热岛强度显著高于冬季,冬夏季节夜间热岛强度差异不大。

表 3-1 各年份不同土地利用类型的地表平均温度

单位:℃

土地利用类型	2009 年	2014 年	2019 年
耕地	27.62	29.37	26.06
林地	24.96	26.33	23.87
灌木	27.94	29.09	28.82
草地	29.55	31.44	27.37
水体	25.51	20.87	22.68
裸地	31.28	34.35	28.69
建设用地	29.68	32.03	27.22

(3)冠层城市热岛(UHI_{ucl})

城市冠层内所测温度与乡村近地层对应高度的温度差异定义为 UHI_{ucl},它属于局地尺度,水平尺度往往小于 10 km,垂直范围 25~250 m,持续时间几小时到几分钟。UHI_{ucl} 是由地表能量平衡和冠层空气体积能量平衡共同控制。冠层城市热岛和地表城市热岛是研究最多的两类 UHI。2016 年住房和城乡建设部给出的《国家园林城市系列标准》中规定冠层热岛强度是建成区6～8月气温的平均值与建成区周边区域(农村、郊区)的差值,且规定大城市热岛效应强度≤2.5 ℃(夏季)。关于冠层城市热岛将在3.2节做详细介绍。

(4)边界层城市热岛(UHI$_{ubl}$)

城市冠层顶部与边界层顶部之间的气温与周围乡村地区大气边界层相同海拔高度的温差定义为UHI$_{ubl}$,属于局地尺度或中尺度,水平尺度100 km以内,垂直尺度范围为250～2500 m,时间持续几小时到几天。UHI$_{ubl}$是由粗糙子层顶部的能量平衡和边界层能量平衡过程控制,观测和数值模拟都已经证实了UHI$_{ubl}$的存在(Qian等,2022)。可以选用飞机、探空气球直接测量温度或雷达遥测数据研究UHI$_{ubl}$,但目前城市尺度边界层温度的同步观测数据仍然较少,因此对于UHI$_{ubl}$的研究大多采用数值模拟的手段。

3.1.3　热岛强度和热岛环流

(1)热岛强度计算方法

根据《气候可行性论证规范 城市通风廊道》(QX/T 437—2018)标准规定,城区温度与郊区同一时刻的温度差为热岛强度(urban heat islands intensity,UHII)[式(3-1)],这种计算UHII的方法也叫作城乡差异法(urban minus rural,UMR)。UHII的计算受城郊站点划分方法、资料分辨率、资料代表性以及研究目的等的影响较大,可将UHII的计算方法分为4种:气象台站法、遥感法、再分析资料法和其他方法。通常采用气象台站法和遥感法计算UHII,再分析资料法是罗小青等(2024)提出的创新性方法。

$$UHII = T_{城市} - T_{郊区} \qquad (3-1)$$

气象台站法。气象台站法是运用气象观测站(1.5 m高度百叶箱)的气温数据构建城郊温度差值,要求城市和郊区气象台站在同一气候区,海拔高度基本一致,且台站数目尽可能多,观测时间尽可能长。可取城区台站气温平均值和郊区台站气温平均值构建UHII。

气象台站法构造的热岛也称为冠层城市热岛,其准确程度依赖于台站密度、下垫面的性质以及城郊台站的代表性,该方法较难反映城市热岛强度空间分布。日最高气温、最低气温、日平均气温等要素都可以定义热岛强度,但不同气温指标构建的热岛强度日变化、季节变化有较大差异。采用气象台站法研究冠层城市热岛的案例很多。深圳市创建生态园林城市时也采用了气象台站法计算UHII;广州市气象局采用气象台站法计算UHII,《2021年广州市城市热岛监测公报》,具体计算了12个城市代表站与周围最近的郊区代表站逐时平均气温的差值;刘伟东等(2016)采用北京的日平均气温、最高气温和最低气温台站资料研究发现 1971—2010 年 UHII 分别为 1.26 ℃、0.3 ℃和 2.04 ℃。

遥感法。遥感法是利用搭载红外传感器的卫星平台数据反演地表温度,进一步划分城市和郊区站,通过构建城郊温度差值计算 UHII。由于卫星资料 1 个像元内可能包含多种地物类型,且各地物占比不同,因此 1 个像元内所表征的地表温度为该像元内所包含各类地物所有反射和发射辐射的贡献。由于遥感法分辨率高和低成本等优势,近年来成为城市热岛研究的主要手段。

遥感法常用于研究若干时段内平均热岛强度空间分布情况的对比,其精确程度依赖于对大气效应纠正、地表发射率、视场角以及传感器系统误差等方面(李宇等,2021)。常用于研究城市热岛的热红外数据源见表 3-2(李元征等,2016),有学者(Zhou 等,2018)也对研究城市热岛使用不同传感器/卫星图像的占比情况做了统计,具体见表 3-3,可以看出 Landsat 系列卫星数据和 MODIS 数据是研究地表城市热岛的主要资料。对于月、季热岛强度计算,通常采用 MODIS 1 km 分辨率卫星资料,对日热岛强度计算,常采用空间分辨率 100 m 的 Landsat 系列卫星资料。

表 3-2 地表冠层热岛监测常用的热红外数据源

平台/传感器	空间分辨率	覆盖周期	过境时间	起始年份	可用热红外波段数
GOFS/GOES 成像器	4 km	~0 d	多个,间隔 30 min	1974	双
FY-2/SVISSR	5 km	~0 d	多个,2006 年后间隔 15 min	2004	双
MSG 系列/SEVIRI	3 km	~0 d	多个,间隔 15 min	2005	双
NOAA 系列/AVHRR	1.1 km	≤0.25 d	具体见官网	1979	双
Terra/MODIS	1 km	0.5 d	~10:30、~22:30	2000	双
Aqua/MODIS	1 km	0.5 d	~01:30、~13:30	2002	双
HJ-1B/IRS	300 m	4 d	~10:00	2008	单
FY-3/MERSI	250 m	5.5 d	~10:45	2008	单
Landsat/TM、ETM+、TIRS	60~120 m	16 d	~10:30	1982	单或双
Terra/ASTER	90 m	15 d	按要求	1999	多
CBERS/IRMSS、IRS	80~156 m	26 d	~10:30	1999	单
机载	~1 m	按要求	按要求	1985	多
热视频辐射仪	~1.8 mrad	按要求	按要求	1997	多

表 3-3　研究地表城市热岛所使用不同传感器/卫星图像的占比

探测器	Landsat Series	MODIS	ASTER	Multiple Sensors	AVHRR	Others
占比	53%	25%	7%	6%	4%	5%

诸多学者利用遥感法计算 UHII,如 Deng 等(2023)采用 MOD11A1.006 Terra LST 数据研究发现城市热岛效应在粤港澳大湾区持续活跃,特别是在大湾区中心,同时发现大湾区核心城区城镇化趋于饱和,UHI 效应增速放缓;Yang 等(2024)利用 MODIS 地表覆盖数据 MCD12Q1,采用创新的动态等面积方法构建了一套全球城市热岛强度数据集,数据可通过 https://doi.org/10.6084/m9.figshare.24821538 下载;张晓敏等(2023)基于 Landsat 8 TIRS 遥感卫星数据,采用劈窗算法和大气校正法反演了深圳市地表辐射温度,并利用地面站点监测数据对反演结果进行了验证,探讨了深圳城市热岛效应的时空分布特征及其影响因素,研究发现卫星反演的地表温度与台站气温存在显著线性相关,但是劈窗算法与台站数据相关性更高。

采用遥感法估算的 UHII 是地表城市热岛强度,其具体的计算方法多种多样。UHII 计算公式可参考《气象可行性论证规范城市通风廊道》(QX/T 437—2018),根据计算出来的热岛强度指数将 UHII 划分为 7 级,具体见表 3-4,从表中可以看出日热岛强度大于 7 ℃,或月、季节热岛强度大于 5 ℃时,属于强热岛级别。UHII 计算公式也可参考深圳市气象局(DB4403/T 193—2021)的方法,根据计算结果将 UHII 划分为 5 个等级,具体见表 3-5,该分级标准中并未给出冷岛,当热岛强度大于 4.5 ℃时,属于极强热岛,热岛强度处于 3.5～4.5 ℃时,属于强热岛级别。结合表 3-4 和表 3-5 可以发现,即使是采用同一类 UHII 计算方法,得到的热岛强度指数差别也很大,等级划分标准也不尽相同。

表 3-4　城市热岛效应强度划分

热岛强度等级	热岛强度含义	日热岛强度($I_日$)/℃	月、季热岛强度($I_{月、季}$)/℃
1 级	强冷岛	$I_日 \leqslant -7.0$	$I_{月、季} \leqslant -5.0$
2 级	较强冷岛	$-7.0 < I_日 \leqslant -5.0$	$-5.0 < I_{月、季} \leqslant -3.0$
3 级	弱冷岛	$-5.0 < I_日 \leqslant -3.0$	$-3.0 < I_{月、季} \leqslant -1.0$
4 级	无热岛	$-3.0 < I_日 \leqslant 3.0$	$-1.0 < I_{月、季} \leqslant 1.0$
5 级	弱热岛	$3.0 < I_日 \leqslant 5.0$	$1.0 < I_{月、季} \leqslant 3.0$
6 级	较强热岛	$5.0 < I_日 \leqslant 7.0$	$3.0 < I_{月、季} \leqslant 5.0$
7 级	强热岛	$I_日 > 7.0$	$I_{月、季} > 5.0$

表 3-5 城市热岛效应强度评估分级标准

(UI 为热岛强度,单位:℃)

热岛强度	UI≤1.5	1.5<UI≤2.5	2.5<UI≤3.5	3.5<UI≤4.5	UI>4.5
等级	无	弱	中等	强	极强

气象站法和遥感法分别针对冠层热岛和地表热岛进行研究,两个方法各有优缺点。气象站法简单快捷,容易理解,但是对台站数据连续性以及台站基本情况等有要求,并且台站数据的分辨率过低,代表性欠缺。遥感法反演地表温度和划分郊区、城市站时较为复杂,且标准不一,导致不同热岛强度分级标准不能直接对比,但是遥感数据时空分辨率高,划分出的城市和郊区站点的代表性好,准确度高。

再分析资料法。罗小青等(2024)采用再分析格点数据,根据城市行政区域范围,选取较大范围网格区域作为背景场,将背景场气温格点值 $T(i,j)$ 作为城市气温代表值,再采用面积加权平均法计算同一时刻背景场气温平均值 $\overline{T}$,以此作为郊区的代表值,因而构建热岛强度 UHII(i,j),具体见式(3-2)。采用该方法计算的冠层热岛和地表热岛的日变化也存在一定差异,从图 3-1 中可以看到冠层热岛的日变率更大。进一步选取 UHII(i,j) 最外围闭合等值线定义热岛形态和面积,同时给出热岛等级划分(见表 3-6)。

$$\mathrm{UHII}(i,j)=T(i,j)-\overline{T} \tag{3-2}$$

式中,UHII(i,j) 为格点热岛强度值,$T(i,j)$ 为选取的背景场格点气温(城市代表值),$\overline{T}$ 为采用面积加权平均法计算的背景场均值(郊区代表值)。

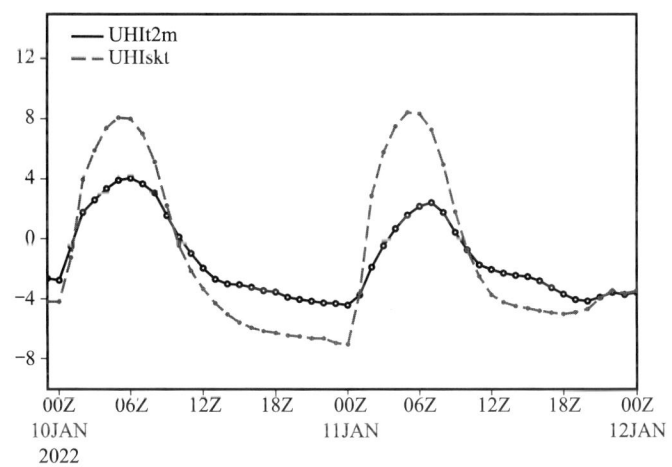

图 3-1 根据再分析资料法计算的冠层热岛强度(UHIt2m)和地表热岛强度(UHIskt)的日变化

(当地时间 CST,单位:℃)

表 3-6　城市热岛强度等级划分

热岛等级	热岛强度指数(K)
弱热岛	[0,3.8)
强热岛	[3.8,4.0)
超强热岛	[4.0,+∞)

[引自罗小青等(2024)]

其他方法。有学者基于遥感法反演的温度,采用城市热场变异系数 HI 表示热岛强度,具体见式(3-3)(牛陆等,2022),并且将 HI 划分为 6 个等级(张勇等,2006),具体见表 3-7;也有学者采用热岛比例系数(王美雅和徐涵秋,2021)、基于局地气候分区 LCZ 方法(朱亚军,2023)计算热岛强度。LCZ 体系建议用不同类型 LCZ 间的温差定义并计算热岛强度,采用该方法可以快速地将研究区域的城市和农村模型化,这便于研究区域乃至全球尺度的城市热岛效应(江斯达等,2020)。

$$HI = (T - T_{mean})/T_{mean} \quad (3-3)$$

式中 HI 为城市热场变异系数,T 是反演的地表温度,T_{mean} 为反演的区域地表平均温度。

表 3-7　生态评价指标的阈值划分

热场变异系数 HI	热岛效应现象	生态评价指标
<0	无	优
0.000～0.005	弱	良
0.005～0.010	中	一般
0.010～0.015	较强	较差
0.015～0.020	强	差
>0.020	极强	极差

(2) 热岛环流

在天气晴朗无云、大范围内气压梯度极小、风速很小的天气条件下,由于城市热岛的存在,城市建成区往往形成一个低压中心,市区热空气不断上升,郊区近地面的空气必然从周围各方流入市区,气流向热岛中心辐合,郊区因近地面层空气流失需要补充,于是热岛中心上升的空气又在一定高度上流回到郊区,在郊区下沉,形成一个缓慢的热岛环流(urban heat island circulation,UHIC)。从图 3-2 中可以看出,夜间最大热岛出现时近地面的风普遍偏小,风场向热岛中心城市建成区辐合,建成区几乎是静风的状态,城市冠层热岛中心上方出现垂直上升运动,850 hPa 风场呈反气旋式辐散,这便形成了热岛环流 UHIC。有相关研究发现凡是高低错落或是冷热分布不均的地方就会存在着热力环流,以及在风小、无云、夜间辐射冷却强的情况下同样也会出现热力环流。Wang 和 Li(2016)采用 CFD 模型很好地模拟了夜间和白天的城市热岛环流。

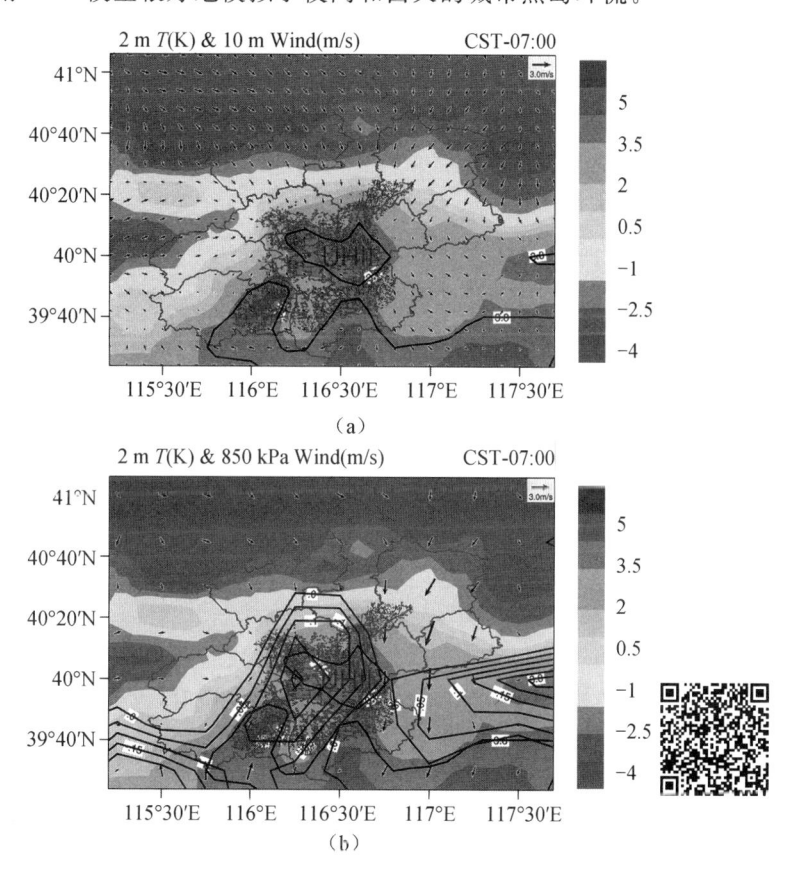

图 3-2 2022 年 1 月 11 日北京时间 7:00(CST)最大夜间热岛时刻的 UHIC
[(a):低空 10 m 风场,(b):850 hPa 风场。矢量箭头代表风场(单位:m·s^{-1}),阴影为 2 m 气温(单位:K),黑色实线为热岛强度等值线(单位:K),紫色实线是 925 hPa 垂直速度(单位:Pa/s),灰色曲线是北京市的行政区划,灰色阴影是北京市建成区面积,数据来源于何春阳等(2022)]

3.1.4 形成原因

城市热岛形成原因主要有以下 5 个方面。

(1)下垫面性质不同

首先,城市下垫面大多以水泥、沥青、钢材、砖石、金属和合成材料等构成,土地覆盖面积少,郊区或自然下垫面以人片农田、植被、土壤和水体为主。两类下垫面的热力性质差异大,城市人工构筑物和建筑物吸热、散热和导热较快,尤其是水泥、沥青和钢材等的热容量小,其接收太阳辐射后表面能快速升温,城市平均热导纳能力较强,平均反照率低,导致城市冠层存储了更多的热量。其次,城市植被覆盖度低,植被蒸腾作用小,导致降温效应弱,城市温度尤其是夜间温度相较郊区更高。最后,城市地表粗糙度大,使得近地层风速减小,限制了通过大气对流和平流的热量损耗。

(2)人为热排放量不同

城市人为热来源广,汽车、空调、建筑物和工业设施、人体等都向城市环境散发热量。这些由人类产生的或人为的废热源可直接导致热岛效应或加强热岛效应。交通运输是城市最为重要的运动热源,由于燃料燃烧效率较低,交通繁忙的地区常常是热岛中心。城市中大量储能电站的出现以及规模的不断扩大,也会释放大量的热量,且形成微小尺度的热岛现象。人为热排放与城市热岛强度之间存在正反馈过程。例如,当热岛效应强时,人们大量使用空调制冷,空调生产增加对能源需求的供应,导致企业排放更多的温室气体,从而使城市热岛效应更强。

(3)冠层几何特征不同

城市建筑物、街道等高度密集,峡谷效应明显,热量不易扩散,平均热容量相比自然下垫面更高,且太阳辐射多次反射和辐射捕获导致吸收、存储更多热量。

(4)空气污染影响

城市大气污染会造成城区上空经常存在很浓的烟雾和飘尘等,这些污染物形成雾障,白天减弱太阳辐射,夜晚吸收地面长波辐射,也会造成热岛效应。另外,大量的温室气体和黑碳等排放对长波辐射吸收也会进一步加强热岛效应。

(5)城市化水文效应

城市降雨后,雨水很快从排水管道流失,因此在城市中可供蒸发的水分比郊区少,造成蒸发吸热降温的作用小。

另外,城市地理位置和气象条件也有可能造成城市热岛。如广州地处低纬度、高温、多雨、湿度大,风向以北、东北、东、东南方向为主,具有通风不良和静风频率高、近地层的逆温频率高、热岛效应强等特点。

3.1.5 研究方法

对热岛效应的研究早期是以单站观测资料研究为主,20世纪70年代开始研究大气边界层的温度、湿度变化,21世纪以后中尺度数值模式的发展和应用,以及遥感卫星资料的应用对城市热岛效应和边界层的研究起到了极大的促进作用。总的来说,热岛效应的研究方法主要有以下3个。

(1)外场试验和观测

例如利用观测的卫星遥感数据研究城市热岛(井超,2019)、建立试验观测场进行研究。2015年中山大学杭建教授带领研究团队建立了一个占地4800 m^2

的缩尺度城市微气候实验场地，该试验场地定量研究了建筑形态和气象条件对二维街谷(2000个建筑模型组成)和三维城区(3000个建筑模型组成)湍流结构、能量平衡和热环境时空特征的影响，并取得了若干高质量的实验数据。该实验数据集可通过北京城市气象研究院的《亚热带城市气候全时空参数化缩进尺度外场实验数据集》获取(Chen等，2020a；Chen等，2020b；Wang等，2021；Hang和Chen，2022)。Hang等(2019)利用该实验场地研究街谷比例和墙壁加热条件对气流和污染物暴露度的影响。

(2)数值模拟

可以采用中尺度模式和城市冠层模式嵌套的方法或计算流体力学CFD模式对城市热环境进行研究等。例如Li和Bou-Zeid(2014)利用MODIS高分辨率卫星数据和WRF模型嵌套冠层模型模拟城市的热环境；井超(2019)对国内外城市热岛效应遥感观测和数值模拟预测研究进行了综述；Noro和Lazzarin(2015)采用实验观测和ENVI-met模型对意大利帕多瓦市的一个广场及其周边的热岛强度进行研究，最终给出了降低热岛强度的策略；檩姊静(2016)利用热分层风洞实验数据验证所建立的二维和三维街谷模型对风热环境的模拟性能，研究发现街谷热环境存在显著的日变化和季节特征。

(3)深度学习方法

例如韦春竹等(2013)使用神经网络以及遗传算法规则，对广州市土地利用格局进行模拟，并在模拟的基础上研究城市热岛效应；Wang等(2024)利用机器学习模型和SHAP(SHapley additive exPlanations)方法研究了平原和高原城市空间形态对地表温度的影响。

3.2 冠层城市热岛

3.2.1 基本概念

冠层城市热岛(UHI_{ucl})是最常研究的热岛类型，UHI_{ucl}强度是利用温度计或者温度传感器测量城郊两地近地面气温计算得到，温度测量方法有定点和运动样带观测法两种，要求测量仪器放置在百叶箱或通风防辐射罩中。定点观测通常利用便携温度接收器在城区典型位置进行观测，或在气象观测场中进行观测，而运动样带方法通常在车辆上安装温度测量仪器，并与便携式数据采集器连接以监测城市区域的温度。对于UHI_{ucl}而言，太阳辐射和天气状况(如风、降水、云)是最重要的两个控制因素，不同地区UHI_{ucl}相似性、一般特征、物理机制等是研究的重点，比如探究粤港澳大湾区UHI_{ucl}和京津冀地区UHI_{ucl}时空演变有何相似的特征，并尝试建立UHI_{ucl}生成、演变的物理机制，这是非常有意义的工作。

在深入认识冠层城市热岛之前我们要先认识一下冠层热岛的空气体积能量平衡,式(3-4)和式(3-5)分别表示近地面某一个高度 z 处郊区和城市的空气体积能量平衡方程,很明显,城市近地面气温的影响因素更为复杂。郊区空气体积能量平衡方程[式(3-4)]中未考虑热量的平流变化,气温 T_{a_r} 的局地变化取决于地表净辐射和感热的垂直变化,而由城市空气体积能量平衡方程[式(3-5)]可以看出,T_{a_u} 不仅受净辐射和感热体积散度的影响,还受到平均气温平流和储热局地变化的影响。

$$\frac{\partial T_{a\_r}}{\partial t}=\frac{1}{C_a}\left(\frac{\partial Q^*}{\partial z}+\frac{\partial Q_H}{\partial z}\right) \tag{3-4}$$

$$\frac{\partial T_{a\_u}}{\partial t}=\frac{1}{C_a}(\nabla Q^*+\nabla Q_H)+\overline{u}\frac{\partial \overline{T}_a}{\partial x}+\frac{\partial S}{c_p\partial t} \tag{3-5}$$

其中 T_{a_r}、T_{a_u} 分别表示郊区和城市近地面高度 z 处的气温,C_a 为空气的热容,c_p 表示定压比热容,S 为储热,$\overline{u}$、$\overline{T}_a$ 分别表示 z 处一定时间平均的风速和气温,∇ 为三维散度算子。

3.2.2 时空变化特征

(1)日变化

冠层热岛强度日变化明显。静稳天气(通常指近地面风速小、大气稳定的一种低层大气特征,大气持续静稳,易形成雾霾天气)条件下,冠层热岛强度日变化呈"V"形,一般是夜间强、白昼午间弱(如图 3-3 所示),这主要是因为城市冠层夜间储热更多、郊区辐射冷却作用更强所致。日出前后热岛强度达到最强,午后 15 时左右达到最弱,从图中还可看出日出后和日落前热岛强度时间变率非常大,这分别是由于郊区在该时段辐射增温和辐射冷却作用异常显著所致。

不同地区,采用不同方法得到的热岛强度以及采用不同资料计算的热岛强度日变化均存在一定差异(如图 3-3、图 3-4、图 3-5 所示)。《广州市城市热岛监测公报 2023 年度》显示广州市城市热岛强度 7:00—9:00 为下降时段,10:00—14:00 为相对稳定的弱热岛时段,15:00—19:00 为上升时段,20:00—次日 6:00 为稳定的强热岛时段。热岛强度的高值主要出现夜间(20:00—次日 6:00),天河区石牌街、从化区城郊街的热岛强度均达到了 2 ℃ 以上;热岛强度的低值则主要出现在白天(9:00—15:00),城市代表站平均热岛强度低于 0.8 ℃。气象站法显示北京市的热岛(见图 3-4)在早上 8 时左右达到最大值,而再分析资料法计算的结果显示早上 7 时达到最强热岛,8 时强热岛范围显著减小(见图 3-5)。李宇等(2021)采用气象台站法研究发现 84 个城市的热岛强度整体表现为夜晚[(1.2±1.1) ℃]明显高于白天[(0.5±1.2) ℃]。刘伟东等(2016)研究京津冀地区热岛强度日变化时发现最高和最低气温的热岛效应呈非对称性特征,最强为最低气温

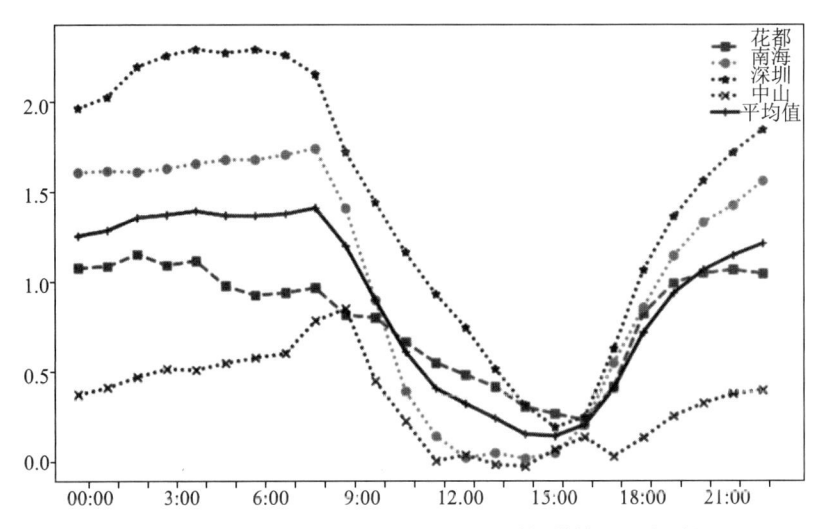

图 3-3　粤港澳大湾区热岛强度日变化趋势（横轴为北京时间）

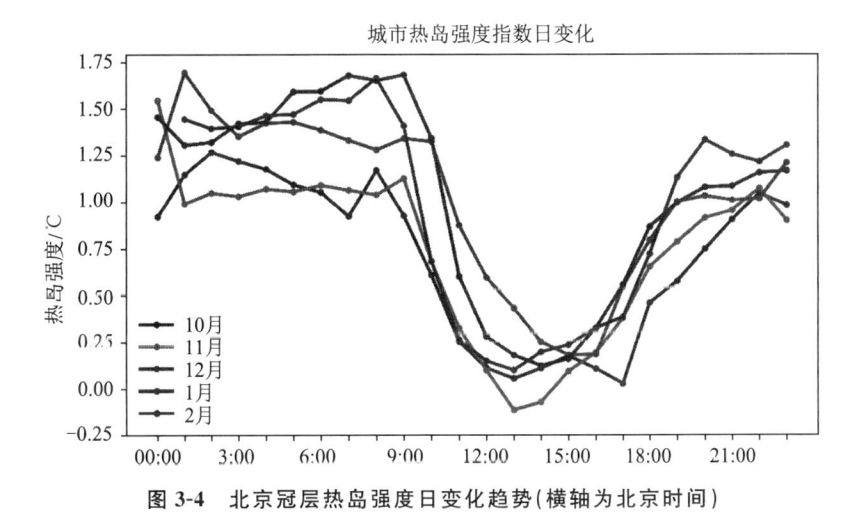

图 3-4　北京冠层热岛强度日变化趋势（横轴为北京时间）

的热岛效应，其次为平均气温的热岛效应，最弱为最高气温的热岛效应。

(2) 季节变化十分复杂

由于受到区域气候条件、城市化水平、人为因素以及计算资料影响，热岛季节变化特征复杂多样。如赤道湿润气候区，热带沙漠气候区热岛强度季节变率很小，西欧和北美中纬度城市的热岛强度大都是夏秋强、冬季弱。我国是季风气候，北方城市热岛强度一般是秋冬强、春夏弱，京津冀地区往往会出现秋冬季晚上热岛强度更强的现象。刘伟东等（2016）研究发现出现此现象主要有两个原因：春、夏季大气多不稳定，城市大气污染物和热量易扩散到郊区，而秋冬季

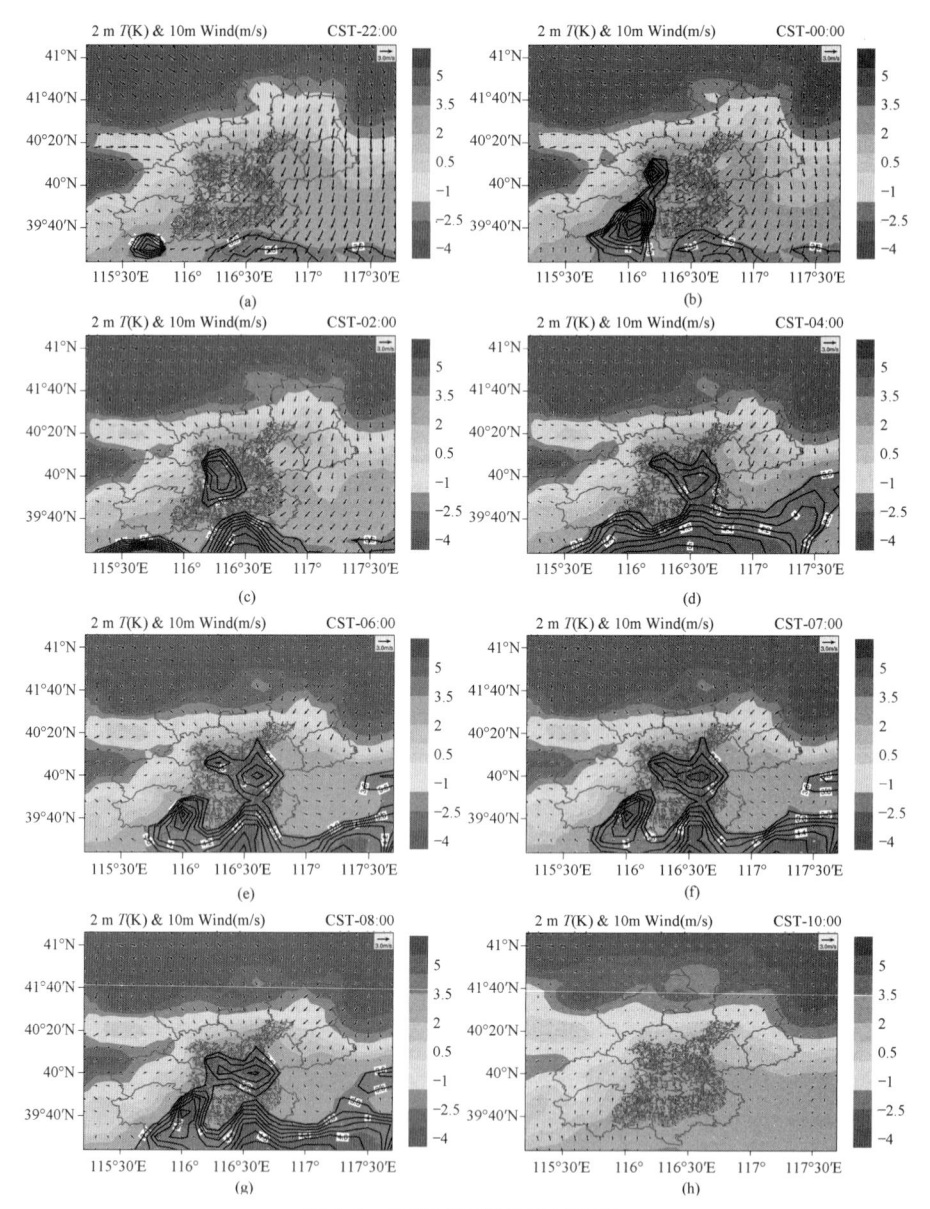

图 3-5 北京冠层热岛的日变化

[阴影和等值线表示热岛强度,等温线取值范围为 3.8～5 K,矢量箭头表示风场,其中(a)～(h)分别对应北京时(CST)1 月 10 日 22:00—1 月 11 日 10:00,其中图(f)为典型热岛形态,UHI 最强,3.8 K 等温线范围即为具体的热岛范围,灰色曲线为城市行政区域,灰色阴影为城市建成区]

受冷高压影响,气候干燥、少云、少雨、大气层结相对稳定,且取暖排放的大量气溶胶增强了大气逆辐射;春、夏季雨水多,城区地面水分蒸发消耗热量,降水冲洗大气污染物,降低城市冠层捕获的热量。《广州市城市热岛监测公报2023年度》显示秋季热岛强度最强为1.1 ℃,冬季热岛强度最弱为0.9 ℃。Peng等(2019)研究发现全国平均的热岛强度在春夏季强于秋冬季。另外,采用不同气温数据呈现的热岛季节变化也存在一定差异。例如孟凡超等(2020)采用2009—2019年城乡两地的日平均气温、最低气温和最高气温研究发现日最低气温呈现的热岛强度季节变化最显著。

(3)年际变化

城市热岛现象很普遍,全球超过80%的城市存在热岛效应,全球年平均冠层UHII接近0.5 ℃,随着城市化程度的增加,热岛强度呈增加趋势,且热岛强度越强的城市,往往出现更快的UHII增长趋势(刘伟东等,2016;Yang等,2024)。Peng等(2019)研究发现1984—2013年我国平均的热岛强度有显著上升趋势。但如果选取的研究时段较短,可能呈现减小趋势(见图3-6),图中显示2014年以来广州城市热岛强度总体呈减弱趋势,2014年的城市热岛强度最强,达到1.5 ℃,2022和2023年的城市热岛强度最弱,为1.0 ℃。出现这种现象是自然和人为原因共同作用的结果,2016年秋冬和2020—2022年秋冬季的拉尼娜现象,2019—2021年的疫情防控政策等都可能对广州热岛强度的年际减小有积极贡献。

图3-6 2014—2023年广州市城市热岛强度变化

[图片来源:《广州市城市热岛监测公报(2023年度)》]

如果城市采取大规模的旧城改造和更新策略,也会使城市热岛强度呈现降低趋势。上海是世界上首批采取缓解城市热岛战略的大都市之一。研究者通过分析过去144年的气象和土地利用观测数据,发现2005—2016年,由于以植被覆盖面积增加和城市地区高能耗产业关闭为特征的城市更新,上海的热岛强度下降了约0.58 ℃,利用WRF模式(weather research and forecasting model)模拟结果表明植被覆盖率增加10%~20%将使热岛强度减少0.38~0.78 ℃,从而潜在节省$3.05×10^8$~$5.79×10^8$ kw·h·a^{-1}的电力,相当于碳排放量减少$2.47×10^5$~$4.68×10^5$ t CO_2·a^{-1}。这些结果将有助于改善与大规模城市化相关的城市气候,并将为全球其他大都市的城市更新提供指导(Wang 和 Shu,2020)。

(4)空间变化

Peng 等(2019)首次利用中国 155 个城市 30 年的气象实测数据,探究了中国城市热岛效应的时空格局。研究显示中国城市热岛强度值(UHII)呈显著上升趋势,且夏季增长趋势最强,内陆地区的 UHII 显著大于沿海地区,干旱地区的 UHII 显著大于湿润地区,相较于其他地形区的城市,位于中高山地区城市的 UHII 达到最大,进一步分析表明,热岛强度与自然生态因素呈显著相关,而与社会人口因素之间的关系并不显著。

(5)非周期性变化

城市热岛强度还因气象条件和人为因素不同出现明显的非周期性变化。在气象条件中,以风速、云量、湿度、太阳直接辐射等的影响最为重要。人为因素中,采暖能耗、车流量、城市化程度等也会影响热岛强度的非周期性变化。

3.2.3 最大冠层城市热岛

(1)定义

对于一个给定的城市区域,在静稳的天气条件下城郊两地的气温差在夜间达到最大,这便是最大冠层城市热岛(图 3-7)。观测时间、土壤湿度以及城市冠层街道几何形状、建筑材质、交通情况、气象条件等都会影响最大冠层热岛的强度和出现时间。例如街道的几何形状,会影响辐射收支;建筑材质会影响热量储存或者释放;车辆交通和空间加热或者冷却等条件都会影响到热岛强度。图 3-7 展示了静稳天气条件下北京地区出现的最大冠层热岛强度及其形态,可以用热岛强度 3.8 K 等值线范围内所有网格点的均值或者网格点数表示最大冠层热岛强度,利用最外围闭合等值线 3.8 K 的范围表征最大冠层城市热岛形态,最大冠层热岛形态与北京市区人口密度的空间分布较为吻合(图略)。需注意,城市的最大冠层热岛形态在不同日期差异很大。

(2)影响因子

①街道几何形状。天空可视因子(sky view factor,SVF)和街谷高宽比(H/W)是街道几何形状的两个重要参数。SVF 是指平面接收的辐射与整个半球环境发射的辐射之比。简单来说,SVF 反映了人们在城市中可以看到的天空范围比例,它是一个无量纲的参数,其值介于 0 到 1 之间,0 表示天空完全遮挡,1 表示天空完全开阔,其计算方法有鱼眼照片方法、三维模拟方法、GPS 方法、街景图像方法等。研究发现对于紧凑高层建筑而言,SVF 与热岛强度呈显著负相关(冯叶涵等,2021)。Oke 等(2017)研究发现最大冠层热岛强度与 SVF 呈显著负相关。这说明天空开阔度越低,越有利于城市冠层的储热,冠层热岛强度会更强。

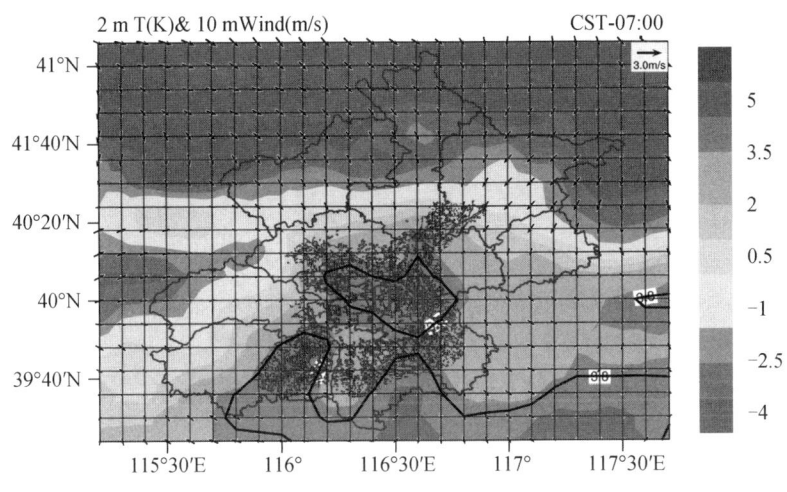

图 3-7 北京地区最大冠层热岛形态

[阴影和等值线表示冠层热岛强度(K),矢量箭头表示 10 m 风速(m·s^{-1}),灰色阴影表示城市建成区,灰色曲线表示北京市行政区划]

H/W 是指街道宽度与沿街建筑高度的比值,它是冠层中流场、湍流强度和辐射环境以及能量平衡的主要控制因子之一,其对街道峡谷内部风场和城市热岛强度有很大影响。一般而言,H/W 太大,街道空间会显得压抑;H/W 太小,街道空间会显得空旷,H/W 为 1 时是理想的街道峡谷。Oke 等(2017)研究发现 H/W 与最大冠层热岛强度呈显著正相关,即街道建筑物平均高度相对于街道宽度越高,最大冠层热岛强度越强。中山大学的缩尺度外场试验平台中设置的 H/W 有 0.5、1.0、2、3 和 6,从利于通风和散射的宽街谷变到不利于的窄街谷。

②区域平均风速。近地面区域平均风速与夜间热岛强度存在指数关系,具体见式(3-6)(Oke 等,2017)。从公式中可知,某个地区的平均风速越小,夜间热岛强度越强,反之则越弱。图 3-7 所示最大冠层热岛出现时,北京地区的平均风速在 3 m·s^{-1} 以下,其中城市建成区几乎处于静风控制下,平流扩散损失的热量少,非常利于热量的积累。图 3-8 显示一次寒潮来袭时,城区风速和温度的变化几乎相反,风速快速增加,温度迅速降低,城区平均风速与热岛强度的变化也几乎反相,平均风速快速增加,对应热岛强度迅速降低。

$$\Delta T_{u\_r} \propto \overline{u}^{-k} \tag{3-6}$$

当区域风速进一步增强时,冠层热岛的强度减弱,且形态会向城市下方向扩展。从图 3-5 中也可看出,北京地区东侧 00 时刻的风速较大,热岛中心形成于下风方向的西南侧,当风速进一步减小时,热岛中心向西北移动,且范围和强度进一步增大。

(a) 城区温度和风速的逐小时变化

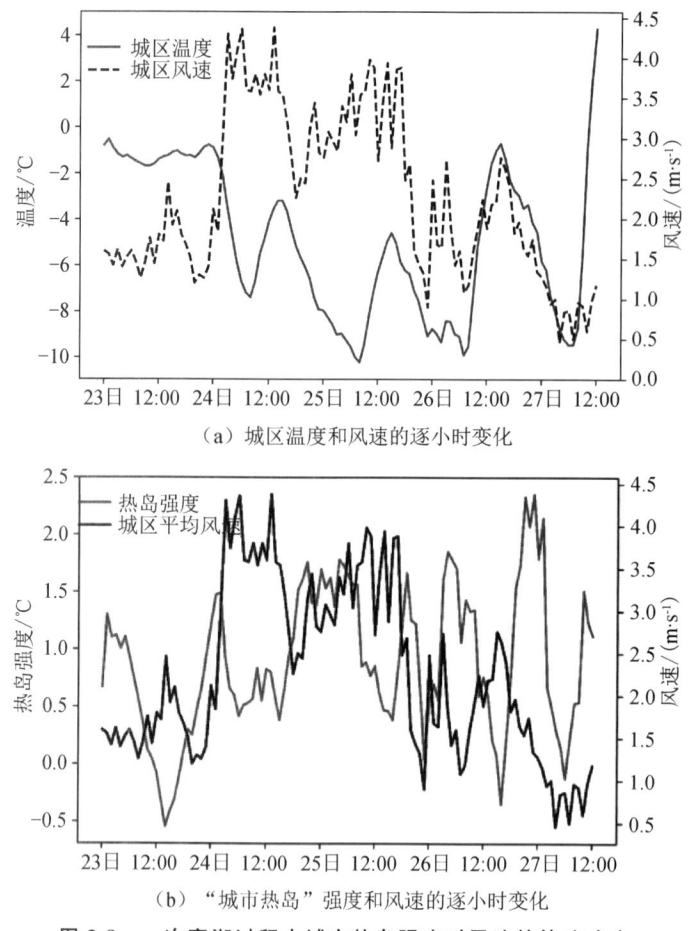

(b) "城市热岛"强度和风速的逐小时变化

图 3-8　一次寒潮过程中城市热岛强度对风速的快速响应

③湿度。有学者利用卫星资料和气候模式对北美 65 个城市的热岛效应进行研究,发现在湿润的气候条件下,城市对流效率明显下降,造成局地增温,从而加强城市热岛(Zhao 等,2014)。Zhang 等(2023)基于全球多站点的观测数据和城市气候模型提出"湿球城市热岛"的概念,建立了计算城市热岛和城市干岛对城市湿热贡献的理论框架,研究发现在温带气候区,温度和湿度对热胁迫的贡献相反,城市干岛效应要强于城市热岛效应,在高温高湿气候区,温度效应和湿度效应均加强城市热胁迫,导致每年城市热胁迫天数比乡村高 2~6 d。

(3) 冠层热岛研究方法的不足

目前的文献资料中冠层热岛是研究最多的一类城市热岛,但是很多研究报告中会存在着较为明显的方法缺陷。以下是 4 种常见的问题。

①站点选择欠佳,不具代表性。由于城市建成区的快速扩张,部分郊区站附

近人类活动越来越频繁,人工构筑物也越来越多,郊区站逐渐演化为城市站,因此如何选取代表性强的郊区站点是采用城郊对比法研究城市气象和气候的难题。

②缺少元数据。气象台站元数据是气象观测记录数据的重要背景信息,用于记录气象台站建立以来的发展变化历程,这些数据包括台站名称、区站号、级别、建制、位置、观测场环境、观测要素、观测仪器、观测时间与时制等沿革情况的变更等,是分析、检验、订正气候资料序列的科学参考依据(李婵等,2020)。早期关于地面台站迁移、观测仪器类型、仪器安装高度等变化缺少记录,因此采用缺乏元数据的台站资料研究城市气候演变存在一定问题。

③样本量太小。例如研究城市热岛时,以城市和郊区的代表性台站构建热岛指数,台站数量过少,也会影响分析结果。

④未能正确控制或过滤天气及季节变化对城市气候的影响。例如分析热岛季节变化时,冬季寒潮过境会显著影响热岛强度,会使冬季热岛强度显著降低;例如太阳辐射的季节变化对土壤湿度、日照时数等影响,也会进一步对热岛强度产生影响。

3.3 影响和缓解措施

据统计,截至目前,全世界1000多个不同规模的城市出现了城市热岛现象,范围遍及南、北半球各纬度地区。虽然城市热岛效应本身不会像热带气旋、暴雨等强烈天气那样直接造成重大的自然灾害,但往往会通过改变局地的能量平衡、水循环过程、大气边界层结构、污染物传播和扩散规律,对人类生产、生活产生间接的危害。

3.3.1 影响

(1)不利影响

城市热岛效应加剧高温热浪天气,从而危害人体健康。已有大量研究指出高温热浪和城市热岛效应之间存在正相关关系,强的城市热岛效应会进一步加剧高温热浪天气的强度和影响。WHO规定高温热浪一般指的是气温大于32 ℃,且持续3 d以上的天气过程。中国气象局一般以日最高气温≥35 ℃,且持续3 d以上的高温天气为高温热浪标准。我国《高温热浪等级》(GB/T 29457—2012)进一步给出了高温热浪指数的计算公式,也有学者(徐金芳等,2009)依据高温对人体产生影响或危害的程度而制定高温热量标准。全球变暖背景和城市化进程中,城市变暖的速度是全球城市化整体平均速度的2倍。如果温室气体继续保持高水平排放,到21世纪末,不少城市气温或将升高4 ℃(UNEP,2021)。城市会出现更频繁和更严重的高温热浪。

夏季高温热浪天气危害人体健康，容易引发呼吸困难、热痉挛（一种高温中暑现象）、热衰竭和非致命性中暑等，从而影响正常的生产和生活。温度较高的热环境使城市居民的死亡率和患病率明显上升，增加了城市居民的健康风险，低收入国家和地区的城市可能会面临更高风险的热应力。统计显示城市地区极端高热天气造成的疾病和死亡人数不断上升。中国热浪导致的死亡人数在1990—2019年间增加了4倍，2019年高达2.68万人。从2004年到2018年，美国疾病控制与预防中心记录了10527起与热相关的死亡，平均每年702起。这些数字包括以热为根本原因的死亡和以热为原因的死亡。我国对于高温的预警有着严格的分类，预警信号分4级，分别以黄色、橙色、红色、蓝色表示。红色预警信号是指24 h内最高气温将升至40 ℃以上。

热岛效应使得建筑制冷能耗增加、电力需求增加、峰值增大。我国建筑能耗占社会终端能源总消耗的1/3左右，与工业能耗、交通能耗并列为三大用能领域。在建筑总能耗中，供暖和制冷能耗占据主导，且与外界气候条件有直接的关系。城市热岛可使建筑制冷能耗增加10%～120%，建筑能耗中位数增加19.0%（Li等，2019）。预计从2016年到2050年，空间制冷的能源需求将增加2倍（UNEP，2021），因此城市热岛效应影响下建筑的真实能耗需求及城乡差异对既有建筑的节能调控和未来建筑的方案设计都具有重要意义。

热岛效应增加了对空调制冷的需求，统计发现温度每升高2 °F，对空调的电力需求就增加1%～9%，高温天气用电负荷过载，可能会造成安全隐患，因此我国自2021年以来逐步推进新型电力系统。在分时电价机制下，电力需求增加可能会使部分用户的电费进一步增加。由此可见热岛效应既增加了总体电力需求，又增加了能源峰值需求。另外由于气温太高，使进入汽缸的混合气体不易被火花塞的火花点燃，使发动机难以发动，气温增温也使耗油增加，日平均气温高于20 ℃，每升高5 ℃，耗油量增加5%。

城市热岛可能加重城市大气污染，从而危害人体健康。一方面，城市热岛加剧建筑制冷需求，而煤炭火力发电在我国占比较大，化石燃料燃烧又会导致空气污染物和温室气体排放量的增加，加重城市大气污染。例如形成地面O_3，酸雨污染等。地面O_3是指距地面1～2 km的近地层O_3，除少量由平流层O_3向近地面传输外，绝大部分由人为源排放。近年来，随着城市化的加快，热岛效应增加，以及燃油汽车保有量迅速增加，各种燃料、油品、有机涂料被大量使用，使得大气中的NO_x与VOCs的浓度不断增加，致使近地层O_3浓度显著升高，带来一系列的生态环境问题。

另一方面，城市热岛环流使得热气向高空上升，周边的大气则涌向市中心。郊区的工厂废气和环形马路上的汽车废气，都流向市中心，使热岛中心变成了氮氧化物、硫化物和气溶胶的汇聚地，大量污染物在热岛中心聚集，浓度剧增，直接刺激人们的呼吸道黏膜，轻者引起咳嗽流涕，重者会诱发呼吸系统疾病，患慢性支气管炎、肺气肿、哮喘病的中老年人还会引发心脏病,死亡率增高。

改变城市气候环境,引发一系列的连锁反应。例如城市热岛效应可能会使得高纬度国家和地区(如加拿大)地面冻土退化,城市气候环境、生物习性改变,甚至是释放出一些有毒有害气体和微生物病菌等从未产生的未知风险。

(2) 有利影响

随着城市热岛强度的增强,城市住宅建筑供暖负荷减少、制冷负荷增加,且年平均供暖负荷的减小幅度大于年平均制冷负荷的增加幅度。研究显示温度每上升 1 ℃,城市年平均供暖负荷较乡村减少 4.01 kW·h·m^{-2}、年平均制冷负荷增加 1.05 kW·h·m^{-2}(孟凡超等,2020),关于城市热岛对建筑能耗影响的综述性研究可参考 Li 等(2019)的研究。另外,中高纬度城市冬季,城市热岛效应能够减少城市积雪频率、积雪时间和积雪深度、霜冻日数等,城市的超强热岛效应引起的强热岛环流也会在一定程度上减缓空气污染。

3.3.2 缓解措施

(1) 减少城市净辐射

在进行城市规划和旧城改造时,以下这些措施都可以减少城市净辐射。例如建筑外墙涂浅色涂料或瓷砖、冷屋顶铺装、路面反射铺装、降低街谷高宽比、减少建筑密度和屏风型建筑等。其中冷屋顶是通过在屋顶铺设高反射率、高发射率材料或涂装高反射率涂料,提高屋顶的反射率,减少屋顶太阳辐射的吸收,降低建筑表面温度,从而达到"冷"的效果。冷屋顶铺装在提高室内舒适性、降低能源消耗、减缓城市热岛效应方面已经得到了广泛的验证。其中路面反射铺装是指通过反射材料铺装或涂刷高反射漆,使得路面反射率升高的技术,其具有比传统沥青路面较低的地表温度,可改善行人热舒适度,缓解城市热岛效应,但需要注意的是高反射路面和建筑会出现刺眼的眩光,从而造成光污染。

(2) 减少人为热释放

城市人为热来源广,可通过减少人为热排放减弱热岛效应。例如合理控制城区人口规模和密度,将城区分散的热源集中控制,提高工业热源和能源的利用率;关闭高耗能产业,倡导办公楼、商场、宾馆等地采用中央空调;减少建筑制冷需求,建设热效率高的建筑;合理限制燃油车过度增长,完善公共交通,倡导绿色出行;禁止大功率电器使用等。

(3) 增加城市蒸散作用

利用植被蒸腾作用,水体、喷雾、土壤蒸发作用等作用降温。喷雾和水体最大降温幅度可分别达 8 ℃ 和 15 ℃。可以提高城市绿地覆盖面积、加大城区中心绿化、倡导屋顶绿化和垂直绿化等;采用透水性、保水性的环保砖石铺修,储存水分,利用水分吸收热量进行降温,也可设置公园绿地或水池湿地,建造人工河道等,吸收热量降温。绿色屋顶作为绿色建筑的必要组成部分,已成为可持续发展的主动选择,2022年住房和城乡建设部印发《"十四五"建筑节能与绿色建筑发展规划》明确指出,到2025年,城镇新建筑全面建成绿色建筑。

(4)构建城市通风廊道

城市通风廊道的基本原理是在城市局部区域打开一个通风口,把郊外的风引进主城区,增加空气的流动性。实践证明构建城市通风廊道能提高城市内部局地环流效率,改善空气循环效果,减少城市室外空气污染物、热量长时间堆积的状况,优化城市风环境可以有效缓解城市热岛效应的问题(何倩婷,2019)。北京、上海、福州、广州等地均已构建了通风廊道,以此来缓解城市热岛效应和改善空气质量。关于通风廊道的介绍可详见4.5节。

3.4 研究热点

城市热岛效应研究是一个复杂的问题,因为热岛效应既受当地气候背景影响,又与当地经济社会发展有密切关系(如城市下垫面分布、人为热和大气气溶胶排放等)。城市人为热释放直接决定了热岛强度,城市化发展导致的大气气溶胶和城市下垫面的发展变化也在一定程度上影响了城市地表能量平衡和近地面气温,形成局地气温差异,从而影响城市热岛强度。下面从六个方面介绍城市热岛的研究热点。

热岛强度和等级估计。无论采用气象站法、遥感法和再分析资料法,都会采用城乡温度差值构建热岛强度,并在此基础上进一步给定热岛等级标准,但是城市热岛受下垫面和人为热影响显著,且城市和郊区代表性站点的划分本身存在不确定性,因此合理、精确估计城市热岛强度和等级一直都是研究的热点和难点。

城市热岛和高温热浪相互作用研究。研究的热点主要集中于高温热浪对城市热岛的放大作用、高温热浪对不同等级热岛的作用、城市热岛和高温热浪叠加效应下人口暴露度[①]的研究等。例如Jiang等(2019)采用站点资料研究发现在高温热浪期间,上海白天(10:00—16:00)的超高温指数增强了(0.9±0.13)℃(平均值±1标准差),北京和广州夜间(22:00—4:00)的超高温指数分别增强了(0.9±0.36)℃和(0.8±0.20)℃。每个城市在热浪期间的地表太阳辐射约为正常情况下的1.5倍。增强的太阳辐射白天被冠层吸收,夜间以长波形式释放出来从而增强了热岛强度。

城市群热岛研究。城市之间的空间距离缩短,从而在局地范围上形成城市群或城市带。城市群的建立,使城市热岛及其热岛环流不再是一个局地天气现象。在某些天气条件下,城市群热岛环流之间相互作用可能加强热岛现象(如

---

① 人口暴露度:指区域人口受到可能不利影响的程度,通常用区域暴露人口密度(即灾害日数与对应暴露人口数的乘积)来表征。

产生热浪)或有上风方向和下风方向位置的热岛效应差别,故对温、湿和污染物的分布产生重要影响。此外,城市群热岛环流对能量平衡、边界层结构的影响,以及与盛行风向、风速的关系问题也值得深入思考。

采用局地气候分区方法研究城市热岛。Stewart 与 Oke(2012) 提出了一套城市局地气候分区(LCZ)体系,该体系旨在为城市热岛研究提供一个客观的、适用于全球城市的分类准则。局地气候分区体系将城市空间形态分为建成环境类型和自然环境类型两大类,其中建成环境类型按建筑高度、建筑布局、人为活动、建筑材料等划分为 10 个基本地块类型,自然环境类型依据地表特征、植被稠密程度,划分为 7 个地块类型。局地气候分区体系能够精确反映城郊地表覆被、材质和三维结构,在城市热岛、城市通风、空气污染研究和城市规划设计等方面得到了广泛应用。

城市气候对热岛效应的影响。Zhao 等(2014)最近的一项研究表明,北美地区白天的年平均 UHII 与年平均降水量呈正相关,从而证明了背景气候对城市热岛的巨大影响。Gu 和 Li(2017)通过数值模拟试验发现整个美国大陆,夏季城市热岛强度与降水量呈正相关,冬季则不然,城市热岛强度对降水量的敏感性因空间和季节而异。在夏季,美国中南部的城市热岛强度对降水量的变化特别敏感,其敏感性与降水量一般呈负相关,这种敏感性主要来自农村温度而非城市温度,并且主要受控于显热和潜热的可用能量分配。

城市热岛环流与中尺度、区域尺度环流的相互作用。Keeler 和 Kristovich(2012)探讨了芝加哥的超高温如何影响湖风,发现芝加哥城市中心内陆的湖风锋面运动减速与夜间最大超高温影响幅度高度相关;Ado(1992)利用二维水静力学模型调查了白天的城市效应及其与海风的相互作用;Miao 等(2009)利用 WRF 模式和观测数据研究了北京地区山谷流和超高气温环流之间的相互作用;Miao 等(2015)研究了城市化、地形和临海如何共同塑造中国京津冀地区的风场。这些研究强调了城市地区风场的多尺度性质,并表明城市对气流的影响虽然重要,但由于地理特征和相关的环流作用而使热岛研究更为复杂。

延伸阅读

具体问题具体分析是马克思主义活的灵魂,是正确认识事物的基础。根据 Oke 等(2017)的分类标准,可将城市热岛分为 4 类,其中地表热岛和冠层热岛是最常研究的两类热岛。图 3-9(b)显示了早上 7 时出现典型的冠层热岛特征,热岛强度中心与建成区人口密度大的区域基本一致,但是地表热岛图 3.9(a)特征不太明显,这说明采用同一时刻的地表温度和 2 m 气温描述的热岛特征不一致,两类热岛的时间演变不是同步的,采用地表温度甚至不能看到热岛特征。另外,采用最低温构建的热强度也要明显强于最高温的值。因此热岛并不一定是热岛,具体问题需要具体分析。我们不能用某一类热岛的特征代表所有类型热岛的特征,因为不同气象要素(例如气温和地表温度)的影响因子不同,导致其出现典型形态的时间节点不一致,空间形态差异更大。因此在研究城市热岛日变化及空间形态时,首先要明确研究的是哪种热岛,其次列出影响该热岛的主要因素,最后再分析热岛的时空演变及其可能的物理机制。

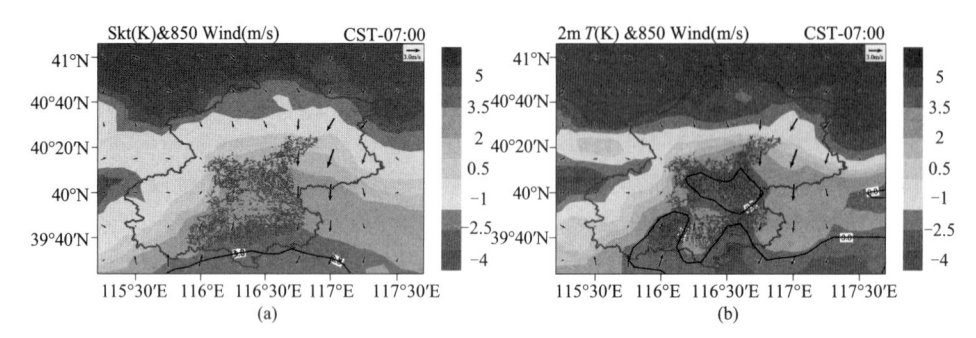

图 3-9 采用再分析法计算理想天气条件下的城市热岛

[(a):地表热岛,(b):冠层热岛,阴影和等值线表示热岛强度,UHII 表示热岛强度,单位:K;矢量箭头表示风场,单位:m·s^{-1},灰色曲线为城市行政区域,灰色阴影为城市建成区,CST 表示当地时间]

参考文献

[1] 任晓娟,李国栋,刘曼,等.城市热岛效应研究方法的现状与展望[J].河南大学学报:自然科学版,2022(3):052.

[2] Manley G. On the frequency of snowfall in metropolitan England[J]. Quarterly Journal of the Royal Meteorological Society,1958,84(359),70-72.

[3] Oke T R. The energetic basis of the urban heat island[J]. Quarterly journal of the royal meteorological society,1982,108(455):1-24.

[4] Masson V,Lemonsu A,Hidalgo J,et al. Urban climates and climate change[J]. Annual Review of Environment and Resources,2020a,45:411-444.

[5] 孙艳伟,王润,郭青海,等.基于人居尺度的中国城市热岛强度时空变化及其驱动因子解析[J].环境科学,2021,42(1):501-512.

[6] 广州市气象台.2021 年广州市城市热岛监测公报[EB/OL].(2022-03-04)[2024-09-04]. http://www.tqyb.com.cn/gz/climaticprediction/islandmonitoring/2022-03-04/9893.html.

[7] Dong L,Mitra C,Greer S,et al. The dynamical linkage of atmospheric blocking to drought,heatwave and urban heat island in southeastern USA multi-scale case study[J]. Atmosphere,2018,9(1):33.

[8] Ward K,Lauf S,Kleinschmit B,et al. Heat waves and urban heat islands in Europe: a review of relevant drivers[J]. Science of the Total Environment,2016,569:527-539.

[9] 深圳市气象台.深圳市 2023 年城市热岛监测公报[R/OL].(2024-03-14)[2024-09-04].

https://weather.sz.gov.cn/qixiangfuwu/qihoufuwu/qihouguanceyupinggu/chengshiredaojiance/content/post_11191230.html.

[10] 广州市气象台.广州市2023年城市热岛监测公报[R/OL].(2024-01-30)[2024-09-04]. http://www.tqyb.com.cn/gz/climaticprediction/islandmonitoring/2024-01-30/13291.html.

[11] Oke T R,Mills G,Christen A,et al. Urban climates[M]. United Kingdom:Cambridge university press,2017.

[12] Huang F,Zhan W F,Wang Z H,et al. Satellite identification of atmospheric-surface-subsurface urban heat islands under clear sky[J]. Remote Sensing of Environment,2020, 250:112039.

[13] Rotta L,Alessandro F. The silent impact of underground climate change on civil infrastructure[J]. Communications Engineering,2023,2(1):44.

[14] Yang Q Q,Xu Y,Chakraborty T C,et al. A global urban heat island intensity dataset: Generation, comparison, and analysis[J]. Remote Sensing of Environment, 2024, 312:114343.

[15] Qian Y,Chakraborty T C,Li J,et al. Urbanization impact on regional climate and extreme weather:Current understanding, uncertainties, and future research directions[J]. Advances in Atmospheric Sciences,2022,39(6):819-860.

[16] 朱亚军.基于局地气候分区的城市热岛效应时空变化及降温措施优化配置研究[D].东莞:东莞理工学院,2023.

[17] 中国气象局.气候可行性论证规范 城市通风廊道:QX/T 437—2018[S].北京:中国气象局,2018.

[18] 罗小青,李凯,徐建军,等.一种基于大气再分析资料的城市热岛效应评估方法:ZL 2024 10129938.7[P],2024.04-05.

[19] 刘伟东,尤焕苓,孙丹.1971—2010年京津冀大城市热岛效应多时间尺度分析[J].气象, 2016,42(5):598-606.

[20] 李宇,周德成,闫章美.中国84个主要城市大气热岛效应的时空变化特征及影响因子[J].环境科学,2021,42(10):5037-5045.

[21] 李元征,尹科,周宏轩,等.基于遥感监测的城市热岛研究进展[J]. 2016,35(9): 1062-1074.

[22] Zhou D C,Xiao J F,Bonafoni S,et al. Satellite remote sensing of surface urban heat islands: Progress,challenges and perspectives[J]. Remote Sensing,2018,11(48):1-36.

[23] Deng X D,Gao F,Liao S Y,et al. Spatiotemporal evolution patterns of urban heat island and its relationship with urbanization in Guangdong-Hong Kong-Macao greater bay area of China from 2000 to 2020[J]. Ecological Indicators,2023,146:109817.

[24] 张晓敏,刘知微,方寒,等.基于Landsat 8 TIRS地表温度数据反演的深圳城市热岛效应时空分布及土地利用的影响[J].气候与环境研究,2023,28(3):242-250.

[25] 深圳市市场监督管理局.城市热岛效应遥感评估技术规范:DB4403/T 193—2021[S]. 深圳:深圳市市场监督管理局,2021.

[26] 牛陆,张正峰,彭中,等.中国地表城市热岛驱动因素及其空间异质性[J].中国环境科学,2022,42(2):945-953.

[27]张勇,余涛,顾行发,等.CBERS-02 IRMSS 热红外数据地表温度反演及其在城市热岛效应定量化分析中的应用[J].遥感学报,2006,10(5):789-797.

[28]王美雅,徐涵秋.中外超大城市热岛效应变化对比研究[J].自然资源遥感,2021,33(4):200-208.

[29]江斯达,占文凤,杨俊,等.局地气候分区框架下城市热岛时空分异特征研究进展[J].地理学报,2020,75(9):1860-1878.

[30]Wang X X,Li Y G. Predicting urban heat island circulation using CFD[J]. Building and Environment,2016,99:82-97.

[31]何春阳,刘志锋,许敏,等.中国城市建成区数据集(1992—2020)V1.0.时空三极环境大数据平台,2022,DOI:10.11888/HumanNat.tpdc.272851.CSTR:18406.11.HumanNat.tpdc.272851.

[32]井超.北京市热岛效应现状及绿地对缓解热岛效应影响因子研究[D].北京:北京农学院,2019.

[33]Chen G X, Yang X, Yang H Y, et al. The influence of aspect ratios and solar heating on flow and ventilation in 2D street canyons by scaled outdoor experiments[J]. Building and Environment 2020a,185:107159.

[34]Chen G W, Wang D Y, Wang Q, et al. Scaled outdoor experimental studies of urban thermal environment in street canyon models with various aspect ratios and thermal storage[J]. Science of the Total Environment 2020b,726:138147.

[35]Wang D Y, Shi Y R, Chen G W, et al. Urban thermal environment and surface energy balance in 3D high-rise compact urban models: Scaled outdoor experiments[J]. Building and Environment 2021,205:108251.

[36]Hang J, Chen G W. Experimental study of urban microclimate on scaled street canyons with various aspect ratios[J]. Urban Climate 2022,46:101299.

[37]Hang J,Buccolieri R,Yang X,et al. Impact of indoor-outdoor temperature differences on dispersion of gaseous pollutant and particles in idealized street canyons with and without viaduct settings[C]//Building Simulation. Beijing Tsinghua University Press,2019,12:285-297.

[38]Li D,Bou-Zeid E. Quality and sensitivity of high-resolution numerical simulation of urban heat islands[J]. Environmental Research Letters,2014,9(5):055001.

[39]Noro M, Lazzarin R. Urban heat island in Padua, Italy: Simulation analysis and mitigation strategies[J]. Urban Climate,2015,14:187-196.

[40]檀姊静.城市街谷风热环境及污染物分布的数值模拟研究[D].重庆:重庆大学,2016.

[41]韦春竹,孟庆岩,郑文锋,等.广州市地表温度反演与土地利用覆盖变化关系研究[J].遥感技术与应用,2013,28(6):955-963.

[42]Wang Z, Zhou R, Yang Y, et al. Revealing the impact of Urban spatial morphology on land surface temperature in plain and plateau cities using explainable machine learning[J]. Sustainable Cities and Society, 2024:106046.

[43]Peng S J,Feng Z L,Liao H X,et al. Spatial-temporal pattern of, and driving forces for, urban heat island in China[J]. Ecological indicators,2019,96:127-132.

[44] 孟凡超,任国玉,郭军,等.城市热岛效应对天津市居住建筑供暖和制冷负荷的影响[J].地理科学进展,2020,39(8):1296-1307.

[45] Wang W,Shu J. Urban renewal can mitigate urban heat islands[J]. Geophysical Research Letters,2020,47(6):e2019GL085948.

[46] 冯叶涵,陈亮,贺晓冬.基于百度街景的SVF计算及其在城市热岛研究中的应用[J].地球信息科学学报,2021,23(11):1998-2012.

[47] Zhao L,Lee X,Smith R B,et al. Strong contributions of local background climate to urban heat islands[J]. Nature,2014,511(7508):216-219.

[48] Zhang K,Cao C,Chu H R,et al. Increased heat risk in wet climate induced by urban humid heat[J]. Nature,2023,617(7962):738-742.

[49] 李婵,范增禄,韩明稚,等.地面气象台站元数据质量控制分析.气象科技,2020,48(3):342-347.

[50] 中华人民共和国国家质量监督检验检疫总局,中国国家标准会管理委员会.高温热浪等级:GB/T 29457—2012[S].北京:中国气象局,2012.

[51] 徐金芳,邓振镛,陈敏.中国高温热浪危害特征的研究综述[J].干旱气象,2009,27(2):163-167.

[52] UNEP. Beating the heat : a sustainable cooling handbook for cities[EB/OL]. (2021-11-03)[2024-09-04].https://digitallibrary.un.org/record/3948831?v=pdf.

[53] Li X M,Zhou Y Y,Yu S,et al. Urban heat island impacts on building energy consumption: a review of approaches and findings[J]. Energy,2019,174:407-419.

[54] 中华人民共和国住房和城乡建设部."十四五"建筑节能与绿色建筑发展规划[S/OL].(2022-03-01)[2024-10-01].https://www.gov.cn/zhengce/zhengceku/2022/03/12/content_5678698.htm.

[55] 何倩婷.基于城市绿地系统的中心城区通风廊道构建研究[D].广东:广州大学,2019.

[56] Jiang S,Lee X,Wang J,et al. Amplified urban heat islands during heat wave periods[J]. Journal of Geophysical Research: Atmospheres,2019,124(14):7797-7812.

[57] Stewart I D,Oke T R. Local climate zones for urban temperature studies[J]. Bulletin of the American Meteorological Society,2012,93(12):1879-1900.

[58] Gu Y F,Li D. A modeling study of the sensitivity of urban heat islands to precipitation at climate scales[J]. Urban Clim,2017, 24:982-993.

[59] Keeler J M,Kristovich D A R. Observations of urban heat island influence on lake-breeze frontal movement[J]. Journal of Applied Meteorology and Climatology,2012,51(4):702-710.

[60] Ado H Y. Numerical study of the daytime urban effect and its interaction with the sea breeze[J]. Journal of Applied Meteorology and Climatology,1992,31(10):1146-1164.

[61] Miao S G,Chen F,LeMone M A,et al. An observational and modeling study of characteristics of urban heat island and boundary layer structures in Beijing[J]. Journal of Applied Meteorology and Climatology,2009,48(3):484-501.

[62] Miao Y C,Liu S H,Zheng Y J,et al. Numerical study of the effects of topography and urbanization on the local atmospheric circulations over the Beijing-Tianjin-Hebei, China[J]. Advances in Meteorology,2015,(1):397070.

第4章 城市风环境

随着我国城市化进程的加快,高密度建筑和人口拥挤成为城市典型特征,并伴随着高能耗和高污染等负面影响,"雾霾效应""热岛效应""干岛效应"等环境问题频发(张明等,2019)。20世纪70年代,德国最早开始尝试城市风环境研究,随后欧美许多发达国家开展了相关研究,我国一些地方政府也制定了相应的风环境评估标准。城市风环境与城市热、湿环境及空气污染密切相关,是解决城市热岛、雾霾等问题的关键策略,同时微气候和个人舒适度受风力条件影响较大,而风力条件又受到高层建筑和其他人造建筑的极大影响。因此研究城市风环境具有重要意义。

城市风环境的研究尺度可分为城市尺度、街区尺度、群体尺度、单体尺度等,比如单体尺度的室内通风研究、街谷高宽比对污染物扩散研究、城市尺度的通风对污染物扩散影响研究等。城市风环境研究涉及大气物理、流体力学、建筑设计、城市规划、建筑工程等学科方向,关于风环境研究的著名案例应用的就是"主导风"原则。1941年德国学者施茂斯提出,在考虑城市布局时,工业区应布置在主导风向的下风方向,居住区在其上风方向,以减少居民受到工厂烟尘的危害。由于城市边界层内的流场受热力作用和动力作用影响显著,空间分布异常复杂,因此需采用多种方法结合的手段进行研究。本章从城市风环境基本概念、城市发展对风的影响、城市风环境评估、城市通风廊道来讲解,其中城市发展和风环境之间的关系是本章关注的重点。

4.1 城市风场

4.1.1 基本概念

(1)城市风环境

城市环境中的风是指基于城市区域环境气压差及温度差所产生的非机械式通风,其在空间地域的分布状态就称为城市风环境。实际风可用矢量 V 表示,它是一个三维矢量,代表某个时刻的瞬时风速。风速大小常用蒲福

(Beaufort)风力等级(表 4-1)进行划分。测量 V 的仪器有风速表、风向杯、风速计、测风表、雷达等。

风环境,尤其是行人高度处的风环境,会影响人们的日常生活,不良的风环境,如风速过大会对行人出行造成安全隐患。我国秋冬季东北风盛行、春夏季对流云发展旺盛或台风影响时,城市容易受到大风灾害影响,例如 1993 年 4 月 9 日北京城区的 7～8 级大风,使得北京站前广场北侧大型广告牌倒塌,死伤 10 多人。另外,室内通风也是城市风环境研究的一个内容,倘若室内通风不良,长时间待在室内的人易患病态建筑综合征(sick building syndrome,SBS)。可以通过降低室内热压、风压的自然通风手段,或机械通风的方式改善室内空气质量和通风情况,提升舒适度。

表 4-1 蒲福(Beaufort)风力等级表

风力级数	名称	海面状况 海浪 一般	海面状况 海浪 最高	海岸船只征象	陆地地面征象	相当于空旷平地上标准高度 10 m 处的风速 n mile·h⁻¹[①]	相当于空旷平地上标准高度 10 m 处的风速 m·s⁻¹	相当于空旷平地上标准高度 10 m 处的风速 km·h⁻¹
0	静稳	—	—	静	静、烟直上	小于 1	0～0.2	小于 1
1	软风	0.1	0.1	平常渔船略觉摇动	烟能表示风向,但风向标不能动	1～3	0.3～1.5	1～5
2	轻风	0.2	0.3	渔船张帆时,每小时可随风移行 2～3 km	人面感觉有风,树叶微响,风向标能转动	4～6	1.6～3.3	6～11
3	微风	0.6	1.0	渔船渐觉颠簸,每小时可随风移动 5～6 km	树叶及树枝摇动不息,旗帜展开	7～10	3.4～5.4	12～19
4	和风	1.0	1.5	渔船满帆时,可使船身倾向一侧	能吹起地面灰尘和纸张,树的小枝摇动	11～16	5.5～7.9	20～28
5	清劲风	2.0	2.5	渔船缩帆	有叶的小树摇摆,内陆水面有波纹	17～21	8.0～10.7	29～38
6	强风	3.0	4.0	渔船加倍缩帆,捕鱼注意风险	大树枝摇动,电线呼呼有声,举伞困难	22～27	10.8～13.8	39～49
7	疾风	4.0	5.5	渔船停泊港中,抛锚	全树摇动,迎风步行感觉不便	28～33	13.9～17.1	50～61

① n mile·h⁻¹ 表示海里每小时,它是速度单位。1 n mile·h⁻¹=1852 m·h⁻¹。

续表

风力级数	名称	海面状况 海浪 一般	海面状况 海浪 最高	海岸船只征象	陆地地面征象	相当于空旷平地上标准高度10 m处的风速 n mile/h①	相当于空旷平地上标准高度10 m处的风速 m·s⁻¹	相当于空旷平地上标准高度10 m处的风速 km/h
8	大风	5.5	7.5	进港渔船皆停留不出	树枝折毁,人行向前阻力大	34～40	17.2～20.7	62～74
9	烈风	7.0	10.0	汽船航行困难	建筑有小损	41～47	20.8～24.4	75～88
10	狂风	9.0	12.5	汽船航行颇危险	陆地少见,见时可使树木拔起或建筑物损毁	48～55	24.5～28.4	89～102
11	暴风	11.5	16.0	汽船航行极危险	陆上很少见,有则必有广泛损坏	56～63	28.5～32.6	103～117
12	飓风	14.0	—	海浪滔天	陆上绝少见,摧毁力极大	64～71	32.7～36.9	118～133
13	—	—	—	—	—	72～80	37.0～41.4	134～149
14	—	—	—	—	—	81～89	41.5～46.1	150～166
15	—	—	—	—	—	90～99	46.2～50.9	167～183
16	—	—	—	—	—	100～108	51.0～56.0	184～201
17	—	—	—	—	—	109～118	56.1～61.2	202～220

(2) 平均风和瞬时风

由于边界层中存在大量的湍流运动,实际风 V 受湍流影响显著,因此采用雷诺分解②可将 V 分解为平均风 $\overline{V}$ 和湍流偏差风 V'[式(4-1)]。平均风速超过 4 m·s⁻¹ 时,可以有效缓解城市热岛效应(Briatore 等,1980)。城市街谷中观测到的 5 min 实际风 V 具有显著随机性,这也体现出城市微尺度风场时空分布的复杂性。表 4-2 显示我国不同地区不同高度 34 年(1981—2014 年)的平均风速,可以看出平均风速基本随高度上升而增大(孟丹等,2019)。《地面气象观测规范 风向和风速》(GB/T 35227—2017)规定地面风场观测的项目有:瞬时风速和风向、2 min 平均风速和最多风向、10 min 平均风速和最多风向、极大风速和极大风向等,其中这里的平均风速就是 $\overline{V}$,瞬时风速和风向以及极大风速风向就是 V。

$$V = \overline{V} + V' \quad (4\text{-}1)$$

---

① n mile·h⁻¹ 表示海里每小时,它是速度单位。1 n mile·h⁻¹=1852 m·h⁻¹。
② 雷诺分解:将瞬时风速分解成时间平均量和波动量。

表 4-2　我国不同地区不同高度 34 年平均风速（m·s^{-1}）

地区	300 m	600 m	900 m
东北地区	6.6	7.8	8.5
华北地区	6.7	7.5	7.9
华东地区	6.4	6.9	6.8
华中地区	4.6	5.4	5.7
华南地区	5.3	6.2	6.6
西南地区	4.5	5.3	6.2
西北地区	4.5	4.9	5.3

(引自(孟丹等,2019))

ERA5 近地面风速的资料与台站观测资料在风速空间分布和年际尺度的气候特征基本一致(刘鸿波等,2021)，因此 ERA5 资料可用于分析城市尺度平均风速的气候特征。粤港澳大湾区 10 m 和 100 m 高度气候态平均风场的季节变化如图 4-1 和图 4-2 所示。从图中可以看到 10 m 和 100 m 高度上冬季、春季和秋季均盛行东北风，100 m 的风速大于 10 m 风速，且风速从东南向西北、东北方向减弱。夏季近地层以轻软风为主，且风场在城市建成区上空呈现气旋式辐合。关于风场的其他细节特征还需借助卫星资料或数值模拟手段做细致分析。

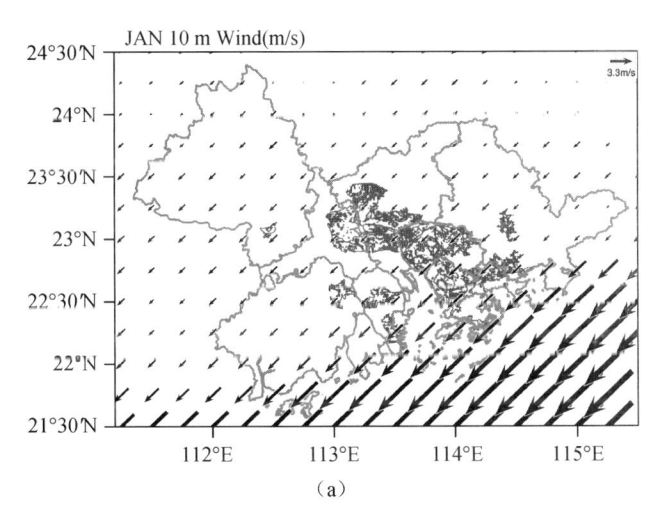

图 4-1　粤港澳大湾区 1940—2023 年 10 m 风场的季节特征

[风场用风矢量箭头表示,单位:m·s^{-1},(灰色曲线和灰色阴影分别表示粤港澳大湾区行政区划及其 11 个城市的建成区面积,数据来源于何春阳等(2022)]

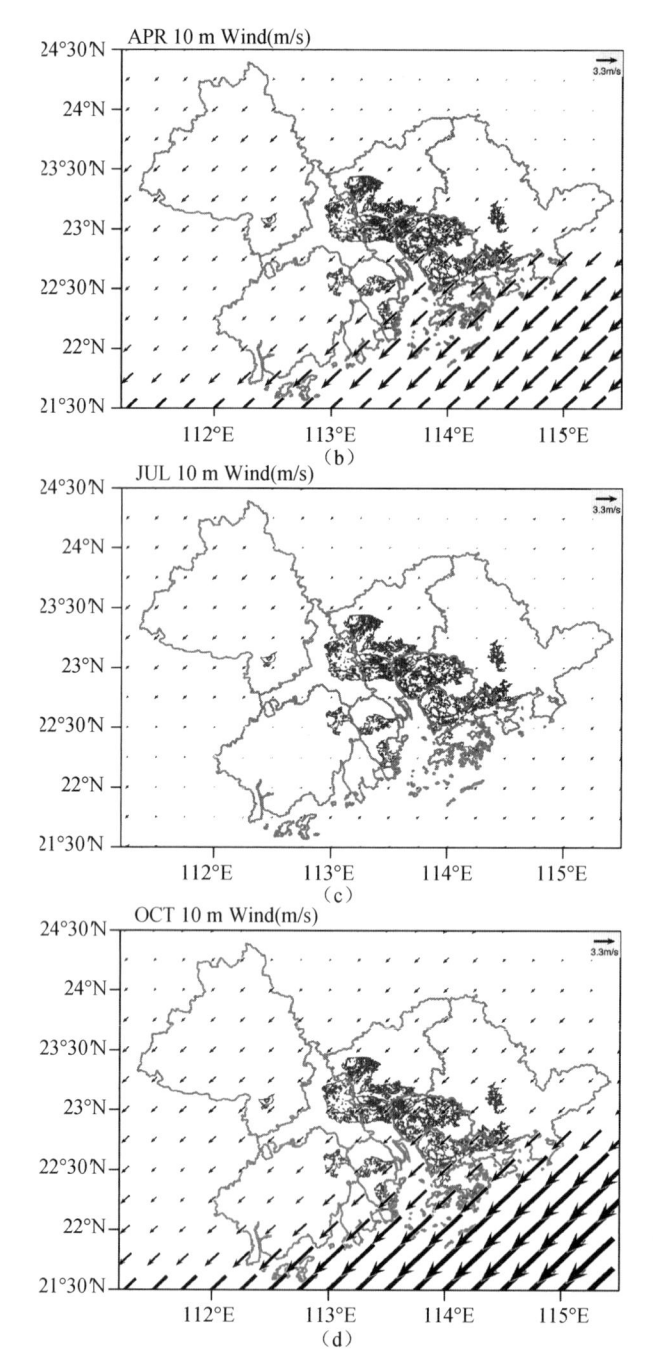

图 4-1(续) 粤港澳大湾区 1940—2023 年 10 m 风场的季节特征

[风场用矢量箭头,单位:m·s^{-1},灰色曲线和灰色阴影分别表示粤港澳大湾区行政区划及其 11 个城市的建成区面积,数据来源于何春阳等(2022)]

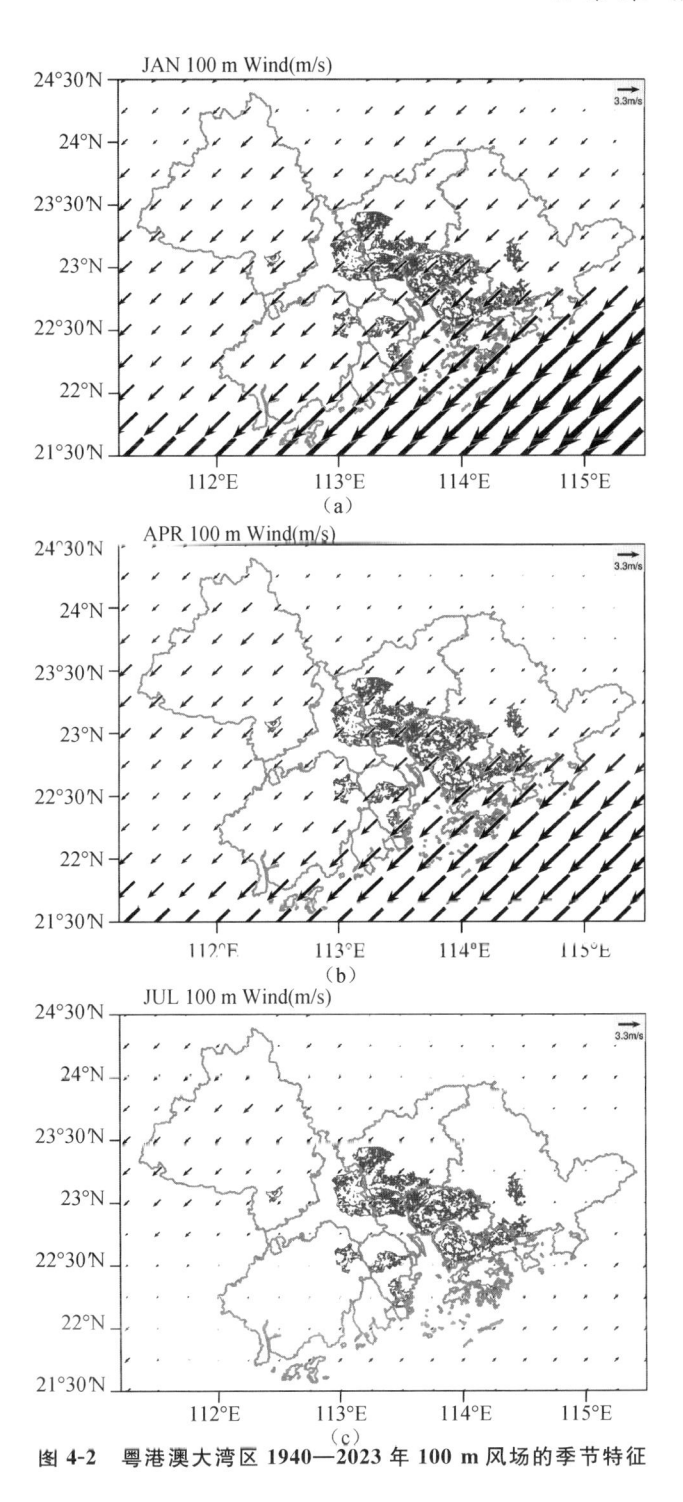

图 4-2 粤港澳大湾区 1940—2023 年 100 m 风场的季节特征

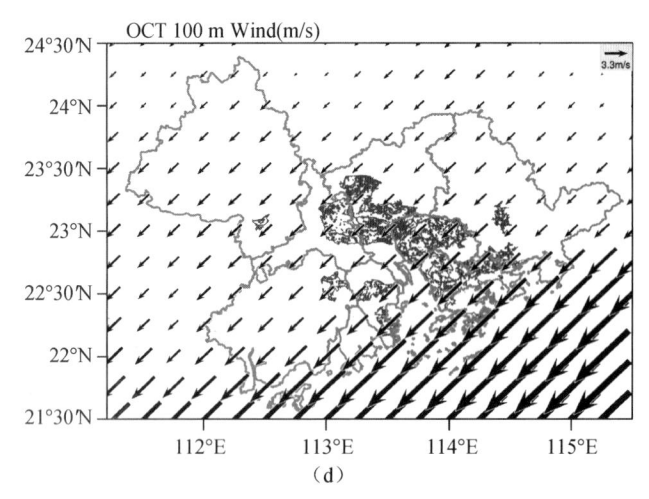

图 4-2(续)　粤港澳大湾区 1940—2023 年 100 m 风场的季节特征

(3) 阵风和阵风因子

阵风是指一段时间段内,比如 3 s、2 min 或 10 min 内瞬时风速大于某个阈值的最大瞬时风速,例如深圳市气象局采用瞬时(3 s)极大风代表阵风。当阵风大于某一阈值时,就会对交通运输、房屋建筑、生产生活产生巨大影响。例如雷雨大风天气时,阵风往往达 12 级以上,这时需要做好短时大风、雷电的防御工作,铁皮顶厂房、工棚和防风能力差的其他建筑内的人员应尽快撤离。阵风预报对于输电铁塔线路设计、风力发电、建筑和桥梁设计以及航空气象安全等至关重要,准确的预报阵风可以有效地降低生命财产损失,然而在业务预报中,由于缺乏高精度的实况观测,且难以实现对随机湍流脉动及边界层上层阵风向下传递作用的定量刻画,使得阵风预报一直是业务预报中的难点问题(胡海川等,2022)。

阵风因子是指不同时距平均得到的最大风速与该时段平均风速之间的换算系数,例如 10 min 最大风速与 10 min 平均风速的比值即为阵风因子。阵风因子是反映风速脉动性的表征,一般平均风速的时距越短,平均风速越大,阵风因子越小。

另外,盛行风向是指某地一年中风向频率较大的风向。主导风向是指该地区只有一个风向频率较大的风向。风向频率是指该方向一年中有风次数和该地区全年各方向有风总次数的比率。最小频率风向是指某地风向频率最小的风向。

(4) 湍流强度

城市边界层中蕴含大量的湍流,湍流强度反映了风的脉动强度,具体是用平均时距的风速标准差与平均风速的比值计算得到,例如纬向方向的湍流强度 I_u 可用式(4-2)计算,其中 σ_u 为瞬时风速 V 的标准差,U 为平均风速,时距可以是

1 s、3 s、2 min 等。一般而言随高度上升,气流越来越稳定,湍流强度越小。

大风条件下(理查森数R_i①≪1),热力湍流可忽略,无风或静风时(理查森数R_i≫1),热力湍流主导,易形成热岛环流。城市通风差,污染物严重时通常发生在风速较小或者无风的情况下(苗世光等,2023)。

$$I_u = \frac{\sigma_u}{U} \tag{4-2}$$

(5)风向玫瑰图

风向玫瑰图是在极坐标底图上点绘出一个地区在某一个时段内风向、风速的一种气候统计图,因图形似玫瑰花朵而得名,可分为风向玫瑰图和风速玫瑰图,前者应用较广。风向玫瑰图用于表示各方向的风频率,即在一定时间内各种风向出现的次数占所有观察次数的百分比,可得出当地的主导风向。风向玫瑰图是风环境评估的重要手段。频率最大的风向,即为该地的盛行风向(主导风向),其下风方向受到污染的机会多;频率最小的风向即该地最少的风向,其下风方向受到污染的机会少。从图4-3可以看出广州冬季盛行北风,夏季以东风和东南风为主。

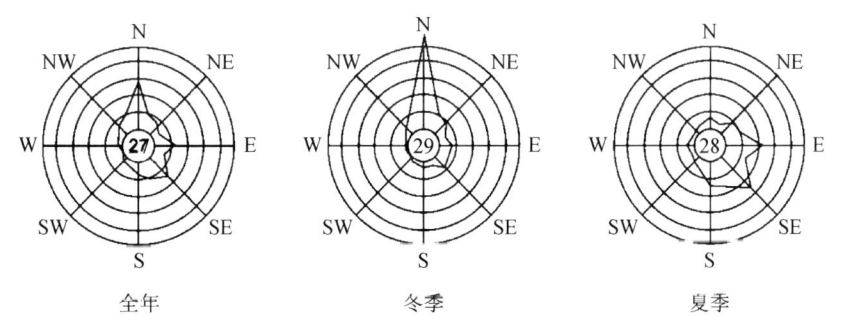

图 4-3 广州地区的风向玫瑰图
[引自陈一夫(2021)]

4.1.2 分类

(1)按所处区域划分

可以将城市风场分为城市风、街道风、汽车风、城市急流等。

城市风:市郊之间形成的小尺度环流,也称"市郊风"或"乡村风"。其本质就是热岛环流的一部分。城市风是城市规划中一个重要考虑因素,其在城市化水平高、背景风小的情况下,比较明显。

---

① 理查森数 R_i:大气稳定度与垂直风切变的比值,也可看作浮力项与剪切项的比值。R_i<0 时,表示大气处于不稳定状态,湍流强;R_i>0.25 时,湍流受到明显抑制;若 R_i>1 时,湍流不易发展。

街道风:由城市内部高层建筑和街道受热不均而产生的局部小微尺度热力环流。其风向风速与向阳处、背阴处的温差有关。街道风导致不同走向的街道以及同一街道迎风面和背风面污染物浓度不一致。街道风对汽车尾气扩散以及行人高度处的舒适度影响很大。

汽车风:马路中线两侧连续驶过相反方向的车辆会形成汽车风。当高速行驶的汽车驶过时,行人也会感到明显的汽车风,对向高速行驶的汽车造成的汽车风可能会对行人、行车产生较大安全隐患。

城市急流:如高层建筑群采取塔式布局,在建筑物之间留有绿地或空地,导致盛行风经过时风速急剧增大,出口处风速可增大3倍左右,因而形成急流,这种情况利于污染物扩散,但不利于行人行车安全。

(2) 按所处高度划分

可以将城市垂直风场分为:高空风场和冠层风场。通常情况下,城市冠层的平均风速比高空风场的风速要大。

高空风场:城市冠层以上的风场。风速随高度增加,呈现指数律或对数律的特征。

冠层风场:从地表到建筑物屋顶面范围的风场,这一层受地表粗糙度、城市结构影响显著。冠层风场靠近地表面(如2 m高度处)的风场与人类活动息息相关,且能显著影响城市微气候和人体舒适度。冠层至100 m高度范围的风场通常也称为近地层风场,例如有学者(孟丹等,2019)采用不同资料对100 m和2 m高度处的风速气候特征及变化趋势进行研究。

另外,还可按照气块受力情况将城市垂直风场分为:近地层风场和Ekman层风场。4.2节将对近地层风场和Ekman层风场做详细介绍。

4.1.3 研究内容

(1) 城市尺度的风环境规划研究

研究城市下垫面性质与形态对城市尺度风环境的影响,可以形成宏观的城市规划引导与设计工具,诸如制定城市气候图、城市气候规划建议图、城市通风廊道规划和设计等。如采用CFD、VirtualFlow或数值模型对城市冠层风场进行模拟研究,从而为提高大气污染物扩散效率提供指导;采用气象台站数据对城市风气候特征进行研究,探讨城市通风问题;研究某个城市近地面盛行风向、平均风向频率等气候特征,为城市通风廊道规划提供依据。但需要注意的是我国目前风环境规划仍然处于起步阶段,由于对风环境规划重要性认识不足,导致风环境规划与城市生态规划、绿地规划及城市总体规划的衔接性较差(张明等,2019)。

(2)城市单体尺度、街区尺度、建筑群尺度或局部尺度风环境研究

这些研究主要偏重于城市近地层风场研究。近地层风环境状况与城市建成区范围、城市布局、城市空间形态、建筑高度与密度、开敞空间面积以及分布状况等因素均相关,人体呼吸以及可感知的高度也都在近地层内,因此多数的城市风环境研究都集中于这一层内。例如建筑风荷载研究、街道街谷不同高宽比情况下内部涡流研究、单体建筑结构设计对风舒适性的影响研究、城市强风危害及防治措施研究等。我国对于风环境的研究更多地集中在城市规划和建筑对于风场的改变方面,而对于与人体舒适度密切相关的风环境评价指标体系的研究相对较少(张明等,2019)。

4.1.4 研究方法

(1)数据实测

数据实测指采用风速仪、风廓线雷达等对城市风环境进行监测,利用收集到的实测数据进一步进行诊断分析。该方法简单、操作容易,但是数据采集工作量大,监测环境难以控制,且大范围、长时间测量较难实现。

(2)风洞试验法

风洞试验法指采用风洞设备,根据相似性原理,在大气边界层中对建筑缩尺度或城市缩尺度模型进行的空气动力学模拟测试。例如建筑风洞模拟、大气边界层风洞模拟、行人高度处风洞实验模拟等。该方法在高层建筑结构抗风以及污染物扩散研究中应用最为广泛,优点是测量容易,条件可控,但存在试验费用高、周期长等弊端。

(3)数值模拟法

应用计算机数值模拟城市风环境,研究的尺度可以是单体或群体建筑,也可以是城市局部尺度,具体可以分为以下两种。

采用计算流体力学(computational fluid dynamics,CFD)方法对城市风环境进行模拟。该方法具有灵活性强、准确度高、成本低、结果直观的优点,因此得到广泛应用,但对于大尺度模拟来说计算过程复杂、计算量大、成本较高,也不太适合长时间尺度城市风场数值模拟。常用的 CFD 软件有 Fluent、CFX、COMSOL、OpenFOAM 等,其中 OpenFOAM 是开源的软件。一些商业公司,如德国 Rheologic 公司是一家专业流体力学城市规划与建筑公司,可以对建筑风环境、城市尺度风环境、微环境等进行专业模拟研究。

基于数学物理模型进行城市风环境研究。例如廖孙策等(2021)基于 WRF 在 2018 年超强台风"山竹"影响期间对深圳气象观测梯度塔附近城市风场开展了数值模拟研究,并结合气象观测塔的现场实测数据进行比较验证。研究表明

WRF-UCM 耦合模拟能够较为精确地捕捉到台风过境时的城市风场特征。与未耦合模型的模拟结果相比,WRF-UCM 模型进一步提高了城市台风风场近地面风速的模拟精度。Xiang 等(2021)开发了非侵入式降阶模型,并首次实现了长模拟周期(4 周)内城市尺度(~150 km²)高分辨率三维风场的预测。研究发现在近红外光谱中,采用三维卷积自动编码器和极端梯度增强回归模型,通过边界条件—潜变量—全阶风场输入边界条件,XGBoost-decoder 模型可以快速预测城市气流,通过将近红外光谱模拟与大涡模拟进行比较,研究发现便携式模型尺寸的近红外光谱能够捕捉城市气流的主要空间分布特征。

如何更准确地在复杂城区条件下模拟风环境是当前城市规划与设计、防范潜在风险、城区分布式风能利用等领域的研究难点,目前面临的挑战有气象台站数据缺乏、大范围复杂区域模拟的计算成本较高、边界条件较难准确设定等。

4.2 城市风场特征

4.2.1 近地层风廓线

均匀平坦下垫面中性层结[1]风廓线可用对数率关系[式(4-3)]描述,非中性层结下可以用指数率关系[式(4-4)]描述。两种风速垂直剖面结果相差不大,指数率关系较为简单,且整个边界层都适用。由于中性层结出现频率相对较少,因此近地层平均风速剖面通常用指数率表示,但在工程应用方面,100 m 高度以下建筑的风环境研究常采用对数率关系,而 100 m 以上的建筑常采用指数率关系。

$$\overline{u}(z) = \frac{u_*}{\kappa} \ln \frac{z}{z_0} \tag{4-3}$$

式中,$\overline{u}$ 为 z 高度上的平均水平风速;u_*、z_0 分别为地面摩擦速度和空气动力学粗糙度;κ 为 Karman 常数,约为 0.40。z_0 一般由经验确定,例如大城市中心的 z_0 一般为 2 m,密集建成区的市郊、市区 z_0 为 0.8~1.2 m,稀疏建成区市郊 z_0 为 0.2~0.4 m(陈一夫,2021)。

$$\overline{u}(z) = \overline{u}_b \left(\frac{z}{z_b}\right)^a \tag{4-4}$$

式中 z_b 为参考高度,$\overline{u}_b$ 为参考高度处的平均水平风速,a 为风速随高度变化分数,与大气稳定度和地形条件有关。具体取值可参考《建筑结构荷载规范》(GB 50009—2012)。

---

[1] 中性层结:大气层结的一种情况,位温垂直梯度为 0 时为中性层结。在这一层结下,大气温度、速度随高度不发生变化,天气比较稳定。常规中性大气边界层是地球表面热流为 0 且自由大气底部存在逆温层的一种湍流边界层,常出现在海上、大型湖泊上方、日落后的短暂过渡期或大风多云时的陆地上空。

4.2.2 Ekman 层风场

在这一层中风场满足梯度风关系[式(4-5)],此时气团所受湍流黏性力 f、科氏力 A、气压梯度力 G 三力平衡,处于 Ekman 平衡。在这一层,风速随高度增加而增加,风向随高度增加向运动方向右侧偏转,从而形成 Ekman 螺线[①]。

$$f + A = G \tag{4-5}$$

4.2.3 冠层风场特征

不同街谷高宽比(H/W)的风场结构差异很大。表 4-3 给出不同 H/W 和来流方向时的风速情况,可以发现当街谷较宽时($H/W=1$),不同来流方向造成的水平风速比都是最大的,尤其是来流方向与街道方向一致时,风速比达 0.55,这说明非常利于通风。研究发现 H/W 为 3 时,建筑迎风面的下切气流增强,且随着建筑高度增加,这种效应更为明显。

气流遇到高层建筑时,一部分气流会产生下冲风,对地面形成加速涡旋,当建筑物断面越宽越大时,涡旋现象更为明显;建筑物背风一侧通常形成尾流,尾流水平范围也与高度密切相关;气流在建筑物两侧溢散时,转角处通常存在强风区;气流穿过街谷时,可能会出现加速现象,产生穿堂风;气流迎面遇到相近高度的建筑群时,可能会绕过建筑群,从而产生风影区。

虽然冠层风场空间结构复杂多变,但仍存在城市冠层内平均风速比郊区的小,建筑物周围行人高度处存在涡旋、尾流、穿堂风、强风区和风影区等普遍特点。

造成冠层风速差异的主要原因有两个:一是由于街道的走向、宽度、两侧建筑物的高度、形式和朝向不同,各地所获得的太阳辐射有明显差异。这种局地差异,在盛行风向微弱或无风时导致局地热力环流,使城市内部产生不同的风向风速。二是由于盛行风吹过城市中鳞次栉比、参差不齐的建筑物时,因阻障效应产生不同的升降气流、涡动和绕流等,使风的局地变化更为复杂。

表 4-3 不同背景来流条件下的水平风速比

背景来流方向	$H/W=1$	$H/W=2$	$H/W=3$
垂直	0.21	0.15	0.10
倾斜	0.35	0.30	0.19
平行	0.55	0.50	0.36

$U_{0.25H}/U_{2H}$ 表示水平风速在 0.25 倍建筑高度和 2 倍建筑高度的比值,引自苗世光等(2023)。

---

① Ekman 螺线:Ekman 层中不同高度的风速矢端的连线。

4.3 城市发展对风的影响

4.3.1 对风速的影响

(1) 城市化对风速的影响

城郊风速的差值因时、因地、因风速而异。总体而言,城市的平均风速比郊区的小,日变化也比郊区小,且城市化效应使得城市风速呈减小趋势。Jiang 等(2010)研究发现 1956—2004 年中国 174 个城市站和相应 180 个乡村站年平均风速,都有减小趋势($-0.13 \text{ m} \cdot \text{s}^{-1} \cdot 10 \text{ a}^{-1}$ 和 $-0.12 \text{ m} \cdot \text{s}^{-1} \cdot 10 \text{ a}^{-1}$),城市化造成风速平均减小的比例大约占总减少的 12%。陈练(2013)利用全国 119 个探空站观测的 1980—2006 年中国近地面风速和对流层各层风速资料,研究发现近地层风速明显减弱,大约每 10 年减小 $0.16 \text{ m} \cdot \text{s}^{-1}$,而 850 hPa 高度风速减弱很小,大约每 10 年减小 $0.05 \text{ m} \cdot \text{s}^{-1}$,由城市化效应在引起近地层风速减小中大约占 69%。赵宗慈等(2016)综述了近 50 年我国近地层风速变化的特征和可能的原因,发现绝大部分研究指出近 50 年我国风速明显减小($-0.10 \sim -0.18 \text{ m} \cdot \text{s}^{-1} \cdot 10 \text{ a}^{-1}$)(表 4-4)。另外,研究发现,300 m 风速因人类活动、地表摩擦等原因也呈显著减小趋势(孟丹等,2019),也有学者指出城市化效应使得城市风速减小的趋势相较于郊区更为明显(Guo 等,2011)。

表 4-4 近些年研究观测中国平均近地层风速变化统计

作者(时间)	气象站类别(站数)	时段(年)	风速变化特征
王遵娅等(2004)	国家基本和基准站(686 站)	1954—2000	显著减小趋势,每 10 年 $0.11 \text{ m} \cdot \text{s}^{-1}$
任国玉等(2005)	国家基本和基准站(323 站)	1951—2002	减小趋势,每 10 年 $0.10 \text{ m} \cdot \text{s}^{-1}$
Xu Ming 等(2006)	国家基本和基准站(305 站)	1969—2000	减小 28%
李艳等(2008)	国家基本和基准站(604 站)	1960—1999	显著减小,每 10 年 $0.12 \text{ m} \cdot \text{s}^{-1}$
Jiang 等(2010)	国家基本和基准与一般站(535 站)	1956—2004	显著减小,每 10 年 $0.12 \text{ m} \cdot \text{s}^{-1}$
Guo 等(2011)	国家基本和基准站	1969—2005	减小趋势
Lin 等(2013)	国家基本和基准站(大于 300 站)	1960—2009	显著减小,2003 年开始有增加趋势
陈练(2013)	国家基本和基准站(540 站)	1971—2007	显著减小
中国气象局气候变化中心(2015)	国家基本和基准与一般站(大于 600 站)	1961—2014	显著减小,每 10 年 $0.18 \text{ m} \cdot \text{s}^{-1}$

引用赵宗慈等(2016),并进行了补充。

（2）粗糙度对风速的影响

粗糙度越大，风经过时能量损失越大，风速减小也越显著。从表 1-2 中可以看出城市的粗糙度明显大于乡村的粗糙度，因此气流经过城市下垫面时，风速一般会减小。Li 等（2021）研究显示粤港澳大湾区城市粗糙度的增加会导致地面平均风速下降和冷风频率增加。

不同的粗糙度下对数风廓线也存在显著差异。Oke 等（2017）通过理想试验研究发现在中性层结下，高粗糙度下边界层平均风速垂直梯度小；反之，在低粗糙度下平均风速垂直梯度变化较大，这主要是因为机械湍流在高粗糙度下更强烈，使得近地层垂直混合明显，各层风速差异更小，因此风速垂直梯度更小。由此可以推测，随着城市化水平的不断提升，城市化效应越来越明显，城市边界层的风速会进一步减小，城市化效应使得城市粗糙度增加，边界层风速的垂直梯度也会进一步减小。

4.3.2 对风向的影响

思考在大气 Ekman 层的下层（比如 100 m 高度），若假定气压梯度力为常数，当经过城市的气流减速或加速时，风向该如何偏转。

首先考虑气流在摩擦力的作用下减速，气流方向如何偏转。答案是风向会向低压一侧偏转，产生气旋式切变，见图 4-4。这是因为在这一高度层，风场满足梯度风平衡关系[式(4-5)]，在水平风速 V_h 减小而气压梯度力 G 不变时，f 和 A 均减小，导致梯度风平衡受到破坏，又因为摩擦力 f 较科氏力 A 显著偏大，因此只有当风向向低压一侧偏转时，f 在 y 轴的分量与 A 在 y 轴的分量之和才可能与 G 平衡。

那如果经过城市的气流得到加速，则由于摩擦力和科氏力两种效应的结合，可以产生气旋性转变或反气旋性转变两种不同的情况。

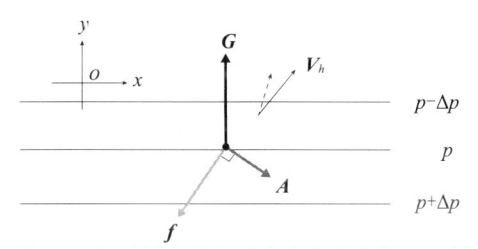

图 4-4 经过城市的气流方向会偏向低压一侧

（p 表示气压，f、A、G 分别表示摩擦力、科氏力和气压梯度力，虚线箭头表示偏转后的风）

4.3.3 城市冠层内流场的局地差异

(1)城市建筑物周围的流场

主要由热力效应引起的环流。街道、建筑物等各地所获得的太阳辐射有明显差异,这种局地差异,在盛行风微弱或无风时会导致局地热力环流,使城市内部产生不同的风向风速。假设建筑物周围静风或风速较小,白天屋顶受热最强,热空气从屋顶上升,与屋顶同一高度街道上空的空气逆流向屋顶,街道上空又被下沉的气流所代替,这样在屋顶上空就形成一个小规模的空气环流。街道上从背阴处到向阳处也产生环流,向阳的一面空气上升,背阴的一面空气下沉,其间有水平的气流来贯通。高层空气环流只是以支流形式从上面给予补偿。夜间屋顶急剧冷却,冷空气从屋顶降至街道,排挤地面上的热空气,使之上升,这样又形成与白天不同的街道空气环流。

主要由动力效应引起的环流。盛行风吹过城市中鳞次栉比、参差不齐的建筑物时,因阻障效应产生不同的升降气流、涡动和绕流等,使风的局地变化更为复杂。当盛行气流遇到孤立建筑物时,建筑物顶和建筑物 0.8 倍的高度,通常会出现湍流动能的大值区,且主要以垂直和经向的湍流动能为主。当建筑物高度增加到原来的 3 倍时,建筑物后方的风影区水平范围可延伸至距离建筑物 11 倍高度的位置。风洞实验还发现街谷的高宽比会显著影响建筑物后面的流场,当街谷高宽比大于 0.65 时,会在建筑物上方形成爬越流,当值小于 0.35 时,建筑物后方会形成孤立的粗糙流(Oke 等,2017)。

建筑物会阻挡风的流动,会影响建筑周围的风场,从而影响到建筑物周围的局部气候和人体舒适度。概括来讲,对于大多数建筑物而言,风在其路径上对建筑物产生的作用主要有外墙向内的压力、建筑物所受合力、使建筑物水平滑移、扭转等,因此,当强风经过建筑物时,也可能对建筑的安全性造成较大隐患。

(2)城市街道对风向风速的影响

盛行风与街道交角的大小、街道处于迎风一侧还是背风一侧以及街谷高宽比都会影响风向风速。当盛行风向与街道夹角越大,风速减小得越多,反之则影响越小。假设街道中心的风速为 100%,那么在迎风面人行道上风速约为 90%,背风面人行道上风速可能减少一半,形成明显的"风影区",而高大建筑物之间的狭管效应可使风速比空旷处参考点风速大一倍以上;当盛行风与"汽车风"同向时,街道风速增大,反之则街道风速减小,在背景风速很弱的情况下,街道风速主要决定于"汽车风"风速。但是需要注意的是,城市街道峡谷的风场结构依赖于背景风向,当背景风平行于街道峡谷时,街谷两侧没有风速差,而当两者垂直时,街谷两侧中高层风速差可达 0.5 m·s^{-1}(张凯等,2019)。

4.3.4 混合层流场

近地面层的通量和气候效应向上混合进入城市边界层的混合层。地面粗糙度的影响随高度下降,同时湍流动量通量在混合层的顶部和自由大气中可以忽略不计。在自由大气中风速和风向与地转风一致,且不受地面摩擦的影响。

在混合层中,湍流作用明显,但是机械湍流的主导地位相对于热力湍流下降,最大尺度的热力湍涡尺度可达到白天对流边界层上方逆温层厚度,其内有效混合大气各种属性。现在普遍缺少城市混合层动力效应的直接观测,这是因为很难对高塔之上的大气进行直接观测。监测信息主要依赖于遥感、探空气球、飞机航测以及数值模式等手段。

城市混合层中的气流主要受两个因素影响:下垫面粗糙度(机械效应)和城市热岛(热力效应)。城市地区的粗糙度比郊区更大,对气流施加了更大的阻力并导致机械湍流增加。城市热岛改变了地表和上空气压的空间分布,进而改变了控制运动的力平衡。

基于区域气流的强度近似可将机械效应和热力效应对混合层流场的影响区开分。首先,在较强的区域气流条件下,粗糙度的影响倾向于占主导,因为相关的混合和平流会抑制或消除城市热岛效应。其次,在弱气流情况下,特别是在无云的条件下,热力差异会发展并占主导,城市热岛会展现出来。然而在更多的中间条件下,粗糙度和热力效应都起作用,共同影响混合层流场。

4.3.5 高层建筑物风效应

(1) 高层建筑

根据住房和城乡建设部《民用建筑设计统一标准》(GB 50352—2019)规定民用住宅建筑和建筑高度大于 24.0 m 的非单层公共建筑,且高度不大于 100.0 m 的为高层民用建筑,建筑高度大于 100.0 m 的为超高层建筑。截至 2023 年,中国所拥有的高度超过 150 m 的大楼数量已达到 3088 座,位居全球第一,深圳超过 150 m 的摩天大楼总数已达 209 座。常见的高层建筑外部造型多变,有一字形、方柱形、圆柱形、三角形等,其中一字形建筑受风面较宽,不利于抗风,锥形是抗风性能最好的造型,但施工比较复杂。超高层建筑具有轻质、高柔等特性,是典型的风敏感建筑,一般采用"筒体"结构。

(2) 高楼风

高层建筑,尤其是超高层建筑往往使气流分流,会带来变幻莫测的"高楼风",极大危害行人和行车安全,同时随着建筑高度的增加,超高层建筑风荷载效应越来越显著,成为影响超高层建筑安全性、居住者舒适度、建筑结构造价的主要因素之一(黄剑和顾明,2013)。2021年《住房和城乡建设部应急管理部关于加强超高层建筑规划建设管理的通知》提到城区常住人口300万以下的城市严格限制新建150 m以上超高层建筑,不得新建250 m以上超高层建筑;城区常住人口300万以上城市严格限制新建250 m以上超高层建筑,不得新建500 m以上超高层建筑。

根据楼群布局的不同,可以将"高楼风"分为分流风、下冲风、峡谷风、逆风、过堂风等,建筑的长度、深度和形状都会影响高楼风。分流风是指气流沿墙面流动,遇到拐角处而分流离去,其风速一般大于环境风;下冲风是指气流遇到建筑物时,会在建筑物高度的上半部分形成的上下、左右方向的风,其中左右两侧形成强劲的气流;由于狭管效应(文丘里效应①)产生的峡谷风,瞬时最大风力可达到12级以上。

然而"高楼风"也有利用价值,例如可以利用高楼风来发电,利用峡谷风构建城市通风廊道。位于波斯湾西岸的巴林世贸中心是一座高240 m的双子塔结构建筑物。主体平面为椭圆形,在两座大厦之间设置了水平支持3座直径29 m的风力涡轮。风帆一样的楼体形成两座楼之前的海风对流,使风速增大。风电机组预计能够支持大厦所需用电的11%~15%,3座风能涡轮机的安装费用为100万巴币,每年约提供1300 MW·h(130万度)的电力,相当于200万吨煤或者600万桶石油的发电量,可供300个普通家庭一年之用。

(3) 建筑风振效应和风荷载

高层建筑在风场作用下会发生不同程度的流固耦合现象。所谓流固耦合现象就是指流场产生的结构表面风力会使建筑产生振动,同时建筑振动又会影响流场变化,从而改变作用在结构表面的风力。当流固耦合作用持续增强时,建筑振动现象将明显增大至失稳,影响结构舒适性和安全性。

高层建筑和高耸构筑物在计算风荷载时必须要考虑阵风效应和风振效应,其中风振效应指在风的作用下产生一种旋涡而形成的脉动效应,这种效应使建筑物、构筑物受力条件变得非常复杂。这两种效应可通过阵风系数和风振系数来变化,关于这两个系数的计算可参考《建筑结构荷载规范》(GB 50009—2012)。

---

① 文丘里效应是伯努力原理的一个应用,该效应是指高速流动的气体附近压强减小,从而产生吸附作用。

根据《工程结构通用规范》(GB 55001—2021),风荷载是指垂直于建筑物表面的风荷载标准值,在基本风压、风压高度变化系数、风荷载体型系数、地形修正系数和风向影响系数的乘积基础上,考虑风荷载脉动的增大效应来确定,涉及的具体确定方法可参考该规范。一般情况下,建筑高度越大,风荷载越大,风荷载效应越显著。风荷载成为影响超高层建筑安全性、居住者舒适度、建筑结构造价的主要因素之一,一般采用风洞试验、CFD软件对建筑风荷载进行研究。

4.4 城市风环境评估

在建筑密度逐渐增大的城市中,越来越多高层建筑的出现导致了行人高度上风速的增大。这不仅降低了行人的舒适感和整个社区环境的吸引力,对于年长以及行动不便的人群也有潜在风险(艾瑞克·特里和徐琴,2020),同时城市风环境与城市通风、污染物扩散、建筑物风荷载等都密切相关,因此非常有必要对城市风环境进行评估。荷兰是世界上最先提出分析、量化和分类行人高度处环境风舒适度标准的国家之一,荷兰 NEN 8100:2006 标准至今仍被广泛使用。

4.4.1 荷兰 NEN 8100:2006 标准

荷兰于 2006 年提出的 NEN 8100:2006 标准用于评估行人高度处风环境的舒适度和危险性。该标准建议采用风洞实验或 CFD 模拟结果来评估风环境。测量或模拟结果将与地区风力数据相结合,从而形成地区风力等级示意图,风阻及危险等级分别由风速超过 $5 \text{ m} \cdot \text{s}^{-1}$ 和 $15 \text{ m} \cdot \text{s}^{-1}$ 的概率决定。不同的风力等级代表特定区位是否适宜"通行""散步""久留"(表 4-5),从而将舒适度分为五个等级。为了确定风的危险程度,NEN 8100:2006 标准参考的是风速超过 $15 \text{ m} \cdot \text{s}^{-1}$ 的概率(表 4-6),从而将危险等级划分为两类。这项标准并不会明确指出风力等级是否可接受,而只是将风的舒适度和危险度进行分类。在特定的城市环境或建筑周边所允许的风力等级最终仍由政府决定(艾瑞克·特里和徐琴,2020)。

表 4-5 NEN 8100:2006 的风阻等级

$V>5 \text{ m} \cdot \text{s}^{-1}$ 的时数占全年总时数的百分比(%)	质量等级	活动评价		
		通行	散步	久留
<2.5	A	优秀	优秀	优秀
2.5~5	B	优秀	优秀	中等

续表

$V>5$ m·s^{-1}的时数占全年总时数的百分比(%)	质量等级	活动评价		
		通行	散步	久留
5~10	C	优秀	中等	差
10~20	D	中等	差	差
>20	E	差	差	差

表 4-6 风危险度等级

$V>15$ m·s^{-1}的时数占全年总时数的百分比/%	质量等级
0.05~0.30	有限危险
>0.30	危险

4.4.2 城市建筑风环境评估

为了评价超高层建筑室内外风环境舒适性和安全性，广东省住房与城乡建设厅于2019年印发《建筑风环境测试与评价标准》(DBJ/T 15-154—2019)，该标准参考了荷兰 NEN 8100:2006 标准，并将风环境评估分为舒适性评估和安全性评估，其中舒适性评估采用平均风速对冬夏季风环境进行评估，安全性评估采用阵风风速进行评估。具体的风参数可通过风洞试验、数值模拟和现场实测获取。下面简单介绍该评估标准中的舒适度评估和安全性评估方法，其他细节可参考该标准。

(1)舒适度评估

舒适度评估采用行人高度处(通常为 1.5 m)的平均风速 $\overline{V}$ 进行计算，见式(4-6)。

$$\overline{V}=RV_{10} \tag{4-6}$$

其中V_{10}是当地 10 m 高度平均风速(m·s^{-1})，R 为平均风速比，即测点平均风速$\overline{V}_r$与参考高度 10 m 处平均风速 V_{10} 的比值。具体的舒适度分类见表 4-7，从表中可以看出夏季需要满足两个超越概率的平均风速值才能确定风舒适度类别，而冬季只需要满足一个即可。例如当夏季日平均风速为 1 m·s^{-1} 的超越概率≥50%，且平均风速为 5.4 m·s^{-1} 的超越概率≤2%时，风舒适度是三级，适用于广场、人行道、停车场等地，而冬季要求平均风速为 5.4 m·s^{-1} 的超越概率≤2%时，风环境舒适度为三级。

表 4-7 风环境的舒适度分类(基于逐时风速)

舒适度类别	不同超越概率的平均风速/(m·s⁻¹)			环境类别
	夏季		冬季	
	≥50%	≤2%	≤2%	
Ⅰ	1.0	2.5	1.8	全部适用
Ⅱ	1.0	3.6	3.6	公园、购物街、广场、人行道、停车场
Ⅲ	1.0	5.4	5.4	广场、人行道、停车场
Ⅳ	1.0	9.9	7.6	人行道、停车场
Ⅴ	不满足以上要求			非人员日常活动区域

(2)安全性评估

安全性评估采用行人高度处阵风风速 V'' [式(4-7)]计算。其中 β_{gh} 为行人高度处的风速脉动系数,具体采用式(4-8)计算,其中 σ 为测点风速标准差,$\overline{V_r}$ 表示测点平均风速。具体的安全性评估见表 4-8,从表中可以看出,以行人高度处阵风风速>15 m·s⁻¹ 一年出现的概率作为评估标准,当年阵风风速 15 m·s⁻¹ 的超越概率≥0.05%时,行人活动即有危险。

$$V''=\beta_{gh}\overline{V} \tag{4-7}$$

$$\beta_{gh}=1+2.5\times\frac{\sigma}{\overline{V_r}} \tag{4-8}$$

表 4-8 风环境安全性评估

阵风风速	级别	风速超越概率①
$V''>15$ m·s⁻¹	安全	<0.05%(2 次/年)
	有危险	0.05%~0.3%(>2 次/年且≤12 次/年)
	危险	>0.3%(>12 次/年)

4.4.3　行人高度处风环境评估

行人活动包括较长时间的坐、步行、站立,或者短时站立、散步、正常行走、快步走等。高层建筑引发的局部强风常使人行走活动困难,甚至造成行人被吹倒、跌伤等安全事故。自 20 世纪 70 年代以来,研究者结合行人在不同风速下的主观感受定义了对应不同风速的可接受发生概率,并据此对风速进行分级,形成了一系列行人高度处风环境舒适度评估标准,具体见表 4-9(徐晓达,2019)。从表中可以看出不同标准定义的行人活动类型不同,临界风速阈值不

---

① 风速超越概率:允许的"不舒适风速"的超越概率,可以是年、月、日风速超越概率。

同,风速超越概率也不同。

表 4-9 不同舒适度评估准则

准则名称	阵风因子	行人活动	风速阈值($m \cdot s^{-1}$)	超越概率
Isyumov and Davenport (1975)	$k=0$	A 长时间站立	>3.58	<1.5%
		B 短时间站立	>5.37	
		C 漫步	>7.61	
		D 行走	>9.85	
	$k=1.5$	A 长时间站立	>5.37	<0.3%
		B 短时间站立	>7.61	
		C 漫步	>9.85	
		D 行走	>12.53	
Lawson and Penwarden (1975)	$k=0$	A 站立	>5.45	<4.0%
		B 行走	>7.95	<2.0%
		C 危险	>13.85	<4.0%
	$k=2.68$	A 站立	>9.3	<2.0%
		B 行走	>13.6	
		C 危险	>23.7	
Hunt(1976)	$k=0$	危险	>9	<1%
	$k=3$	A 不舒适	>6	<10%
		B 有一定影响	>9	
		C 影响行走	>15	
		D 危险	>20	
Melbourne(1978)	$k=3.5$	A 长时间站立	>10	<0.025%
		B 短时间站立	>13	
		C 行走	>16	
		D 危险	>23	
Centre Scientifique et Technique du Batment-CSTB	$k=1$	A 长时间站立	>6	<1.0%~2.0%
		B 短时间站立		<5.0%
		C 正常行走		<10%
		D 目的性行走		<20%

续表

准则名称	阵风因子	行人活动	风速阈值(m·s^{-1})	超越概率
University of Bristol-UB (England) & University of Western Ontario-UWO (Canada)	$k=0$	A 长时间站立	>4 m·s^{-1}	<5.0%
		B 短时间站立	>6 m·s^{-1}	
		C 漫步	>8 m·s^{-1}	
		D 目的性行走	>10 m·s^{-1}	

4.4.4 城市尺度风环境评估

城市尺度风环境评估的目的之一是规划和设计城市通风廊道。例如采用气象常规资料对城市风速、风向的气候特征进行统计，采用 GIS 技术计算地表粗糙度，量化城市的通风潜力，采用 CFD 和 WRF-UCM 模式模拟城市风环境和热环境，最终给出通风廊道构建规划。另外，对于城市尺度风环境气候特征的研究，对于应对大气污染、热岛效应等城市气候问题以及指导城市发展和规划有着重要意义。

4.5　城市通风廊道

城市通风廊道是城市规划和设计中改善气候和环境的基本要素，建立通风廊道来增强城市的通风，是达到气候韧性[①]的重要方式之一。2015 年底召开的中央城市工作会议中，明确提出增强城市内部布局的合理性，提升城市的通透性和微循环能力。国家发展改革委和住建部联合印发的《城市适应气候变化行动方案》已明确要求打通城市通风廊道，增加城市的空气流动性。构建城市通风廊道，可以缓解城市热岛效应，有利于防治城市局部高温现象。

4.5.1　定义

城市通风廊道源于德语 Ventilationsbahn，其中"Ventilations"意为"通风"，"bahn"代表"廊道"。中国气象局 2015 年发布的《城市通风廊道规划技术指南(第 1 版)》中指出城市通风廊道是指以提高城市的空气流动性、缓解热岛效应和改善人体舒适度为目的，为城区引入新鲜冷湿空气而建的通道，2018 年发布的《气候可行性论证规范 城市通风廊道》(QX/T 437—2018)指出城市通风廊道是由空气动力学粗糙度低、气流阻力较小的城市开敞空间组成的空气引导通道。廊道空间形态可以是点、线、面中的任何一种，或几种彼此相连。城市通风

---

① 气候韧性：能够对气候变化具有良好的适应性并对气候灾害具有抗击打能力和灾后修复能力。

廊道规划是从气候学与生态学的角度出发,基于风环境对城市的影响,为城市建成区留出通风廊道和风道口,利用城市自然气象条件改善城市大气环境的一种节能的生态规划模式。

4.5.2 实施策略

依托城市所在区域的地形地貌和气候条件,充分运用自然山体、水体、开敞空间等要素,使风和水汽通过"空中走廊"进入城市,坚持主导风原则;控制城市上风方向的建筑高度和密度,防止因建筑过高和过密对风形成阻挡导致热量和温室气体在城区的滞留;提高重点区域的绿化覆盖率和降低建筑密度;合理安排建筑间距,促进市区与郊区的空气流通;优化居住小区建筑的布置形式(错位布局优于行列式,点式和条式结合优于单一平面布局),以便形成良好的通风环境。

4.5.3 构建通风廊道的主要方法

(1)边界层风洞实验

边界层风洞实验指将研究区域高度模型化,然后利用风洞实验并结合常规气象资料模拟研究区域环境风场的方法。该方法便于操作、结果准确,但是成本较高,不适合模拟较大区域、长时间尺度的风热环境。

(2)数值模拟

数值模拟指采用 CFD 软件、WRF 模式或耦合模式模拟城市的热环境和风环境。该方法模拟分辨率高、成本低、速度快、结果直观详细,适合微观和宏观尺度的风环境研究,但模型输入场信息较难准确获取,模型假设和参数设定复杂。

(3)GIS 建筑形态分析

采用地理信息技术对建筑密度、建筑高度、容积率、街谷高宽比、迎风面积指数、地表粗糙度、天空可视因子等进行计算,构建建筑形态以及通风潜力评价体系,最终采用最小成本路径(least cost path,LCP)[①]方法实现风环境研究(方云皓和顾康康,2024)。该方法效率高、结果直观、空间分析能力强、应用最为广泛,但前期数据获取和处理的工作量大,对复杂风环境的模拟仍然存在局限性。

通常情况下,城市通风廊道的构建需要基于多源数据(如站点数据、卫星数据、城市地形地貌及土地利用数据等)、多种方法以求分析结果更加客观准确。

---

① 最小成本路径方法是 GIS 软件中距离分析的一种方法。用于确定目标点与源点之间的 LCP。如果输入目标为多个像元或区域,则 LCP 可根据各像元(生成多条路径,每路径对应一个像元)、各区域(每条路径对应一个区域)或按照最佳单条路径(仅生成一条路径,即到任意区域的最小成本路径)进行计算。

4.5.4 通风潜力等级

在构建城市通风廊道时,需要根据城市下垫面粗糙度和天空可视因子确定通风潜力等级,具体见表 4-10。关于下垫面粗糙度和天空可视因子的计算具体参考《气候可行性论证规范 城市通风廊道》(QX/T 437—2018)。

表 4-10 通风潜力等级

通风潜力等级	通风潜力含义	地表粗糙度 z_0/m	天空可视因子 SVF
1 级	无或很低	$z_0 > 1.0$	—
2 级	较低	$0.5 < z_0 \leqslant 1.0$	$F < 0.65$
3 级	一般	$0.5 < z_0 \leqslant 1.0$	$F \geqslant 0.65$
4 级	较高	$z_0 \leqslant 0.5$	$F < 0.65$
5 级	高	$z_0 \leqslant 0.5$	$F \geqslant 0.65$

4.5.5 通风廊道标准

(1)确定原则

在城市用地现状或规划图上利用地理信息技术叠加背景风况、通风潜力、通风量[①]、城市热岛强度、绿源等级[②]空间分布,在城市总体规划区域层面初步确定城市主通风廊道和次通风廊道《气候可行性论证规范 城市通风廊道》(QX/T 437—2018)。

(2)确定标准

构建通风廊道也有诸多的标准(徐晨曦等,2024)。例如《气候可行性论证规范 城市通风廊道》(QX/T 437—2018)中的主廊道(一级廊道)应与区域微软风主导风向近似一致,夹角不大于 30°,廊道宽度宜大于 500 m,通风潜力等级不小于 4 级。次通风廊道(二级廊道)应与主导风向夹角小于 45°,廊道宽度宜大于 80 m,廊道内垂直气流方向的障碍物宽度应小于廊道宽度的 10%,廊道长度宜不大于 2000 m,通风潜力不小于 3 级等。

4.5.6 案例

国内外很多城市已经进行了通风廊道规划实践,最早可追溯至 20 世纪 70 年代,德国斯图加特市提出"补偿空间""作用空间""空气引导通道"等廊道构建

[①] 通风量:水平风速在大气混合层内的垂直积分通量。

[②] 绿源等级:根据土地利用类型、绿量来划分,绿量衡量植被覆盖程度,关于绿源等级和绿量计算具体参考《气候可行性论证规范 城市通风廊道》(QX/T 437—2018)。

理念。下面列举我国近 20 年的城市通风廊道规划和实践,具体见表 4-11。

表 4-11 国内通风廊道实践

城市	时间	实践目标	实践特点
香港	2003	引风	绘制香港城市环境气候图并将市区划分为 9 个风环流区
武汉	2012	降温	基于城市形态量化风渗透性,提出 6 条绿楔打造风道
杭州	2013	降温、除霾	依据局地气候特点划分 15 个独立风区,在工业区热中心组团构建多级通风廊道
安庆	2014	降温、除霾	从"城区—分区—街区"3 个层级提出差异化的通风廊道控制指标要求及规划策略
福州	2014	降温	以自然江河为"轴"和"廊"建设通风口和降温节点
沈阳	2014	除霾	依托河流、铁路、绿楔、道路绿化带等开场空间构造风廊
贵阳	2015	引风、降温、除霾	预留并控制建设空间,构建城市近地面通风网络
南京	2015	降温、除霾	利用建设用地"留白"空间构建通风廊道路径与进风口
长沙	2016	降温、除霾	在"总规—控规—修规"层面提出风道规划建设要求,保障建设的可实施性
北京	2016	降温、除霾	构建通风廊道网络系统,打通廊道连通的关键节点,严格控制划入廊道风廊区建设规模
广州	2016	引风、降温、除霾	制定 3 类风环境控制区:迎风控制区、强风控制区和静风改善区
成都	2016	引风、除霾	针对风廊宽度、建筑高度和密度、建筑布局形式和建筑体量等提出控制要求,促进郊区生态冷源与城市中心连通
西安	2016	引风、除霾	根据现有风景资源类型与景观特征提出风道管控措施
深圳	2017	引风、降温	在城市功能区疏解和更新调整中,将腾退空间用于留白增绿,利用湖泊、河流、山体等生态冷源建设通风廊道
郑州	2017	降温、除霾	以铁路、河流、高速公路、主干道等为载体构建多级通风廊道,划定一、二级通风廊道长度和宽度
广州	2017	引风、降温、除霾	城区构建 5 主 22 次通风廊道体系
合肥	2018	引风、除霾	结合旧城改造,腾出通风廊道空间,连接生态冷源,促进局地风循环
济南	2018	引风、降温、除霾	结合城市热源和冷源、土地利用以及建筑物信息,构建 3 级风廊道
广州	2020	引风、降温	"酷城行动",构建六大通风廊道,划定热环境管控区,制定可持续降温街区设计导则

本表引自方云皓和顾康康(2024),并进行了补充。

可以通过以下4步构建城市通风廊道：①进行城市风环境研究。采用气象台站数据对主导风特征、轻软风及其热环境特征进行分析，采用数值模拟手段对城市局地环流特征进行模拟。②计算地表粗糙度。基于城市建筑高度、土地利用资料，采用卫星遥感反演方法得到地表粗糙度。③根据前两步的研究，参考通风廊道相关标准，初步划定通风廊道及管控指标。④结合城市总体规划，给定通风廊道系统规划策略，最终给出城市通风廊道和影响区域管控策略。

4.5.7 城市通风廊道对热环境影响研究

关于城市通风廊道的研究主要集中于廊道的规划和建设、通风廊道对城市环境污染和热环境影响等方面。下面选取几篇代表性文献介绍城市通风廊道对热环境影响的研究。

Guo等（2023）采用建筑形态数据、高程数据、陆面覆盖数据、道路数据以及常规气象数据，研究北京、上海、广州和深圳4个特大城市通风潜力对热环境的影响，构建城市通风潜力综合评价模型，利用电路理论[①]对通风走廊进行识别，并结合气象数据和LCP方法对结果进行验证。研究进一步发现通风廊道在夏季的降温效果显著于冬季。

Li等（2023）采用WRF-UCM模式，通过设定4种下垫面（无绿色廊道、纯绿色廊道、低密度建设用地廊道、区间建设用地廊道），模拟武汉东南部夏季不同通风廊道形式对城市热环境的影响，研究发现纯绿色廊道和区间建设用地廊道对城市夏季走廊区域的温度具有较好的调节作用，其中区间用地廊道对城市中心的热环境有所改善。Zheng等（2022）也采用WRF-UCM模式，构建了北京城市通风廊道，并量化了廊道的热效应，研究发现引入通风走廊后，热岛强度减少了13.7%，$PM_{2.5}$浓度降低了11.7%，光污染水平或更高的天数减少了20.2%。

Liu等（2021）采用建筑数据、Landsat8遥感影像数据、ECMWF天气预报数据和2017年MOD13Q1数据，在100 m×100 m尺度下，采用LCP方法构建珠三角城市通风廊道，定量揭示城市通风廊道对城市热舒适度的影响范围，研究发现城市通风廊道对城市地表温度和城市舒适度的影响范围≤1000 m，距离越大，减缓作用越小，这也与缓冲区内建筑密度的增加和植被覆盖率的减少密切相关。

Shen等（2024）综合考虑城市通风廊道的形态特征和环境特征，探讨廊道特征与降温效果的相关性，构建了南京市通风廊道综合指标体系，研究发现通风廊道降温效果与下垫面类型密切相关，不同下垫面类型温差可达5.4 ℃。

Liu等（2022）利用多源数据，设计了一种综合空气通风评价（intergrated air

---

① 电路理论是基于电子在电路中随机游走的特性，能够识别区域内所有景观可能连通的路径，并依据廊道中电流强度识别研究区待修复的关键区域。

ventilation assessment，IAVA)方法对城市风环境进行评价。IAVA 地图显示，深圳南部和西部的发达地区形成了一道"风墙"，降低了风速，防止风流入内陆地区。而且根据 IAVA 的结果，利用 LCP 方法建立了贯穿深圳的潜在通风走廊。随后，通过在卫星图像上叠加并识别功能和补偿区域，生成优化的城市通风走廊。

延伸阅读

进行城市风环境方面的研究，首先要掌握常用的研究方法。数值模拟方法是研究城市风环境最便捷和最经济的手段。下面就以数值模拟方法中常用的模型 OpenFOAM CFD 软件和中尺度 WRF 模式进行介绍。

OpenFOAM 软件是英国 OpenCFD 公司开发的一款面向对象、可进行模版化编程的物理场计算软件，官网为 https://openfoam.org。该软件是用 C++语言编写、符合 GPL 协议的开源软件，自 2004 年发布第 1 个版本以来，2014 年已经发布到第 33 个版本。软件可以在 Ubuntu Linux、macOS、Windows 系统安装，OpenFOAM 的开发通过 GitHub 上的 OpenFOAM 源代码存储库向公众开放，网址为 https://github.com/OpenFOAM。目前最新版本的 OpenFOAM v12 是大约 150 个应用程序的集合，每个应用程序在 CFD 工作流程中执行特定任务。OpenFOAM 作为一款优秀的开源 CFD 软件，由于其丰富的功能、良好的程序接口以及快速的版本更新，在全球范围内吸引了越来越多的用户，而基于 OpenFOAM 的研究与应用也日益增多。例如陈瑾民和燕海南(2021)利用 OpenFOAM 模拟广州天河区的风环境，旨在通过遗传算法获取建筑形态最优组合，推动气候适应性城市规划的发展。关于软件的快速入门也可参考教材《OpenFOAM 从入门到精通》(黄先北和郭嬙，2021)。

WRF(weather research forecast)是由美国国家大气研究中心(NCAR)的中尺度和微尺度气象部门及美国其他气象组织联合开发和支持的大型开源天气预报模式，采用 F90 语言编写，分为研究 ARW-WRF 和业务 NMM WRF 两个版本，其官网为 https://www2.mmm.ucar.edu/wrf/users/。自 2007 年发布 V2.2.1 版本以来，2018 发布最新的 4.0 版本，WRF 模式因其具有可移植、易维护、可扩充、高效率和方便等优点，已经被各国的气象业务部门以及研究人员广泛使用。例如程雪玲等(2015)构建了耦合模式系统，采用 WRF 模式，通过嵌套网格耦合 CFD 模式获得高分辨率(水平 30～100 m，垂直 150 m 高度以下 10 m)的风速分布资料和精细化的风场信息；Huang 等(2023)使用 WRF-CFD 三层嵌套降尺度的方法模拟了城市行人高度处的风环境。

参考文献

[1] 张明,胡耘,徐静馨,等.关于加强城市风环境规划研究的思考[J].中国环境管理,2019,11(4):119-123.

[2] Briatore L,Elisei G,Longhetto A. Local air circulations over a complex coastal site: a comparison among field surveys,hydraulic-and mathematical-model data[J]. II Nuovo Cimento C,1980,3:365-381.

[3] 孟丹,陈正洪,陈城,等.基于探空风资料的大气边界层不同高度风速变化研究[J].气象,2019,45(12):1756-1761.

[4] 中华人民共和国国家质量监督检验检疫总局,中国国家标准化管理委员会.地面气象观测规范 风向和风速:GB/T 35227—2017[S/OL].北京:中国气象局,2017.

[5] 刘鸿波,董理,严苾婧,等.ERA5再分析资料对中国大陆区域近地层风速气候特征及变化趋势再现能力的评估[J].气候与环境研究,2021,26(3):299-311.

[6] 何春阳,刘志锋,许敏,等.中国城市建成区数据集(1992—2020)V1.0.时空三极环境大数据平台,2022,DOI:10.11888/HumanNat.tpdc.272851.CSTR:18406.11.HumanNat.tpdc.272851.

[7] 胡海川,刘珺,林建.基于预报方程的我国近海阵风预报[J].气象,2022,48(3):334-344.

[8] 苗世光,王雪梅,刘红年,等.城市气象与环境研究[M].南京:南京大学出版社,2023.

[9] 陈一夫.广州地区典型高层住宅小区风环境CFD数值模拟研究[D].广州:广州大学,2021.

[10] 廖孙策,黄铭枫,楼文娟,等.台风"山竹"影响下的城市风场数值模拟研究[J].空气动力学学报,2021,39(4):107-116.

[11] Xiang S L,Zhou J C,Fu X W,et al. Fast simulation of high resolution urban wind fields at city scale[J]. Urban Climate,2021,39:100941.

[12] 中华人民共和国住房和城乡建设部.建筑结构荷载规范:GB 50009—2012[S].北京:中华人民共和国住房和城乡建设部,2012.

[13] Jiang Y,Luo Y,Zhao Z C,et al. Changes in wind speed over China during 1956—2004 [J]. Theor Appl Climatol,2010,99:421-430.

[14] 陈练.气候变暖背景下中国风速(能)变化及其影响因子研究[D].南京:南京信息工程大学,2013.

[15] 赵宗慈,罗勇,江滢,等.近50年中国风速减小的可能原因[J].气象科技进展,2016,6(3):106-109.

[16] Guo H,Xu M,Hu Q. Changes in near-surface wind speed in China:1969-2005[J]. International Journal of Climatology,2011,31(3):349-358.

[17] Li L,Chan P W,Deng T,et al. Review of advances in urban climate study in the Guangdong-Hong Kong-Macau Greater Bay Area,China[J]. Atmospheric Research,2021,261:105759.

[18] Oke T R,Mills G,Christen A,et al. Urban climates[M]. United Kingdom: Cambridge u-

niversity press，2017.

[19] 张凯,赵天良,曹乐,等.街道峡谷对近地层风场影响的观测和模拟分析[J].环境科学学报,2019,39(12):4187-4195.

[20] 中华人民共和国住房和城乡建设部.民用建筑设计统一标准:GB 50352—2019[S].北京:中华人民共和国住房和城乡建设部,2019.

[21] 黄剑,顾明.超高层建筑风荷载和效应控制的研究及应用进展[J].振动与冲击,2013,32(10):167-174.

[22] 中华人民共和国住房和城乡建设部.工程结构通用规范:GB 55001—2021[S/OL].北京:中华人民共和国住房和城乡建设部,2021.

[23] 艾瑞克·特里,徐琴.智慧城市中的风设计[J].风景园林,2020,27(5):64-70.

[24] National Standard Organizations of the Netherlands Wind comfort and wind danger in the built environment：NEN 8100[S]. Amsterdam：National Standard Organizations of the Netherlands,2006.

[25] 广东省住房与城乡建设厅.建筑风环境测试与评价标准:DBJ/T 15-154—2019[S].广东:广东省住房和城乡建设厅,2019.

[26] 徐晓达.超高层建筑周边行人高度处平均风速分布特性及风环境评估[D].北京:北京交通大学,2019.

[27] 中国气象局.城市通风廊道规划技术指南(第1版)[Z/OL].(2022-04-16)[2024-09-14]. https://max.book118.co m/html/2022/0414/5004200113004213.shtm.

[28] 中国气象局.气候可行性论证规范 城市通风廊道:QX/T 437—2018[S].北京:中国气象局,2018.

[29] 方云皓,顾康康.城市通风廊道研究综述[J].生态学报,2024,44(13):5444-5458.

[30] 徐晨曦,张曦文,吴玲玲.缓解城市热岛效应的通风廊道构建研究进展[J].中国城市林业,2024,4:22(2):42-48.

[31] Guo A D,Yue W Z,Yang J,et al. Quantifying the impact of urban ventilation corridors on thermal environment in Chinese megacities [J]. Ecological Indicators, 2023, 156:111072.

[32] Li X S,Lin K,Shu Y L,et al. Comparison of the influences of different ventilation corridor forms on the thermal environment in Wuhan City in summer[J]. Scientific Reports, 2023,13(1):13416.

[33] Zheng Z K,Ren G Y,Gao H,et al. Urban ventilation planning and its associated benefits based on numerical experiments: a case study in Beijing, China[J]. Building and Environment,2022,222:109383.

[34] Liu W L,Zhang G,Jiang Y H,et al. Effective range and driving factors of the urban ventilation corridor effect on urban thermal comfort at unified scale with multisource data [J]. Remote Sensing,2021,13(9):1783.

[35] Shen X S,Liu H,Yang X Y,et al. A data-mining-based novel approach to analyze the impact of the characteristics of urban ventilation corridors on cooling effect[J]. Buildings,

2024,14(2):348.

[36] Liu X Q,Huang B,Li R R,et al. Wind environment assessment and planning of urban natural ventilation corridors using GIS:Shenzhen as a case study[J]. Urban Climate, 2022,42:101091.

[37] 陈瑾民,燕海南.基于风环境优化的街区尺度建筑布局研究——以湿热地区城市广州为例[J].建筑技艺,2021,27(9):73-77.

[38] 黄先北,郭嬙.OpenFOAM从入门到精通[M].北京:中国水利水电出版社,2021.

[39] 程雪玲,胡非,曾庆存.复杂地形风场的精细数值模拟[J].气候与环境研究,2015,20(1):1-10.

[40] Huang C Y,Yao J W,Fu B,et al. Sensitivity analysis of WRF-CFD-based downscaling methods for evaluation of urban pedestrian-level wind[J]. Urban Climate,2023, 49:101569.

第5章　城市的湿度、雾和能见度

　　大气中的水汽主要来自海洋,因此大部分水汽存在于对流层下部的边界层。平均而言,大气中水汽质量约占大气总质量的百分之一,占比虽然很小,但由水汽相态转换导致的湿度变化以及能量迁移对天气和气候影响巨大。湿度是表征大气水汽含量的物理量,城市中水汽的来源包括植物蒸腾、地表蒸发、人为排放以及周围空气输送等。如果城市边界层湿度太高,容易造成严重视程障碍,危及行人行车安全;如果湿度太低,人体舒适度也会下降。城市雾和城市浑浊岛是城市气候中两个有害的现象,与湿度密切相关,时常出现的回南天和桑拿天也与湿度密切相关。本章第1节主要介绍湿度的基本概念、特征及与湿度相关的城市天气和气候现象,第2节主要介绍城市雾及其危害、能见度预报的基本理论,第3节介绍城市浑浊岛现象。

5.1　湿度

　　湿度是指大气中水汽的含量,气象上常用绝对湿度、相对湿度、水汽压、比湿、露点温度差、混合比等物理量来定量衡量大气中的水汽含量,日常天气预报中的湿度是相对湿度。沿海城市和内陆城市湿度差异巨大,同一城市的湿度时空变率也非常显著(图5-1)。湿度与人体舒适度密切相关,湿度太小,会出现嘴唇干裂、喉咙燥痒等情况,湿度太大,汗液蒸发缓慢,人往往又会酷暑难耐,因此空气湿度是环境舒适度的重要评价指标。一般采用电子传感器、干湿球法、毛发湿度计、冷凝法、水蒸气分光计等测量湿度,但由于城市下垫面地表温度、辐射、气温、降水等因素影响导致准确测量温度的难度较大,目前国际上有30多种测量湿度的方法。

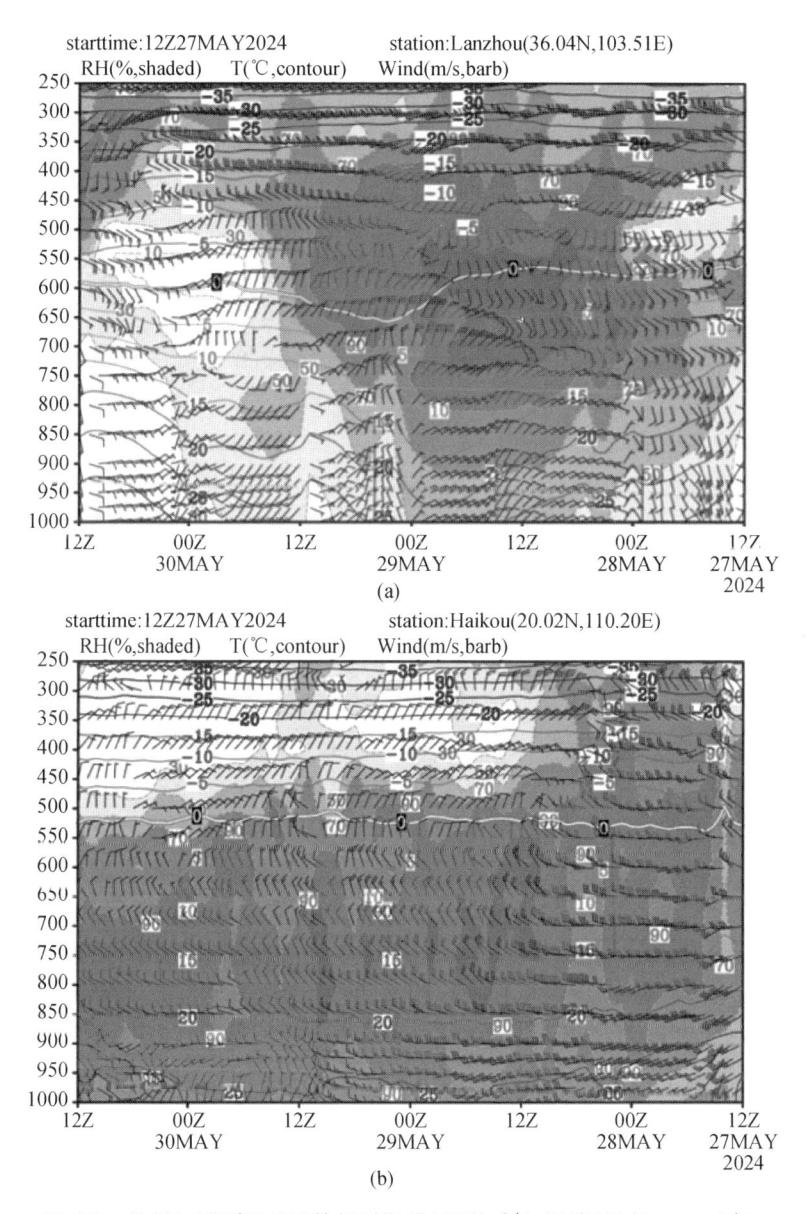

图 5-1 兰州(a)和海口(b)的相对湿度(阴影,%)、风速(风矢,m·s^{-1})、和温度(等值线,℃)

(引自中国气象数据共享网)

5.1.1 衡量湿度的指标

(1) 绝对湿度 ρ_v

ρ_v 为水汽质量 m_w 与空气体积 V 之比,或水汽分压和水的摩尔质量乘积与水蒸气气体常数和绝对温度乘积的比值,ρ_v 也叫水汽密度(单位 $g \cdot m^{-3}$)。由于 ρ_v 的垂直变化较小,因此不适合研究较小高度间隔上的湿度变化。绝对湿度的大小与空气中水蒸气的实际数量直接相关,因此,在相同的体积内,水蒸气越多,绝对湿度就越高。然而,由于绝对湿度的测量需要精确测量空气中水蒸气的质量,这在实际操作中相对复杂,因此相较于比湿、相对湿度等应用较少。

(2) 相对湿度 RH

RH 为给定气温 T_a 和气压 P 下,实际水汽压 e 与饱和水汽压 e^* 的比值。该量不能直接度量水汽含量的变化,而是描述在当前 T_a 下空气接近饱和程度的物理量。在相同 T_a 下,RH 越高,表示空气中的水蒸气含量越接近该温度下的饱和水蒸气,因此空气会更加潮湿;相反,相对湿度越低,空气会更加干燥。在水汽含量不变的情况下,T_a 降低,RH 升高;反之,RH 降低,这也说明 T_a 愈高,容纳水汽的能力就愈高,饱和水汽压越大。通过简单计算可知当 P 和 RH 不变时,T_a 升高到原来的 5 倍,ρ_v 变为原来的 3 倍。尽管 RH 依赖于 T_a 和 P,但它依然是一个对于预测凝结露、雾形成可能性非常有用的物理量,对于理解和评估环境湿度非常重要。

RH 与人体舒适度(定义见《人居环境气候舒适度评价》,GB/T 27963—2011)、生物气候密切相关,当空气 RH 太小时,人会感觉不舒服;而 RH 过大,人同样也会不舒服。现代医疗气象研究表明,对人体比较适宜的 RH 为:夏季室温 25 ℃时,RH 控制在 40%～50%比较舒适;冬季室温 18 ℃时,RH 控制在 60%～70%。RH 与城市空气污染指数也有一定的关系,有研究发现当空气 RH 小于 78%时,能见度主要受空气污染物浓度影响;当空气 RH 大于 96%时,能见度主要受空气湿度影响;当空气 RH 介于 78%～96%时,能见度受空气污染物浓度和空气湿度共同影响。因此高湿度不适合跑步,因为往往伴随一定程度的空气污染。

(3) 水汽压 e

e 为空气中水汽所产生的分压强,单位为 Pa。给定 T_a 和 P,达到饱和时的水汽压为饱和水汽压 e^*。利用气体状态方程可得到 $e = \rho_v R_v T$。水汽压是间接表示大气中水汽含量的一个量,大气中水汽含量多时,水汽压就大;反之,水汽压就小。

T_a 是决定饱和水汽压大小的主要因素。在 T_a 一定的情况下,单位体积空气中的水汽量有一定限度,如果水汽含量达到此限度,空气就呈饱和状态。不同蒸发面的饱和水汽压存在差异,例如过冷却水面的饱和水汽压大于冰面的饱和水汽压。蒸发面的形状也可能对饱和水汽压产生一定影响,但具体影响机制较为复杂,需根据具体情况分析。

(4) 比湿 q

q 为水汽质量 m_w 与湿空气质量 m_a 比值,也可表示为

$$q = \frac{\varepsilon e}{P - 0.378e} \tag{5-1}$$

式中,$\varepsilon = 0.622$,q 单位为 $g \cdot kg^{-1}$。干绝热过程中 q 是一个保守量。大气中的水汽主要集中在对流层中下层,q 随高度升高迅速下降,年平均 q 气候场呈南高北低的经向分布。T_a、海陆差异是影响 q 分布的重要因素,海洋性气候区域的水汽含量通常较高,而大陆性气候区域的水汽含量则相对较低。大气环流对 q 的分布有着重要的影响,不同源地的气流携带不同的水汽量,从而影响局部地区的 q。人类活动,如城市化进程中的建筑生产、农业灌溉等,都会对 q 产生影响,尤其是在城市地区,由于下垫面性质的变化,可能导致城市干岛或湿岛效应。

(5) 露点温度 T_d

空气块在恒压冷却达到饱和时所对应的温度,称为 T_d。T_a 和 T_d 的差值越小,表示空气越接近饱和;反之,则越干燥。一般可用露点湿度计、镜面法来测量 T_d。高温环境下 T_d 往往也较高。在 P 一定的前提下,空气中水汽含量越高,T_d 也越高。

(6) 水汽混合比 r

r 为水汽质量与干空气质量之比,是无量纲质量商,单位为 $kg \cdot kg^{-1}$。q 与 r 的关系为

$$q = \frac{r}{1+r} \tag{5-2}$$

以上 6 个衡量湿度的指标密切相关,大家也可尝试推导下其相互转换的关系。

5.1.2 日变化和季节变化

城市湿度的日变化特征最为显著,季节变化则不明显。从图 5-2 中可以看出广州相对湿度日变化呈现"V"形,15 时左右达到最低,日出前达到最高,冬夏季白天大部分时段相对湿度较郊区偏低,并且冬夏季相对湿度差别不大。不同地区湿度日变化存在较大差异。如 Liu 等(2009)研究发现北京城乡相对湿度差异在 20 时和 02 时较大,水汽压力差异在 14 时和 20 时较大。这与广州的特征不同。从图 5-3 可以看出城郊相对湿度季节变化基本一致,呈现汛期高、非汛期低的特征,郊区更明显,城区 12 月相对湿度达到最低,4 月达到最高。

不同下垫面相对湿度的日变化特征也存在着差异。观测的 150 cm 高度空气相对湿度的高低排序与温度恰好相反,最高为林地,次之为草地,最后分别为裸土、水泥广场、沥青道路。在清晨日出前,林地、草地的相对湿度最高值在

90%以上,高于裸土、水泥广场、沥青道路的相对湿度一成以上。午后林地、草地的相对湿度最低值在25%以上,略高于裸土、水泥广场、沥青道路(王修信等,2009)。

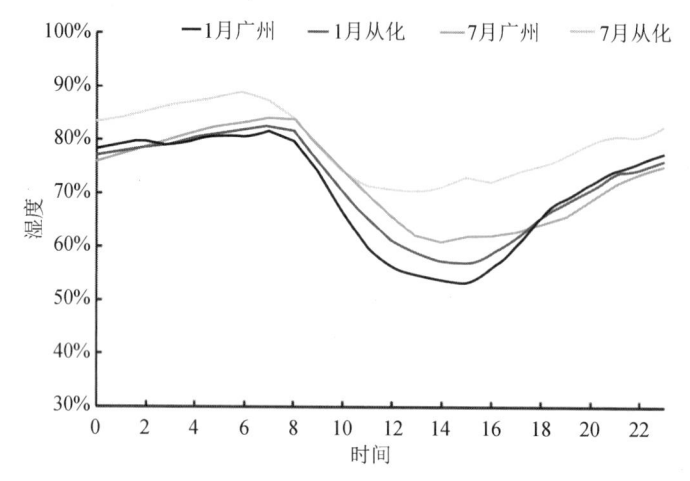

图 5-2　广州城郊 2024 年 1 月和 7 月平均相对湿度日变化
(其中广州站作为城市站,从化站作为郊区站)

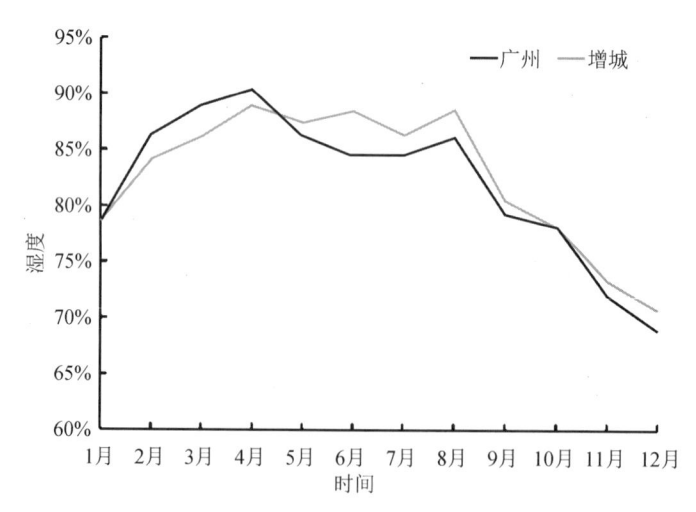

图 5-3　广州城郊 2019 年平均相对湿度日变化
(其中广州站作为城市站,增城站作为郊区站)

5.1.3　城市湿岛

从理论上来讲,在"理想"(无风、晴朗)的天气条件下,城市近地面水汽空间分布有可能出现类似于城市热岛的特征,即城区绝对水汽含量比郊区高,且在夜间达到最大的现象(Oke 等,2017),我们将此现象称为城市湿岛(urban wet island,UWI),也称为凝露湿岛。关于城市湿岛的研究始于 1960 年,周淑贞等(1991)对上海雾的研究发现,在辐射雾、平流雾等出现前都有城市湿岛出现,目前大多集中于城市冠层的研究。出现城市湿岛的可能原因有以下几点:夜晚郊区下垫面由于强烈辐射冷却作用,使地面和近地面气温下降速度比城区快,在风速小、空气层结稳定的天气条件下,会有大量露水凝结,致使近地面空气层中的水汽压锐减。城区因热岛效应,凝露量远比郊区小,湍流减弱使得近地层水汽垂直输送减少,且有人为水汽量的补充,导致城市近地面空气层的绝对水汽含量和实际水汽压比郊区大,从而形成湿岛现象。

从图 5-4 中可以看出,2022 年 1 月 11 日北京市西侧凌晨 3 点风速较小,出现水汽高值中心,呈现湿岛特征,这一特征在日出前逐渐消失(图略),城区东侧由于明显北风,出现水汽低值区。进一步通过对 2022 年北京城市冠层不同月份比湿资料分析发现,等比湿线总是在凌晨 3 点左右向城区伸展,形成一个湿舌(图略),这说明湿岛现象是普遍存在的,但城区上空典型的湿岛现象并未找到,这一方面反映出湿岛现象受气象要素影响极大,另一方面也说明城市湿岛研究的复杂性,需要使用更多高分辨率的观测资料来进行深入研究。

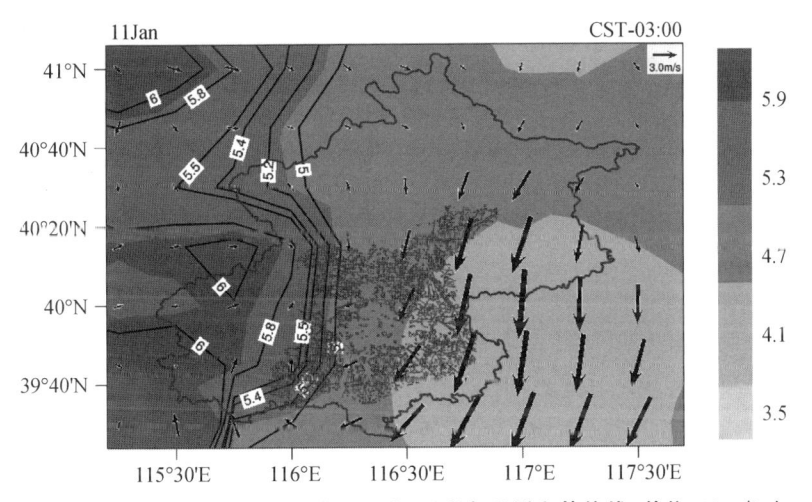

图 5-4 2022 年 1 月 11 日城市冠层比湿(彩色阴影和等值线,单位:10 g/kg)和风场(单位:m·s^{-1})空间分布(灰色阴影表示城市建成区)

5.1.4 城市干岛

Hilberg 于 1978 年首次将城市相对湿度小于郊区的现象称为城市干岛(urban dry island,UDI)。城市干(湿)岛 UDI(UWI)代表影响生态系统和人类福祉的小气候变化,但目前由于缺乏实测资料,城市干岛现象的物理机制还不是很清楚,但可以推测得知由于城市下垫面粗糙度大,白天空气层结较不稳定,机械湍流和热力湍流都比较强,边界层通过湍流向上输送的水汽量较少,使城区冠层水汽含量往往小于附近郊区,又因城市气温比郊区高,饱和水汽压更高,使得城区相对湿度小于郊区,容易出现城市干岛。Luo 等(2021)研究发现,我国寒冷干燥的城市地区往往具有湿岛效应,而温暖潮湿的城市地区则具有干岛效应,大多数城市的干、湿岛强度小于 3.5%。从图 5-5 可以看出,北京城区冬夏季的干岛现象均非常显著,干岛的范围基本与城市建成区重合,且形态十分相似,还可发现夏季干岛强度比冬季更强。图 5-6 中显示广州冬夏季也出现干岛现象,且冬季形态与城市建成区更为吻合,夏季干岛中心偏移到建成区西南侧。

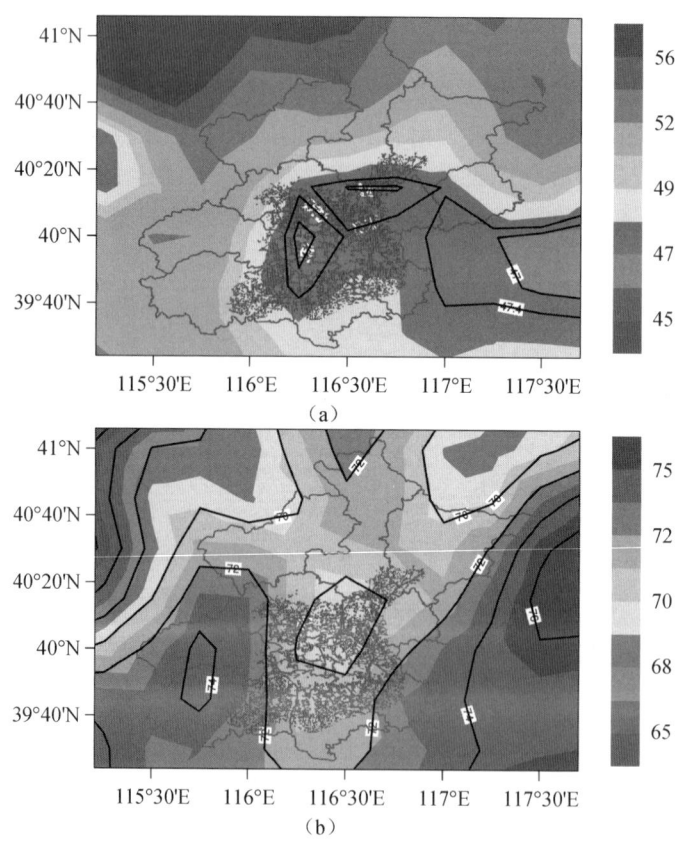

图 5-5 2022 年 1 月(a)和 7 月(b)北京城市冠层相对湿度
(彩色阴影和等值线)空间分布(灰色阴影表示城市建成区)

Yang(2017)采用逐小时站点观测资料来分析北京建成区相对湿度(RH)和城市干岛强度(UDII)的时空特征,其中将六环内 36 个站点作为城市站,六环

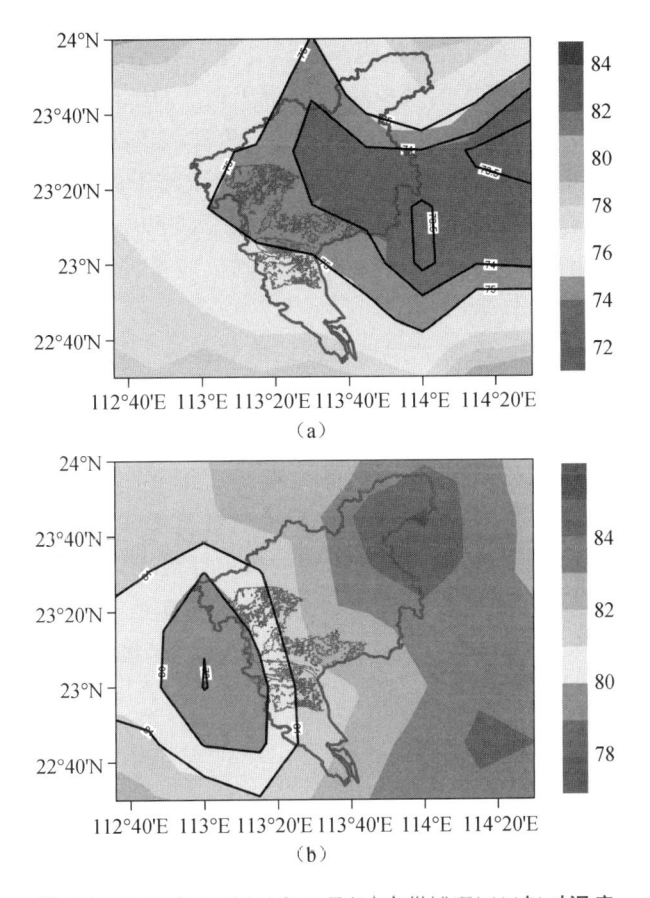

图 5-6 2022 年 1 月(a)和 7 月(b)广州城市冠层相对湿度
空间分布

外 6 个站点作为郊区站,研究表明城市地区 RH 明显小于郊区,城区的年平均和季节平均 UDII 值较高,秋季 UDII 值最强,春季 UDII 值最弱。昼夜 UDII 变化的特征是从 20:00 到 08:00 的稳定强 UDII 阶段,最小值为 15:00 或 16:00。UDII 从高到低的快速变化发生在 08:00—16:00 期间。进一步分析表明,较大的 UDII 值出现在夏末和初秋至中秋的傍晚和早夜,较低的 UDII 值主要出现在春季、冬季和深秋的下午。Bian 等(2020)基于典型城市站和周边农村站的相对湿度数据,分析了 1963—2012 年期间石家庄市的相对湿度变化,研究发现城市站的年平均相对湿度下降趋势($-0.74\% \cdot 10 a^{-1}$)比农村站的年平均相对湿度下降趋势($-0.16\% \cdot 10 a^{-1}$)更显著,且最显著的下降趋势出现在 20 世纪 90 年代以后,城市化对总体相对湿度下降的贡献率为 78.7%,这说明城市化使得城市有"变干"的现象。同时,也有研究发现城市干岛效应会缓解城市化对气温观测的影响(Du 等,2019)。

需要注意的是,由于白天城区冠层水汽含量往往小于附近郊区,因此有时也将城市绝对湿度小于郊区的现象称为城市干岛。Huang 等(2022)采用饱和水汽压和比湿研究珠江三角洲(PRD)、长江三角洲(YRD)、成渝地区(CY)、京津冀地区(JJJ)和北天山地区(TSB)5 个城市群的城市干岛,研究发现 5 个城市群的干岛效应有显著增加趋势,湿润地区的干化程度和频率比干旱地区更为明显,全球变暖、城市热岛以及当地蒸散量和水汽供应量的减少都是导致观测到的城市干岛增强的原因。

Hao 等(2023)利用 25 个大型城市群的大气湿度、蒸散量和地表特征的全球观测数据对城市干(湿)岛 UDI(UWI)进行了量化。研究表明,UDI 和 UWI 与当地的蒸散发、全球变暖和城市热岛密切相关,它们与水和能量平衡有着密切联系。UDI 在植被茂盛的湿润地区最为明显,这些地区的城乡年平均蒸散发差值高达 215 mm,而 UWI 则出现在干旱地区或夏季干燥的气候条件下。因此蒸散发可以作为单一变量来解释新出现的城市环境变化。

需要注意的是城市地区湿度或含水量的遥感估算是柱状估算,一般得不到地表湿度的值,因此研究城市干岛和城市湿岛效应时,建议采用地面台站资料或者高精度的再分析资料。

5.1.5 回南天和桑拿天

回南天指华南及江南偏南部分地区,在冬春过渡季节,强盛偏南暖湿气流经较冷下垫面导致水汽凝结,同时伴有能见度显著降低的天气现象。图 5-7 展示了一次回南天过程中城市相对湿度的逐时变化,可以看见,回南天开始至结束期间相对湿度基本维持在 90% 以上,部分时段甚至达到过饱和。气象上对回南天没有统一说法,如王庆国等(2014)定义日平均露点温度大于日平均建筑物内壁温度的天气为回南天。回南天被称为华南特色,广东沿海更为明显,一般 2~4 月均可出现,持续 2~7 d(余江华等,2014)。广东省气象局于 2010 年首次将回南天纳入常规预报项目,2011 年起被列为春季气象服务重点,并于 2011 年 3 月 20 日首次发布回南天预报。一般可通过对观测站内瓷砖地面温度、墙面温度、水泥地面温度和空气温度等量化回南天过程。

回南天形成的物理过程和野外露水的形成相似。在晴朗少云的夜晚,地面、地面物体和近地层大气向外通过长波辐射降温,随着气温的降低,大气容纳水汽的能力也在减小,当气温降到露点以下时,出现过饱和,多余的水汽在地面物体上凝结成水珠。当室外暖湿空气遇到室内冰冷物体时,通过热量交换,气温降低,待室内物体温度低于室外空气露点、空气达到饱和时,水汽就会在室内冰冷物体上凝结成水,出现回南天现象。回南天发生时人体的直观感觉就是室内物体冰冷、室外空气暖湿。从其形成的过程可以看出,室内物体温度是否低于室外空气露点是判断回南天出现与否的关键。

王乙竹等(2024)基于传统反向传播神经网络(back propagation neural network,BPNN),结合粒子群优化算法(PSO-BPNN)对广西回南天观测数据进行质量控制研究。结果表明:①在模型估算温度与实测温度对比验证中,与 BPNN 模型相比,PSO-BPNN 模型精度更高,没有明显高估或低估,而 BPNN 模型在 10 ℃附近出现较大偏差。②在使用测试集数据对模型进行测试时,瓷砖地面和墙面温度在 10~30 ℃范围,模型的适用性更强,PSO-BPNN 模型稳定性优于 BPNN 模型。

回南天有两种结束方式,一种是冷性结束,即新的冷空气南下,气温露点明显下降,露点低于室内物体温度时,回南天结束。另一种是暖性结束,即回暖的时间长到一定程度,室内物体温度逐渐超过室外空气露点时,回南天结束。图 5-7 中的回南天天气是以冷空气侵袭而结束。

回南天虽不是剧烈的天气现象,却给人们的生活带来诸多不利,如楼梯湿滑、墙壁发霉、衣物多日不干、家电短路等,易于引发呼吸道、消化道和关节炎等疾病。另外,回南天还时常与大雾天气相伴出现,给交通运输、电力网、旅游业等造成很大影响(余江华等,2014)。

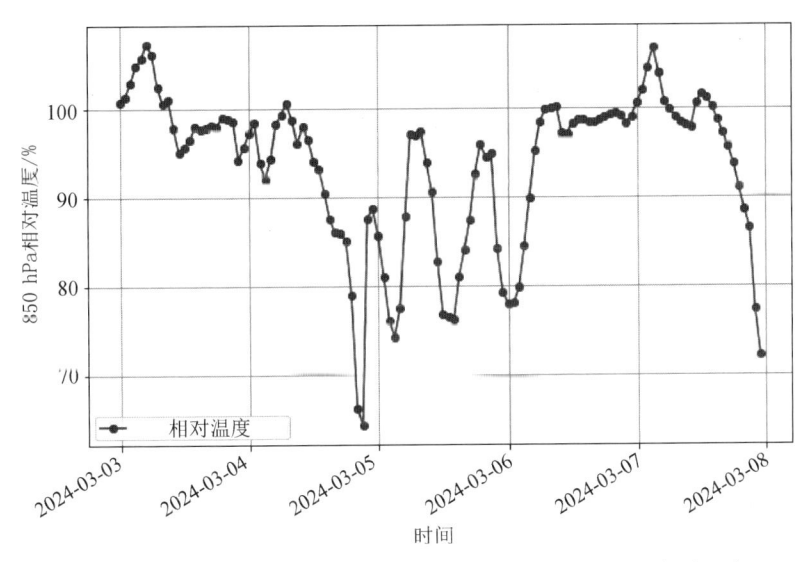

图 5-7 2024 年 3 月 3 日—2024 年 3 月 7 日一次回南天天气过程中广州城市冠层相对湿度随时间的变化

桑拿天是指气温高、湿度大、风速小、给人感觉类似蒸桑拿的闷热天气(《桑拿天气等级》,QX/T 598—2021),出现桑拿天时应同时满足表 5-1 的条件。根据气温和相对湿度定义桑拿天指数 I，具体计算见式(5-3)至式(5-5)。从公式中可发现当相对湿度越大时，桑拿天指数越大。根据 I 将其分为桑拿天、较强桑拿天、强桑拿天 3 个等级，见表 5-2。图 5-8 显示一次桑拿天过程中城市冠层相对湿度的逐时变化，可以发现整个过程中相对湿度基本维持在 90%，空气非常潮湿。

表 5-1 桑拿天特征

要素	满足条件
气温	日最高气温≥32 ℃(1 区①)或≥33.5 ℃(2 区)
相对湿度	日平均相对湿度≥60%
风速	日最大风力≤3 级

$$I = I_T + I_R \tag{5-3}$$

$$I_T = \frac{1}{3}\left[\frac{T_m - T_{mi}}{T_{ma} - T_{mi}} + \left(1 - \frac{T_d - T_{di}}{T_{da} - T_{di}}\right)\right] \tag{5-4}$$

式中，I、I_T 和 I_R 分别为桑拿天指数、气温指数和相对湿度指数。T_m、T_{mi}、T_{ma}、T_d、T_{di}、T_{da} 分别表示日最高温(℃)，取值为 32 ℃(1 区)或 33.5 ℃(2 区)、常年桑拿天气的日最高气温极大值(℃)、日气温差(℃)、常年桑拿天天气的日气温极小值(℃)、常年桑拿天天气的日气温极大值(℃)。

$$I_R = \frac{R - R_i}{R_a - R_i} \tag{5-5}$$

式中，R 为平均相对湿度(%)，R_i 取值为 60%，R_a 为常年桑拿天日平均相对湿度极大值(%)。

表 5-2 桑拿天气等级划分(QX/T 598—2021)

等级	指数
桑拿天	$I < 0.85$
较强桑拿天	$0.85 \leq I < 1.03$
强桑拿天	$I \geq 1.03$

孔锋(2019)利用中国 545 个气象观测站点的日值最高气温和相对湿度数据，以及中国气象局对桑拿天定义的标准，从气候态、变化趋势和波动特征三方面研究了我国桑拿天日数空间演变特征。结果表明：①气候态桑拿天日数具有明显的东南高—西北低的空间分布特征，且不同年代之间差异较小；②中国桑

---

① 1 区：北京、天津、河北、山西、内蒙古、辽宁、吉林、黑龙江、山东、河南、陕西、甘肃、宁夏、新疆、四川、贵州、云南、西藏。

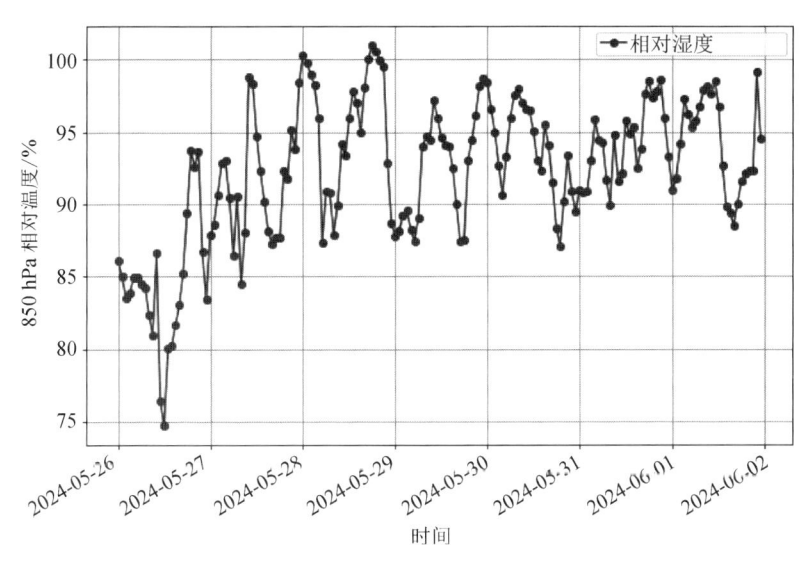

图 5-8　2024 年 5 月 26 日—2024 年 6 月 1 日一次桑拿天天气过程中
广州城市冠层相对湿度随时间的变化

拿天日数以胡焕庸线为界,西北变化趋势较小,东南变化趋势增减镶嵌。东南地区不同年代桑拿天日数变化趋势具有明显的区域和次区域特征,除 20 世纪 60 年代外,其他年代均以增加趋势为主。相比 1961—1990 年,1991—2017 年环渤海地区桑拿天日数具有明显的增加趋势;③桑拿天日数波动特征具有三块式空间高低分布特征,东北至西南贯通带波动最大,东南次之,西北最小。

5.1.6　人体舒适度

人体舒适度(human thermal comfort,HTC)指在气象因子综合影响下,人体感觉的热舒适程度。人体在不同的外界环境条件下,皮肤、眼、神经等器官因受环境刺激而产生不同的感觉,经过大脑神经系统整合后形成的总体感觉的适宜或不适宜程度,它是评价人类在不同气温条件下舒适感的一项生物气象指标(董蕙青等,1999)。气象要素通过多种机制作用于人与环境的热交换,从而影响人体舒适度。自 20 世纪初国外就开始了人体热舒适度研究,迄今提出了 100 多种气候舒适度指数模型。目前应用广泛的人体舒适度指数有温湿指数、风效指数、有效温度、旅游气候舒适度指数、生理等效温度和通用热气候指数等(谭凯炎等,2022)。

《人居环境气候舒适度评价》(GB/T 27963—2011)中采用温湿指数 I 和风效指数 K 定义人体舒适度(表 5-3)。温湿指数 I 是描述人体对环境温度和湿度综合感受的指数,是一种体感温度,其具体计算见式(5-6),从公式中可见 I

与温度和湿度有关。风效指数 K 是表征人体对风、温度和日照综合感受的指数,其具体计算见式(5-7)。从表 5-3 中可以看出当温湿指数为 17.0~25.4 ℃ 时,风效指数为 $-299 \sim -100$ h·d^{-1} 时,人体会感觉比较舒服。美国海洋和大气管理局(National Oceanic and Atmospheric Administration,NOAA)也根据温度和风速定义了 Wind Chill 指数,用于评价室外冷环境。

$$II = T - 0.55(1 - RH) \times (T - 14.4) \tag{5-6}$$

其中 II 为温湿指数,保留 1 位小数,T 和 RH 分别为某评价时段平均温度(℃)和空气相对湿度(%)。

$$K = -(10\sqrt{V} + 10.45 - V)(33 - T) + 8.55S \tag{5-7}$$

其中 K 为风效指数,取整数,T、V 和 S 分别为某评价时段平均温度(单位:℃)、平均风速(m·s^{-1})和平均日照时数(h·d^{-1})。

表 5-3　人居环境舒适度等级划分表(GB/T 27963—2011)

等级	感觉程度	温湿指数/℃	风效指数/(h·d^{-1})	健康人群感觉的描述
1	寒冷	<14.0	<-400	感觉很冷,不舒服
2	冷	14.0~16.9	-400~-300	偏冷,不舒服
3	舒适	17.0~25.4	-299~-100	感觉舒适
4	热	25.5~27.5	-99~-10	有热感,较不舒服
5	闷热	>27.5	>-10	闷热难受,不舒服

5.1.7　炎热指数

炎热指数是表征人体在不同湿度情况下对高温感受的指数,是综合气温和相对湿度或露点温度来确定的一种体感温度,其实质上是将一组温度和相对湿度的组合换算成干燥空气中一个相对更高的温度值。当温度适中时,湿度变化对人体舒适度影响较小;当气温偏低或偏高时,湿度对人体影响较大。在相同温度下,湿度越高,人的体感温度就越高。

炎热指数的概念于 20 世纪 70 年代后期出现,各个国家缺乏统一标准,例如 NOAA 发布的炎热指数是利用 Steadman(1979)提出的公式[式(5-8)]计算,并且只计算温度大于 80 ℉(26.6 ℃),相对湿度大于 40% 的炎热指数,根据计算的结果将其分为警惕(80~89 ℉)、严重警惕(90~104 ℉)、危险(105~129 ℉)、严重危险(大于 130 ℉)4 个等级。根据 NOAA 炎热指数的算法,当实际气温为 90 ℉,相对湿度 70% 时,炎热指数 105 ℉,当相对湿度增大到 95%,炎热指数可达 127 ℉。

$$HI = -42.379 + 2.04901523 \times T + 10.14333127 \times RH - 0.22475541 \times T \times RH - 0.00683783 \times T^2 - 0.055481717 \times R^2 + 0.00122874 \times T^2 \times R +$$

$$0.00085282T\times R^2-0.00000199\times T^2\times RH^2 \tag{5-8}$$

其中 HI 为炎热指数(°F),RH 为相对湿度。

我国炎热指数计算采用式(5-9)(《高温热浪等级》,GB/T 29457—2012),炎热指数也可被用来定义高温热浪指数。

$$E_T=1.8T_{\max}-0.55(1.8T_{\max}-26)(1-RH)+32 \tag{5-9}$$

其中 $T_{\max}$ 为日最高气温(℃),RH 为相对湿度(%),此公式应用于 RH 大于60%的情况,当 RH 小于等于60%时,RH 取60%。

从定义来看炎热指数与人体舒适度本质上是一样的,只不过炎热指数强调的是高温环境下湿度对人体舒适度的影响。

5.1.8 体感温度

体感温度(apparent temperature,AT)是人体感受到的温度,前面所述的炎热指数和温湿指数都是一种体感温度。我国体感温度 T_{AT} 计算依据《避暑旅游气候适宜度评价方法》(QX/T 500—2019),具体见式(5-10)。避暑旅游气候舒适度基于体感温度计算得到。

$$T_{AT}=\begin{cases} T+\dfrac{15}{T_{\max}-T_{\min}}+\dfrac{RH-70}{15}-\dfrac{V-2}{2} & T\geqslant 28\ ℃ \\ T+\dfrac{RH-70}{15}-\dfrac{V-2}{2} & 17\ ℃<T<28\ ℃ \\ T-\dfrac{RH-70}{15}-\dfrac{V-2}{2} & T\leqslant 17\ ℃ \end{cases} \tag{5-10}$$

其中 T_{AT} 为体感温度(℃),T 为某时刻温度(℃),$T_{\max}$、$T_{\min}$ 分别表示日最高气温(℃)和日最低气温(℃),RH、V 分别表示相对湿度(%)和 2 m 水平风速(m·s^{-1})。

5.2 城市雾和能见度

5.2.1 雾

(1)定义

雾是指接近地球表面的大气中悬浮的由小水滴(冰晶)组成的水汽凝结(凝华)物,是一种常见的天气现象。中国气象局定义的雾为悬浮在近地层大气中的大量微细乳白色水滴或冰晶的可见聚合体(《雾的预报等级》,GB/T 27964—2011)。民间有很多谚语表述雾与天气的关系,例如"清晨雾色浓,天气必久晴""大雾不过三,过三,十八天"等。准确地看雾知天气,还必须看雾持续的时间以及判别雾的类型。

(2)雾与气象因子的关系

温度、湿度、压强、风速、稳定度和凝结核等都可能影响雾的形成、发展和强度。张人禾等(2014)指出冬季雾霾天气的逐日演变同时受到水平风的垂直切变等大气动力因子和与温度、湿度相联系的热力因子影响;于华英(2014)对南京雾日数异常的月份进行研究,发现地表温度的下降和大气可降水量的增加是南京地区冬季连续出现雾日的主要原因;尹志聪等(2015)指出雾日数与降水量、相对湿度之间呈稳定的正相关。雾生消时刻有明显的日变化特征,这与太阳辐射的日变化有密切关系。

(3)雾的观测手段

雾的监测可由气象观测人员目测进行,这种方法具有一定的主观性,且受观测次数和自然条件的限制,也可通过对能见度的测定,将测得的能见距离换算为雾的强度等级。可通过卫星、气象塔、系留气球、雾滴谱仪等对雾进行监测。其中气象塔能连续、系统观测近地层中风场、湿度、温度、湍流和稀释扩散等的垂直分布,同时可观测大气气溶胶和雾的物理特征以及雾的化学性质等垂直分布。系留气球是使用缆绳将其拴在地面绞车上并可控制其在大气中飘浮高度的气球、自记仪器、无线电遥测仪器,范围主要集中在 2 km 以下,主要用于边界层探测,气球里面是氢气或者氦气。雾滴谱仪是根据米散射原理,通过雾滴产生的散射光强度的大小,对雾滴粒子进行分档计数,采样范围为 $2\sim50\ \mu m$,可得到每档粒子的数密度、平均直径、液态水含量等数据。气象卫星根据光学遥感法、微波遥感法、多光谱合成法、激光雷达等手段监测和识别雾。例如在可见光云图上,呈灰白色模糊的区域往往为雾,但是卫星监测也存一定在困难,例如较难区分雾与低云。关于雾的卫星监测详见 5.2.7 小节。

(4)雾和霾的区别

霾(haze,又名灰霾)是指大量极细微的干尘粒等均匀地浮游在空中,使水平能见度小于 10.0 km 的空气普遍浑浊现象。霾使远处光亮物体略带黄色、红色,使黑暗物体微带蓝色(《霾的观测和预报等级》,QX/T 113—2010)。霾是世界气象组织(WMO)明确的 34 种天气现象之一,我国开展霾天气现象的业务观测和记录至今已有百年历史。随着经济规模的迅速扩大和城市进程的加快,人类活动引起的大气气溶胶污染日趋严重,在我国城市群和大城市中雾霾时常出现,甚至一度成为网络热词。我国气象业务上霾观测的判识条件是:能见度小于 10.0 km,排除降水、沙尘暴、扬沙、浮尘、烟幕、吹雪、雪暴等天气现象造成的视程障碍,相对湿度小丁 80% 即可判定为霾,当相对湿度 80%～95%时,按照地面气象观测规范规定的描述或者大气成分($PM_{2.5}$、PM_{10}等)指标进一步判识。

雾和霾是两种截然不同的天气现象,但是都与气溶胶粒子、相对湿度有关系,且都会引起视程障碍,两者也经常一起出现,因此常常被公众放在一起解读。一般认为相对湿度大于90%的视程障碍主要是雾造成的;反之,则认为主要是霾造成的。雾和霾的主要区别见表5-4。

表 5-4 雾和霾的区别

类型	雾	霾
水分含量	大于90%	小于80%
厚度	较薄,主要在近地层	较厚,与混合层相当
雾滴谱	3~100 μm	0.001~10 μm
分布	不均匀、起伏	较均匀,无明显边界
成因	自然现象	受人为因素影响

5.2.2 分类

通常根据雾形成的物理过程,可将雾分为冷却雾和蒸发雾,其中,冷却雾有辐射雾、平流雾和上坡雾等,蒸发雾又可分为海雾、湖雾和河谷雾等。还可根据水平能见度距离对将雾分为轻雾(1~10 km)、雾(<1 km)、大雾(200~500 m)、浓雾(50~200 m)和强浓雾(<50 m)。

辐射雾是由地面辐射冷却近地层大气变冷而形成的雾,具有明显的日变化和季节变化特征,且水平范围往往不大,呈零星分布。白天地面因受太阳辐射影响,不断吸收热量,在下午2点以后,地表吸热小于长波辐射散热,使近地面空气的温度逐步下降,若气温低于露点温度,则空气里的水汽发生凝结,形成无数悬浮于空气中的小水点,这便是辐射雾。辐射雾多出现于晴朗而风力微弱的秋冬晚上或清晨,在日出后不久或风速加快后便会自然消散。辐射雾的出现与地理环境密切相关,比如较潮湿的下垫面上经常出现辐射雾。

平流雾是由暖湿空气平流到较冷的下垫面上,经冷却而形成的雾。平流雾可出现在大陆或海上。形成于海洋上的平流雾也称为海雾。我国山东半岛、胶州湾一带,3~7月海雾特别频繁。平流雾日变化不明显,年变化较明显。在一天中任何时刻均可出现或消散,一年中以春夏为多,秋冬为少。海上平流雾持续时间长,有时要持续几天。平流雾的垂直厚度可从几十米到两公里,水平范围可达数百公里以上,平流雾的强度也比辐射雾大。

蒸发雾一般不太厚,通常为50~100 m,大致与逆温层的下界高度一致。蒸发雾既不稳定也不均匀,随生随消,时浓时淡。

城市既有利于雾产生的因素(凝结核多、冠层风速小),又有不利于雾产生的因素(热岛效应和干岛效应)。在同一区域气候条件下,城区和郊区对比,哪种雾多,要看何种因素占主导地位,更要视城、郊自然地理情况的差异而定,城市对雾的生消影响比较复杂,对具体城市应做具体分析。

5.2.3 城市雾

"城市雾"一词是由 Luke Howard 在 1818 年编著的《伦敦气候》一书中首次提出。城市雾主要指发生在受人类活动影响最集中的城市及机场、港口及公路等相关设施附近的雾。20 世纪 80 年代有人专门从城市气候特征角度分析巴黎城市雾及其变化,我国的上海和重庆等城市也做过城市雾的专门研究。另外,还有一类人造城市雾比如风景园林里水面上的雾和舞台上的雾等。

城市雾的空间分布复杂,因为其形成受到地表热湿特性微小变化的影响,城市雾的年际变化与城市扩张也有显著关系。Gu 等(2019)采用观测资料和 WRF 模式对上海的雾进行研究,发现 1989—2017 年上海的雾事件有减少趋势,其中冬季的减少量占总减少量的 50.2%,辐射雾减少最多。

5.2.4 城市雾害

城市雾是有害的天气现象,冬季影响最大。由于雾主要发生在近地层,大雾及以上强度会造成严重视程障碍,从而威胁着城市道路系统、高速公路、航空港和海港航道的安全。城市雾害主要体现在以下 5 个方面。

危害交通运输。例如导致飞机转场、延误、取消,轮船迷失,陆上交通事故等。沈海高速冬季经常出现大雾天气,导致驾驶员视线受阻、反应时间短,从而刹车距离不足,易造成追尾事故;长江中下游航段、成都双流机场、琼州海峡等秋冬季经常受大雾天气影响。

危害人体健康。雾中相对湿度过大,会减缓人体表皮汗液蒸发,影响热交换。雾中还有大量烟尘和污染物,它们对人体健康都有危害。在城市中对人体健康危害最大的是硫化烟雾和光化学烟雾,例如伦敦烟雾就是发生在湿度很大的天气条件下。

危害生态环境。雾使日照时数减少,导致空气湿度增加、气温降低、光照辐射减少,对植物的生长发育不利。特别是在植物开花期,雾会使某些作物结实率降低,并且雾滴附着于作物表面,提供植物病原孢子发芽所需的水分,从而引起植物病害。海雾含盐量高,易使植物遭受盐害。

危害城市建筑和城市雕塑。城市污染大气中的酸性湿雾会加快建筑物钢材的腐蚀速度。

对城市输电线路的影响。雾凇是灾害性天气现象,指低温时空气中水汽直接凝华或过冷却雾滴直接冻结在物体上形成的乳白色冰沉积物。雾凇可造成电线积冰,严重时可压塌输电设备,或造成线路不稳或停电等。另外,空气湿度过大,也会造成输电线"污闪",造成大面积停电。

5.2.5 城市大气污染对雾的影响

城市大气污染对雾的影响主要体现在以下2个方面:①城市大气中存在大量可溶性气溶胶(如硫酸铵),其具有更低的饱和水汽压,故易潮解。这些粒子充当凝结核,有助于雾的形成。但不同成分的雾滴,折射率不同,从而影响雾的辐射特性和雾的生命史(光化学烟雾、酸雾等)。②城市上空的大气气溶胶粒子在夜晚形成"雾障",增加大气逆辐射,不利于地表和近地层降温,有助于加剧夜间城市热岛效应,从而阻碍城市雾的形成。白天气溶胶存在明显"阳伞效应",使城市白天气温下降,从而延缓雾的消散。另外,大气污染物还会使雾水酸化,从而形成酸雾。

5.2.6 城市化对雾的影响

Gu等(2019)采用1989—2017年站点观测资料和数值模式手段研究上海城市化对雾的影响,研究发现29年来雾事件总体减少,且以冬季减少为主,其中辐射雾减少最多,但仍是整个时期最常见的类型。数值敏感性试验表明,这29年城市扩张导致地表气温升高和水汽混合比降低、相对湿度降低、辐射雾能见度增加。对于平流雾,地表升温,导致平流雾减少。由此可见,上海的城市扩张不仅减少了辐射雾,也减少了平流雾。

张亦洲等(2017)对选取的北京地区雾天个例进行了数值模拟,研究表明城市下垫面的存在,使得雾形成前城市地表及近地面温度较高,能够使雾不易在城市及其附近形成,郊区形成的雾不易向城市尤其是城市中心推进。

5.2.7 雾的卫星监测和预报

雾的卫星遥感监测研究始于20世纪70年代,国外在海雾卫星遥感定量监测方面的研究开展得早些。近些年我国在海雾监测方面也取得了一些成果,比如有学者(张春桂和林炳青,2018)利用我国自主研制的风云二号静止气象卫星资料,结合地面自动气象站能见度资料,通过对大量不同时相卫星资料的试验分析找出台湾海峡海雾、云以及晴空海表等典型下垫面的可见光、热红外和中红外通道的光谱。

关于城市雾的预报是城市天气预报的一个重点。由于影响雾的因素较多,其预测难度较大。目前一般靠人工资料分析、人工监测和持续跟踪来预报大雾及其发展趋势,业务上大雾预报常用的方法有天气学释用法和数值模式产品释用法(冯蕾和田华,2014)。不同地区的大雾特点和形成机理不同,且不同于雷雨大风等强天气现象,出现大雾时的天气要素不明显,预报员需要分析多种观测资料来判断是否会起雾,这对预报员形成较大的预报压力,长期以来大雾天气预报一直是气象预报预测工作的难点。

传统的统计预报方法由于气象因子的挑选过程繁杂,且人为设计的特征比较单一,使得模型在复杂的背景下不具有很好的泛化能力,进而影响了大雾预报的准确性。随着深度学习技术快速发展,深度神经网络模型强大的特征表达能力使得数据中的相关特征能够被自动提取与学习,模型的学习性能被大大增加,使得对雾分类和预测的效果也有了明显的提高。李春涵等(2024)选取2015—2023年淄博市8个国家级气象观测站逐小时气象观测资料,以AdaBoost算法为基础建立能见度诊断预报模型,针对单站进行浓雾诊断测试。试验结果表明各站点机器学习模型预报的精确率基本在90%以上,空报率、漏报率基本在10%以下,大多数空报和漏报出现在能见度阈值附近;模型对较强浓雾的预报较为准确,而对持续轻雾的空报率较高;对模型预报贡献最大的气象要素为相对湿度,其次是风向和风速。Miao等(2020)采用长短期记忆网络(long short-term memory,LSTM)对大雾进行短期预测,并取得了较好的预报效果。通过深度学习历史数据中的大雾形成原因,对大雾天气进行预报是目前研究的方向。

国外较早开始尝试采用三维中尺度天气预报模式对雾进行数值模拟研究。我国在2000年以后开始较多地使用中尺度模式进行雾的模拟,其中MM5模式使用频率最高,被应用于广东南岭山区、珠江三角洲、长江中下游、北京及周边、陕西西安等地,并取得了许多成果。另外一些中尺度模式也逐渐应用于雾的研究中,如RAMS和WRF模式(冯蕾和田华,2014)。

虽然雾的常规监测方法具有客观、真实、准确的优势,但由于受到观测站点分布及观测时间的限制,在很大程度上制约了大雾预报技术水平的提高。因此,采取多种手段监测大雾,并进行深入分析对提高大雾预警预报技术水平具有重要意义。为此,我国进行多项外场试验和监测技术的研究,对雾的结构和演变有了比较深入细致的了解,但相比而言,气象卫星具有空间覆盖优势、时间取样优势、综合参数观测优势等。在雾的监测和预报方面应用越来越广泛,能完成大雾的动态监测,应进行重点研究(苏爱芳等,2007)。

5.2.8 能见度

(1) 定义

能见度是指白天视力正常（对比阈值为 0.05）的人，在当时的天气条件下，能够从天空背景中看到和辨认目标物（黑色、大小适度）的最大水平距离；夜间能见度指中等强度的发光体能被看到和识别的最大水平距离。有效水平气象能见度是指在人工观测气象能见度中，四周视野中 1/2 以上的范围能看到目标物的最大水平距离，通常用标量 V 表示，单位为 m 或 km。

能见度是了解大气稳定度和大气垂直结构的依据之一，能见度不好的地区，一般都预示着大气层比较稳定或者有逆温层。由于现在交通运输业的快速发展，能见度已经成为保障运输安全，特别是航空安全的重要因素之一，当能见度小于 10.0 km 时，对水上交通开始产生影响；能见度小于 1 km 时，对铁路、公路、水路和民航都会产生影响；当能见度小于 50 m 时，即交通部门应采取交通管制，保障交通安全。

(2) 影响因素

影响能见度的因素总结起来主要有：①污染气体和气溶胶颗粒物对太阳辐射的吸收和散射所产生的消光作用。在没有污染的大气中，能见度可达到 250 km（史军等，2011）。气态污染物在其浓度小时对能见度的影响还不显著，但如果其浓度特别高，对能见度影响较为显著。由于城市化的进进，排放到城市大气中的污染气体和颗粒物逐年增多，会使城市能见度逐年下降，产生"变暗"的现象。②风速对能见度的影响比较复杂，在一定风速范围内，随着风速的加大，污染物浓度降低，能见度逐渐变好。若地表有沙源尘，随着风速的增大，能见度反而变差。

(3) 雾、霾与能见度的关系

从雾和霾的预报等级（表 5-5、表 5-6）理解两者与能见度的关系，当相对湿度 80%～90% 时，能见度不足 50 m，可能出现重度雾、重度霾或者重度雾霾混合天气，具体预报结论还需要根据雾和霾的定义及其他地面要素观测结果确定。

表 5-5 雾的预报等级（GB/T 27964—2011）

等级	能见度 V
雾	1000 m≤V<10000 m
大雾	500 m≤V<1000 m
浓雾	200 m≤V<500 m
强浓雾	50 m≤V<200 m
特强浓雾	V<50 m

表 5-6　霾的预报等级(QX/T 113—2010)

等级	能见度 V
轻微	5.0 km≤V<10.0 km
轻度	3.0 km≤V<5.0 km
中度	2.0 km≤V<3.0 km
重度	V<2.0 km

(4)能见度的监测与预报

目测估计法是最传统的能见度监测方法,主要是通过人眼观测目标物,依据能否将目标物的轮廓从天空背景上分辨出来估计能见度。这里的观测者是指视力正常的人。目标物的选择有一定的要求,但是这种方法有一定的主观性。

测量能见度的仪器主要有能见度透射仪和散射仪。近几年,所有的国家级气象观测站、环境气象站、交通气象观测站都已经配备了前向散射式能见度仪。大气透射仪通过测量发射器和接收器之间水平空气柱的平均消光系数而算出能见度,因具有自检能力和低能见度下性能好等优点而广泛运用于民航机场。前向散射式能见度仪是发射器与接收器在成一定角度和一定距离的两处,接收器接收大气的前向散射光,再通过测量散射光强度,得出散射系数,从而估算出消光系数。VPF-730 能见度仪和天气现象仪用于测量能见度,并按照 WMO 4680 代码要求测量天气现象、降水类型和强度,利用红外线技术测量在样品区内的散射颗粒,得到 EXCO 大气消光系数,再从 EXCO 导出 MOR 气象光学视程和能见度。

随着科学技术的发展,基于监控图像的能见度监测受到越来越多学者的关注。比如许倩(2016)提出了基于监控图像的能见度估计算法——利用亮度对比定位图像最远视点,利用摄像机标定完成最远视点到实际能见度值的映射。也有学者基于气象卫星数据和数学模型,建立能见度预测模型,如梁晓妮等(2023)利用 FY-4 通道数据建模识别大雾,建模结果显示,利用气象观测站的数据和利用 FY-4 卫星通道数据建立的机器学习识别模型对低能见度能进行一定程度的识别,其中支持向量机(SVM)方法的建模效果普遍较好。

我国业务上能见度预报时效分为 3 h、6 h、12 h 和 24 h。能见度的预报方法主要有统计学方法、数值预报以及二者结合的数值产品释用预报。统计学方法主要依靠总结低能见度天气的环流形势特点、气象要素特征对能见度进行预报。例如赵翠光等(2022)筛选了表 5-7 中的因子建立统计预报关系,对区域能见度进行预报。数值模式经过多年发展,也成为能见度预报的重要手段。目前在华北、华东、华南等地都建立了环境气象业务数值模式,实现了能见度的数值预报,但能见度的预报效果还有待提高。还有很多研究人员从释用数值产品的角度进行能见度预报,如通过 BP 神经网络对 WRF 模式产品进行了释用研究,取得了较好的能见度预报效果。

表 5-7 影响能见度的因子

直接因子		温度、气压、湿度、风、降水、云量、能见度、地表反照率
派生因子	温湿、水汽因子	温度露点差、K 指数、湿静力度、饱和湿静力温度、假相当位温、水汽通量、水汽通量散度、相对湿度超过 90% 的高度层数
	动力因子	涡度、散度、涡度平流、散度差、螺旋度、偏差风
	动力和热力综合因子	位涡、湿位涡、位涡倾斜发展判据、锋生函数
	要素的梯度、切变、平流变化和时间累计因子	温度、气压梯度、风速、位温、不同高度层的相当位温度的垂直切变、温度、涡度、垂直速度等

5.3 城市浑浊岛

5.3.1 大气浑浊度

(1) 大气浑浊度系数

大气浑浊度系数 T_G 是表征太阳辐射受到大气中气体、水汽、气溶胶等的吸收和散射后,其透射程度下降的指标。T_G 可以用实际大气总光学厚度[①]δ 与纯净、干燥大气光学厚度 δ_{mol} 的比值[式(5-11)],或者大气散射辐射 D 和地面直接辐射 S 比值表示,也可直接用光学厚度表示。一般情况下,T_G 愈小,表示大气越透明;反之,表示大气愈浑浊。由于气溶胶光学厚度是大气总光学厚度的主要部分,而城市边界层中具有丰富的气溶胶粒子,因此 T_G 也是衡量城市大气污染程度的一个指标。常用的大气浑浊度系数有 Ångstöm 浑浊度指数、Linke 浑浊度系数。

$$T_G = \frac{\delta}{\delta_{mol}} \tag{5-11}$$

(2) 气溶胶光学厚度

气溶胶光学厚度(aerosol optical depth,AOD)是气溶胶颗粒对太阳辐射散射吸收的一种度量,它作为最基本的光学参数之一,能反映整层大气气溶胶的消光作用,被作为评估空气污染程度的关键参数,因此也可看作一种大气浑浊度系数。利用卫星遥感数据反演获取 AOD 已得到了越来越多的应用。搭载在

---

① 光学厚度:由于大气散射和吸收影响光在传播过程中衰减的程度。大气总光学厚度的贡献来自分子散射(瑞利散射)的光学厚度、气溶散射和吸收的光学厚度、气体(O_3、H_2O、CO_2)吸收的光学厚度。

EOS Terra 卫星上的中分辨率成像光谱仪（MODIS）和多角度成像光谱仪（multi-angle imaging spectro radiometer，MISR）都能生产 AOD 产品，并且可以通过 Ångström 定理计算 Ångström 浑浊度指数。人口密集、交通复杂、工业生产活动频繁的城市往往是 AOD 的高值区。

5.3.2　城市浑浊岛效应

由于城市大气污染较郊区严重，吸水性凝结核较郊区多，往往造成城区低云量小于郊区，城区大气气溶胶进一步使得散射辐射大于郊区，而使地表接受的太阳直接辐射小于郊区，最终造成城区大气浑浊度增加、能见度降低的现象即为城市浑浊岛效应（urban turbid effect，UTE），可以用 T_G、AOD 和大气能见度衡量浑浊岛的强度。冬季一些城市燃煤型为主的城市或城市群浑浊岛效应较为明显。

延伸阅读

科技创新是引领气象事业高质量发展的第一动力，我国气象科技创新已由以跟踪为主发展到跟踪和领跑并存的新阶段。2022 年，中国气象局科学技术部和中国科学院联合印发《中国气象科技发展规划（2021—2035 年）》，指出地基气象观测方面的重点研究领域和优先方向是开展新型光电气象观测设备的计量检定技术研究。

能见度预报是城市天气预报的重点之一，而能见度仪的精度显著影响能见度的测量和预报。以前能见度仪并没有一个统一的行业标准，不同设备的观测数据存在不小的误差。2014 年起，中国气象局上海物管处就开始探索建设我国首家能见度计量检测实验室，光是图纸就设计了 500 多份。整个实验室的建造花费了 2 年的时间，于 2016 年开始投入试运行。国家气象计量站能见度计量检测实验室（上海）（以下简称实验室）通过来自计量、铁路、民航和气象等相关领域专家的论证，成为国内首家能见度检测与标校业务实验室，并于 2021 年通过中国合格评定国家认可委员会的 CNAS(China National Accreditation Service for conformity Assessment)认可和国家认证认可监督管理委员会的 CMA(China Metrology Acredittion)认定。这标志着实验室具备了按相应认可准则面向社会开展能见度仪检测和校准服务的技术能力和资质，实验室可一次同时检测 8 到 10 台机器。2020 年国家气象计量站能见度计量检测实验室（合肥）已通过中国气象局气象探测中心国家气象计量站组织的测试，按照《能见度计量业务管理暂行规定》(气测函〔2018〕152 号)，国家气象计量站能见度计量检测实验室（合肥）于 2021 年 1 月 1 日起投入业务运行。

参考文献

[1] 中华人民共和国国家质量监督检验检疫总局,中国国家标准化管理委员会. 人居环境气候舒适度评价：GB/T 27963—2011[S/OL]. 北京:中国气象局,2011.

[2] Liu W D,You H L,Dou J X. Urban-rural humidity and temperature differences in the Beijing area[J]. Theoretical and Applied Climatology,2009,96:201-207.

[3] 王修信,秦丽梅,梁维刚. 城市不同地表类型地表温度与空气温湿度的观测[J]. 广西物理,2009,30(4):5-7.

[4] Oke T R,Mills G,Christen A,et al. Urban climates[M]. United Kingdom:Cambridge university press,2017.

[5] 周淑贞. 上海城区雾的形成和特征[J]. 应用气象学报,1991,2(2):140-146.

[6] Luo Z R,Liu J H,Zhang Y X,et al. Spatiotemporal characteristics of urban dry/wet islands in China following rapid urbanization[J]. Journal of Hydrology,2021,601:126618.

[7] Yang P,Ren G Y,Hou W. Temporal-spatial patterns of relative humidity and the urban dryness island effect in Beijing City[J]. Journal of Applied Meteorology and Climatology,2017,56(8):2221-2237.

[8] Bian T,Ren G Y,Zhao X,et al. Half-century urban drying in Shijiazhuang City[J]. Environmental Research Communications,2020,2(7):075006.

[9] Du J Z,Wang K C,Jiang S J,et al. Urban dry island effect mitigated urbanization effect on observed warming in China[J]. Journal of Climate,2019,32(18):5705-5723.

[10] Huang X L,Hao L,Sun G,et al. Urbanization aggravates effects of global warming on local atmospheric drying[J]. Geophysical Research Letters,2022,49(2):e2021GL095709.

[11] Hao L,Sun G,Huang X L,et al. Urbanization alters atmospheric dryness through land evapotranspiration[J]. npj Climate and Atmospheric Science,2023,6(1):149.

[12] 王庆国,黄归兰,黄增俊,等. 回南天的客观分析方法研究[J]. 气象研究与应用,2014,(2):1-6.

[13] 余江华,邓明,王成,等. 广东回南天等级划分及与前期低温阴雨的关系[J]. 广东气象,2014,(2):61-63.

[14] 王乙竹,陶伟,陆思宇. 基于神经网络的回南天观测数据质量控制方法初探[J]. 气象研究与应用,2024,45(2):37-44.

[15] 中国气象局. 桑拿天气等级：QX/T 598—2021[S]. 北京:中国气象局,2021.

[16] 孔锋. 1961—2017年中国年代际桑拿天日数空间演变特征[J]. 干旱区资源与环境,2019,33(11):163-170.

[17] 董蕙青,黄海洪,黄香杏,等. 南宁市"人体舒适度"预报系统[J]. 广西气象,1999,20(3):37-40.

[18] 谭凯炎,闵庆文,王培娟. 一种基于中国气候特征和人体舒适感受的气候舒适指数模型[J]. 气象,2022,48(7):913-924.

[19] Steadman R G. The assessment of sultriness. Part Ⅰ: A temperature-humidity index based on human physiology and clothing science[J]. Journal of Applied Meteorology and Climatology,1979,18(7):861-873.

[20] 中华人民共和国国家质量监督检验检疫总局,中国国家标准化管理委员会.高温热浪等级:GB/T 29457—2012[S].北京:中国气象局,2012.

[21] 中国气象局.避暑旅游气候适宜度评价方法:QX/T 500—2019[S/OL].北京:中国气象局,2019.

[22] 中国气象局.雾的预报等级:GB/T 27964—2011[S].北京:中国气象局,2011.

[23] 张人禾,李强,张若楠.2013年1月中国东部持续性强雾霾天气产生的气象条件分析[J].中国科学:地球科学,2014,44(01):27-36.

[24] 于华英.南京冬季雨雾过程的环流分析与宏微观物理过程研究[D].江苏:南京信息工程大学,2014.

[25] 尹志聪,王会军,郭文利.华北黄淮地区冬季雾和霾的时空气候变化特征[J].中国科学:地球科学,2015,45(05):649-655.

[26] 中国气象局.霾的观测和预报等级:QX/T 113—2010[S].北京:中国气象局,2010.

[27] Gu Y,Kusaka H,Tan J G. Impacts of urban expansion on fog types in Shanghai,China: numerical experiments by WRF model[J]. Atmospheric Research,2019,220:57-74.

[28] 张亦洲,苗世光,李青春,等.北京城市下垫面对雾影响的数值模拟研究[J].地球物理学报,2017,60(1):22-36..

[29] 张春桂,林炳青.基于FY-2E卫星数据的福建沿海海雾遥感监测[J].国土资源遥感,2018,30(1):7-13.

[30] 冯蕾,田华.国内外雾预报技术研究进展[J].南京信息工程大学学报(自然科学版),2014,6(1):74-81.

[31] 李春涵,孙存永,毕陟,等.基于机器学习的淄博市浓雾预报研究[J].陕西气象,2024,(4):32-38.

[32] Miao K C,Han T T,Yao Y Q,et al. Application of LSTM for short term fog forecasting based on meteorological elements[J]. Neurocomputing,2020,408:285-291.

[33] 苏爱芳,谷秀杰,鲁坦,等.我国大雾预报与监测技术研究[C]//中国气象学会.中国气象学会2007年年会天气预报预警和影响评估技术分会场论文集,2007:9.

[34] 史军,梁萍,万齐林,等.城市气候效应研究进展[J].热带气象学报,2011,27(6):942-951.

[35] 许倩.基于监控图像的高速公路能见度估计研究[D].陕西:长安大学,2016.

[36] 梁晓妮,任晨平,王志,等.新一代静止气象卫星对浙江省金丽温高速公路低能见度识别的研究[J].气候与环境研究,2023,28(5):471-482.

[37] 赵翠光,赵声蓉,林建,等.基于区域建模的能见度预报及影响因子分析[J].气象,2022,48(6):773-782.

第6章 城市的云和降水

有关城市化对云和降水影响的研究已经持续一个多世纪,但是这部分仍是城市气象研究中相对薄弱的领域之一。本章第1节对云的基本概念、云的观测、云数据集进行介绍,第2节介绍城市化对云的影响,第3节重点介绍城市对降水的影响及机制,第4节介绍城市内涝及应对措施。

6.1 云

6.1.1 基本概念

(1) 云的定义

云是悬浮在大气中的小水滴、过冷水滴、冰晶或它们的混合物组成的可见聚合体,有时也包括一些较大的雨滴、冰粒和雪晶,其底部不接触地面(《地面气象观测规范》,QX/T 46—2007)。云量用0~10整数记录,云高以 m 为单位。云的厚度和散射产生云的外观。例如较厚的云层,其含水量较多,对太阳辐射的吸收、散射和反射作用均较明显,因此呈现偏灰色;较薄的云层,呈现白色;早晨和傍晚由于瑞利散射作用明显,云呈现黄红色。温度降低和水汽增加是成云的两个重要条件,例如气块沿锋面爬升,一般能形成大范围的锋面云系,大气边界层内若出现湍流逆温,在逆温层底部,空气因增湿、降温,也可能出现凝结而成云。大气气溶胶是一种重要的云凝结核,不仅影响云滴浓度和云的寿命,而且直接或间接影响地气系统辐射平衡。云的宏观属性可以用云底高度、云顶高度、云厚度、云的外形和空间尺度等来描述,云的微观结构是指云的光学特性、谱分布、云滴粒子大小和相态等。

定量认识云的反馈作用(张华等,2022)是正确认识气候系统及评估气候变化的重要环节。云降水的正确监测和识别是提高天气精准预报的关键之一,认识不同动力条件下云的内部结构及其演变规律对云降水发展演变的精准预报十分重要。云是人工影响天气催化作业的主要对象,了解不同云的宏微观结构及演变规律对准确识别作业条件、有效捕获可播云区、科学实施人工播云催化尤为重要。

云的形成和降水过程复杂,既包括产生液滴与冰晶的微物理化学过程(例如相变以及液滴生长),又包括与单个云团相关的局地尺度到区域尺度过程,以及在较大天气尺度天气形势下可促进云发展的中到大尺度过程。城市尺度相对于很多降水事件发生所需的动力条件而言,尺度太小,可以看成是一个小扰动。云和降水的发生是离散的,需要观测网才能完成,且观测方法上有很大挑战。由此可见,城市尺度云和降水的研究很复杂。

(2) 云的分类

云主要有3种形态:团状的积云、片状的层云和纤维状的卷云。关于云的分类最早可追溯至19世纪,法国博物学家让-巴普蒂斯特·拉马克(1802年)最早提出云族的概念,1803年气象学家卢克·霍华德首次提出现代云分类方法,他将云分为卷云(Cirrus,Ci)、积云(Cumulus,Cu)、层云(Stratus,St)和雨云(Nimbus,Ns),并认为所有云都是通过这几类的过渡或关联得出的,并发表 *Essay on the Modification Clouds* 一文。该方法被广泛接受并沿用至今。1930年世界气象组织(World Meteorological Organization,WMO)在众多学者研究的基础上发布第一版《国际云图集》。2017年,WMO发布第五版《国际云图集》,根据云的形状、组成、形成原因等把云分为十大基本云属,这十大基本云属又按形状和内部结构细分成不同的种类,并按云的透明度和排列细分成不同的变种,总共约100种组合,同时增加了近年来观测的新云类,并提出了5种新的"特殊云"。另外,WMO也给出了观云识天指南,通过指南能快速分辨云的类别。

我国参考《国际云图集》,根据云的外形特征、结构特点和云底高度将云分为三族十属二十九类(表6-1)。其中高云通常云底高度大于5000 m,中云的云底高度通常为2500~5000 m,低云的云底通常小于2500 m。积雨云常见云底高度为600~2000 m,高积云为2500~4500 m,卷云为4500~8000 m。一般而言,低云的发生频率较高,云顶高度较低,云顶温度较高,常在大气边界层顶出现,会受到水汽输送和边界层结构的强烈影响,低云也是人工影响天气的主要对象(张文忠,2020)。

表6-1 云的分类(按照 QX/T 46—2007)

云族	云属		云类
	学名	简写	学名
低云	积云	Cu	淡积云、碎积云、浓积云
	积雨云	Cb	秃积雨云、鬃积雨云
	层积云	Sc	透光层积云、蔽光层积云、积云性层积云、堡状层积云、荚状层积云
	层云	St	层云、碎层云
	雨层云	Ns	雨层云、碎雨云
中云	高层云	As	透光高层云、蔽光高层云
	高积云	Ac	透光高积云、蔽光高积云、荚状高积云、积云性高积云、絮状高积云、堡状高积云

续表

云族	云属		云类
	学名	简写	学名
高云	卷云	Ci	毛卷云、密卷云、伪卷云、钩卷云
	卷层云	Cs	毛卷层云、薄幕卷层云
	卷积云	Cc	卷积云

飞机尾迹云属于"特殊云"中的一种人为衍生云,一般在高空7000~10000 m出现,有时持续十几分钟。产生的原因是飞机燃料使用的航空煤油中含有大量的芳烃、烯烃等碳氢化合物,燃烧后会生成大量气态水。高温的水汽通过发动机尾喷管喷到空气中,遇到大气层中的冷空气后急剧降温、增湿,凝结成千千万万的小冰晶,形成了"小尾巴"。

6.1.2 云的观测

现今随着探测技术的发展,研究者运用多种手段对城市的云进行观测(表6-2),云底高度观测技术多种多样且趋于成熟。气象卫星对云的观测分为被动观测和主动探测两大类。被动观测发展较早,主要以可见光和红外观测为主,红外观测又可以细分为近红外、中波红外和远红外。基于米散射原理的星载激光雷达属于主动探测手段,它能够通过接收激光回波信号,实现对云的探测和反演(卢乃锰等,2017)。激光云高仪和毫米波测云雷达可以精确地获取高时空分辨率云的水平结构、垂直结构和云底高度,是非常有效的探测工具。毫米波测云雷达以Ka波段(35 GHz/8 mm)和W波段(94 GHz/3 mm)为探测波长,是以云和弱降水为观测对象的遥感观测仪器,借助其波长短的优势,能够实现分钟级时间分辨率、数十米级空间分辨率的云雨结构特征精细化观测,近年来被广泛应用于云宏观、微观以及动力学特性研究。另外,也可采用云幕球、云幕灯等设备测量云高(赵静等,2017),或采用目测、温度露点差、84%~87%相对湿度阈值来估测云底高度(唐钰寒,2021)。

Sharma等(2022)利用卫星和探空数据观测印度平原云覆盖情况,发现两种探测手段得到的季风爆发前后低云覆盖率结果不一致,这说明不同探测手段对云的观测存在较大差异,具体使用时要了解观测精度。彭杰等(2023)采用上海地区毫米波测云雷达2019年观测数据,研究发现雷达探测的云顶、云底高度与探空资料估算云顶、云底高度,以及风云四号卫星反演的云顶高度具有一定的一致性。Li等(2024)利用毫米波测云雷达研究广州地区云发生频率和垂直结构的时间变化特征,研究发现云发生频率的季节变化和日变化特征都很明显,其中云在3—6月、10月出现频率较大,5月最高可达80%,12—次年2月最低,约为40%,凌晨5:00低云发生频率最低,日出后逐渐增加,并在下午达到峰值。前汛期云顶高度常在3公里以下,约占43%,而在后汛期,云顶高度为11~14公里,约占37%,对于降水云的云顶高度可以延伸超过 12 公里。倾鹏程等(2022)以中国气象局大气探测试验基地 2017 年全年的采集数据为基础,建立云分类样本库,最终得到层状云、对流云、高积云、积状云、卷云 5 类样本共计 10636 个,结合毫米波测云仪和全天空成像仪的特征样本对不同天气状况的探测效果进行对比。在阴天、雾、霾等视程类障碍物天气条件下,通过引入毫米波测云仪数据后可以增强全天空成像仪识别能力,数据融合可以排除杂波影响,提高识别精确度。通过积累特征样本,细化不同天气条件下探测设备的适用能力,提升自动分类的准确度,实现云观测自动化。

表 6-2 云观测平台的优缺点

观测平台	测量系统	优点	缺点
地基	常规人工观测	高时空分辨率	主观成分大,一般只能获取云底信息,多层云无法识别,夜间和垂直能见度较差时较难准确观测
地基遥感	雷达、微波辐射计、全天空成像仪等	数据质量高,局部时空分辨率高	昂贵,时空分辨率较低,不能进行全球监测
气球	常规探空观测	观测时间长	不易操作,成本高,时空分辨率较低,高空漂移,不能对云长时间连续变化观测
飞机	机载微波辐射计	直接可靠,可在任一时间地点观测	时空分辨率较低,受空域、强对流天气等影响,成本高,数据有限
空基被动遥感	可见光、红外、微波被动遥感	云顶信息空间覆盖广,精确性高,可实现全球观测	对低云探测无能为力,受各种大气物质(云、冰等)及地球表面特征影响,反演能力有限
空气主动遥感	星载雷达等	探测全球范围内云的三维分布	短期内难以实现业务布网观测

引自陆雅君等(2012)。

6.1.3 云数据集

国际卫星云气候计划(International Satellite Cloud Climatology Project,ISCCP)的数据来自全球业务气象卫星,是目前国际公认的云气候数据集。ISCCP 第一版本的辐射数据在 1984 年发布,C 系列云参数数据在 1998 年发布。最新发布的 ISCCP-H 系列数据集时间分辨率为 3 h,空间分辨率最高可达 0.1°,时间尺度为 1983—2018 年,包含 HXS、HXG、HGG、HGH 和 HGM 数据。该数据集专注于云辐射属性的分布和变化,以提升对云影响气候的理解和建模,也可用于支持全球水文循环的长期研究。另外,还有 CLARA-A1、CLARA-A2、MODIS-ST、HIRS 资料也是常用的云气候数据集(刘健和王锡津,2017)。

云参数数据集 PATMOS-X(Pathfinder Atmospheres-Extended)由 NOAA/NESDIS/STAR 与威斯康星大学麦迪逊分校气象卫星研究合作研究所合

作开发，数据主要取自 NOAA 卫星的 AVHRR 超高分辨率传感器，分辨率为 1 km×5 km，另外还有 GOES、MODIS、VIIRS 传感器数据。从 2013 年开始，PATMOS-X 数据实现了每日更新，完成了自 1979 年开始的历史数据与实时数据的对接(卢乃锰等,2017)。我国的 AGRI/FY-4A 遥感资料也常被用于分析云量。

另外还有气象台站云量数据以及 ERA5 的云量数据等。根据 ERA5 资料显示的粤港澳大湾区 1940—2023 年低云的季节空间分布(图 6-1)，冬季、春季、夏季和秋季低云量平均值分别为 0.4、0.6、0.3 和 0.3，可知春季低云量最多，其次是冬季，夏季和春季最少，相对于总云量的占比分别为 0.73、0.72、0.41 和 0.48，这说明冬春季总云量主要以低云为主(图 6-2)。

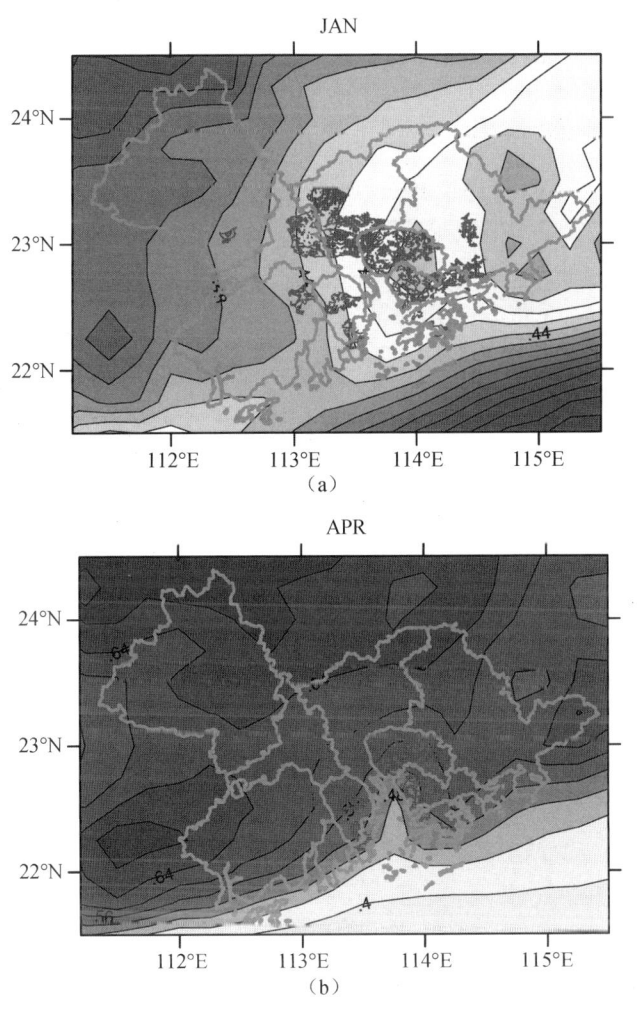

图 6-1　1940—2023 年粤港澳大湾区低云的季节空间分布

[(a)、(b)、(c)和(d)分别表示 1 月、4 月、7 月和 10 月]

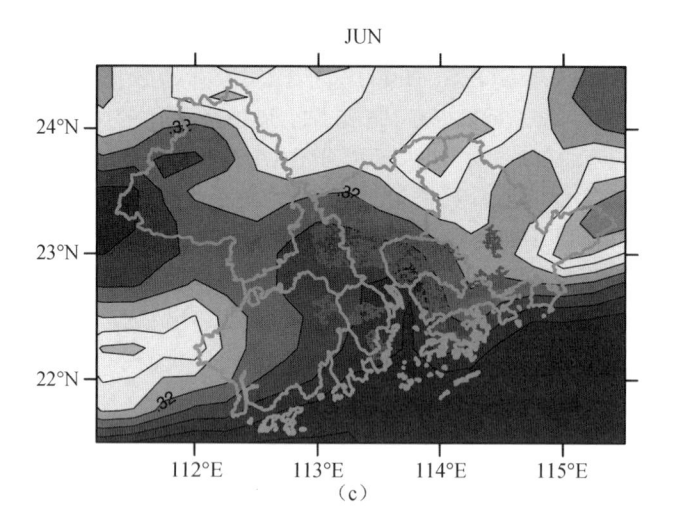

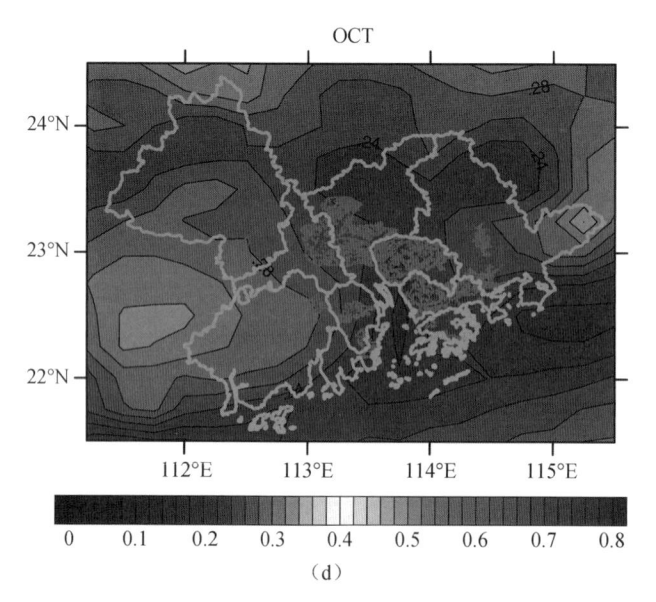

图6-1(续) 1940—2023年粤港澳大湾区低云的季节空间分布

[(a)、(b)、(c)和(d)分别表示1月、4月、7月和10月]

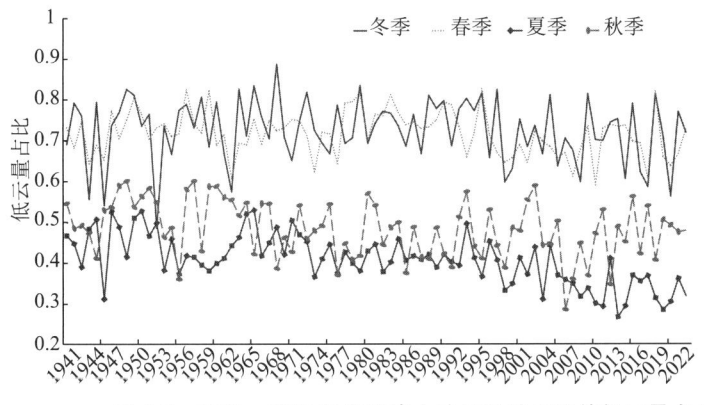

图 6-2　1940—2023 年粤港澳大湾区区域平均的低云量占比

6.2　城市化对云的影响

城市在改变云模式方面的作用是复杂的。不同规模和功能的城市与区域背景相互作用,从独特的地理位置(如内陆/沿海和/或平原/山区)到区域气候(如能量和水分可用性),共同决定了主要的物理过程,从而重塑了当地的云模式(Vo 等,2023)。城市对云影响的观测比较困难。首先,城市对云影响的区域往往位于下风方向;其次,影响区域是动态且复杂的。1971—1975 年美国大城市气象观测实验 METROMEX 证实了城市及其下风向有使降水增多的雨岛效应,同时也利用飞机和地基雷达对云及其性质进行了深入观测和研究。总体而言,城市化对云影响主要体现在以下 4 个方面。

城市化效应会使总云量增多。Romanov(1999)利用 NOAA AVHRR 卫星数据分析城市化对云量的影响,研究结果显示城市效应对云量的影响在春夏季最为显著,大部分城市建成区域云量明显增加,而市中心平均晴朗天气频次比周围郊区低 5.4%;Du 等(2019)利用气象台站数据研究发现城市化效应与云量的城乡对比几乎呈线性相关,1960—2014 年人为气溶胶的增加导致我国有效云量的城乡对比增加;Vo 等(2023)采用 MODIS 云掩码(MYD35_L2 C6.1)等数据分析 2002—2020 年美国 447 个城市对当地云分布的影响,研究发现大多数城市在夏季和冬季都会经历白天云量增加的情况,夏季夜间云量增加 5.8%,而冬季夜间则有所减小,并且城市属性、地理位置和气候模式与局地云模式有关,例如城市规模较大引起较强的地表加热是造成夏季局地云覆盖日间增强的主要原因;Theeuwes 等(2019)采用 MSG-HRV 数据研究特大城市的持续云层覆盖与地表热量的关系,研究发现巴黎和伦敦的下午和晚上云量呈系统性增强,这可能会通过夜间辐射强迫增强城市热岛效应;袁瑞瑞(2021)研究发现我国城市化快速发展阶段(2003—2018年),长三角城市站和郊区站总云量均呈上升趋势,城市站的上升幅度大于郊区。

城市会导致总云量增多的原因是多方面的。首先,城市的热岛效应减弱了低空的大气稳定度,有利于垂直湍流的发展(热力湍流加剧);城乡之间产生的局部热岛环流,在城区有垂直上升气流,更有利于对流云的形成。其次,水汽越多越容易形成云和降水。城市空气中污染物往往比郊区多,这些污染物大多数是吸水性凝结核,凝结核效应为云的形成提供了有利的条件。城市工厂密集区(特别是燃煤量大而又有冷却塔的工厂)既是大气的污染源地,又有一定量人为水汽的排放,对局地低云形成起着重要作用。最后,城市中建筑物鳞次栉比、参差错落,下垫面的粗糙度比附近郊区大,摩擦阻障效应容易激起机械湍流,也会使移动滞缓的多云天气系统如静止锋在城区移动的速度减慢,云层在城区滞留的时间延长。因此,热岛效应、凝结核效应和摩擦阻障效应所及的高度不大,基本在大气边界层内,城市低云量相较于郊区有明显增加。

城市化效应使得低云量有增加趋势。根据观测和模拟的结果,城市夏季更容易形成积云,低云量更加明显,并且城市阴天日数比乡村要多(赵文静,2014);符传博等(2014)研究发现1960—2005年华南地区低云量呈现上升趋势。然而,采用再分析资料分析城市化对低云的影响可能得到与前面截然相反的结论。例如采用ERA5资料分析粤港澳大湾区城市化发展对低云覆盖占比的影响,研究发现城市建成区的低云量相较于周围区域偏少,4个季节均能看到这样的特征,夏秋季最为明显(图6-1)。从图6-2展示的粤港澳大湾区区域平均低云量占比的年际变化中,可以看出1980年以前4个季节的低云占比总体变化平稳,1980年以后随着珠三角地区城市化的快速发展,城市低云量均有不同程度的降低,尤其随着1995年以后粤港澳大湾区建设工作的正式开展(周春山等,2017),不同季节的低云量均有明显下降特征。因此,分析城市化对云的影响需要采用多种资料进行对比验证,并且还要结合城市的地理位置和气候特征做详细解释。

城市化效应使得云底高度(凝结高度)抬升。这一现象已被广泛观测到,例如METROMEX实验发现城市白天的云顶高度要高于农村。城市夜间变暖与城市覆盖面积、城市热岛密切相关,而夜间变暖使近地表温度升高,露点降低,提高抬升凝结高度和云底高度,从而降低雾的频次。城市持续变暖、云底高度上升以及对水平衡的影响等将显著影响生态系统和人类社会。

城市化发展也意味着航空业的快速发展,飞机尾迹云不仅改变了城市高层大气的云量、云光学特性,同时也是造成气候强迫的主要部分。飞机尾迹直接改变了云量,从而形成烟云,尾迹云气溶胶增加了云量并改变了卷云的光学特性,同时反射太阳短波辐射并捕捉向外长波辐射,使大气顶部变暖。

6.3 降水

城市降水的分布和落区是一个比较复杂的问题,它与局地环流特征和下垫面性质(包括地形、水域、建筑物等)都有密切关系。早在20世纪初,学者开始研究城市对降水影响。随着遥感观测技术、数值模拟技术以及计算机技术的发展,该领域也得到飞速发展。

6.3.1 基本概念

(1)降水

降水指从天空降落到地面上的液态或固态(经融化后)的水,降水量是指某一时段内未经蒸发、渗透、流失的降水在水平面上积累的深度,以毫米(mm)为单位,精确到0.1 mm。常见的表示方法有分钟、日、月、年降水量等。降水强度是指单位时间或一时段内的降水量,业务上通常测定5 min、10 min和1 h内的最大降水量,以及12 h和24 h降水量,根据12 h和24 h降水量可将降水量划分为7个等级,例如12 h降水量大于30.0 mm或24 h降雨量大于50.0 mm时,达暴雨及以上级别,12 h降雪量大于6.0 mm或24 h降雪量大于10.00 mm达暴雪及以上级别(《降水量等级》,GB/T 28592—20)。降水历时是指一次降水过程从始至终所经历的时间,以分钟、小时、日、月、年计量。评价降水的指标较多,例如降水距平百分率、降水频次、极端降水、降水过程(降水强度、持续时间、覆盖范围)(王莉萍等,2018)等。

(2)城市化对降水影响的研究思路

城市尺度相对于很多降水事件尺度而言偏小,因此往往关注城区尺度或较大范围降水演变。可从以下几个角度考虑城市化对降水的影响:第一,比较城市上下风方向区域降水差异;第二,比较城区和郊区降水差异;第三,分析城市形态对降水的影响;第四,分析城市结构对降水的影响;第五,分析气溶胶排放对城市降水的影响等。

(3)城市降水研究的资料问题

研究城市区域降水,尤其城区内降水时空分布、降水垂直剖面以及极端降水需要高分辨率的降水资料。面对这个问题,可以有3种解决方法:第一,采用数值模式和CFD数值模拟,高分辨率的模式空间分辨率可达米级,因此可以提供精细的降水场资料;第二,发展先进观测技术装备。2021年中国气象局发布了《全国气象发展"十四五"规划》,指出要发展基于超高频无线微波等方法的城市降雨密集监测新技术;第三,采用高分辨率的卫星降水产品(SPPs),以下两套卫星降水产品可用于城市降水的精细化分析。

2014年2月28日,NASA和JAXA发射了新一代全球降水测量计划卫星GPM,其目标是实现对全球范围的降水观测。GPM是对TRMM卫星的继承与改进,降水产品的空间分辨率由$0.25°×0.25°$提升到$0.1°×0.1°$,时间分辨率由3 h提高到30 min,通过其搭载的双频(Ku、Ka)雷达系统和高性能微波辐射计,显著增强了对弱降水($<0.5 \text{ mm} \cdot \text{h}^{-1}$)和固态降水的探测能力。GPM的双频降水雷达也可探测降水垂直剖面。目前已有研究者对GPM IMERG、GSMaP_Gauge、MSWEP和CMFD 4套卫星数据在国家、城市和城市内部尺度上捕捉我国城市极端降水的能力进行了综合评估,研究发现GSMaP_Gauge和IMERG在估计极端值方面表现较好。

2023年4月16日9时36分,长征四号乙遥五十一运载火箭在酒泉卫星发射中心点火升空,成功将我国首颗降水测量专用卫星风云三号G星送入预定轨道,发射任务取得圆满成功。风云三号G星将通过探测云、水汽、气溶胶、风场等相关要素,进一步研究降水形成过程,并且能精确感知到地球大气$0.2 \text{ mm} \cdot \text{h}^{-1}$的降水强度变化,探测更精细的降水三维结构信息,未来风云三号G星降水资料对于城市降水的研究具有很大帮助。

6.3.2 城市化对降水的影响

早在20世纪初,学者开始研究城市化对降水的影响。1968年,Changnon通过观测,发现芝加哥城区下风方向有降水异常增强的现象。Changnon的开创性工作启动了许多旨在检测全球主要城市上空或下风区降水异常以及寻找这些降水异常原因和机制的研究。20世纪70年代,METROMEX实验旨在量化城市降水和恶劣天气异常,并寻找这些异常的可能原因(Changnon和Ackerman,1977)。相关学者在该领域的研究进展具体可参考胡庆芳等(2018)的研究综述。从气候统计的角度发现城市化对降水的影响主要有以下4个方面。

第一,城市下风方向有降水增多现象。METROMEX实验数据显示,夏季在圣路易斯下风方向15~40 km范围内,云量增加(最多10%)、总降水量增加(最多30%)和严重暴风雨活动增加(最多100%),并且城市下风方向降水的增幅、范围与城市面积有关。Seino等(2018)采用数值模式研究发现城市化程度高的地区降水量要比城市化水平较低地区的月平均降水量大约10%。

第二，城市雨岛效应(urban rainfall island effect,URIE)。城区及其下风方向降水强度明显高于郊区的现象称为城市雨岛。城市雨岛往往出现在大气环流较弱的天气形势下，夏季城市雨岛效应更为显著。通过研究2011—2020年粤港澳地区强降水频率趋势的空间差异,可以发现人口密集、经济活动频繁的珠三角地区,尤其是深圳、香港地区强降水增加的趋势更为明显(图略)。赵彦军等(2021)利用气象台站数据和世界气象组织提出的9个极端降水指标(表6-3)研究深圳市的城市雨岛效应,研究发现1979—2017年深圳市呈现一定雨岛效应,并且强度与不透水面积有显著正相关关系。陈振林等(2019)通过定义标准化相对降水研究城市雨岛效应。

第三，城市雷暴频发、极端降水增多，从而增加暴雨径流和洪水风险，因此会诱发一系列暴雨次生灾害(图6-3)。也有学者将城市雷暴频发的现象称为雷暴岛效应(史军等，2011)。Huang(2023)采用多源卫星遥感数据、模型再分析数据以及地面实测数据，基于统计学习算法以及WRF模式，定量揭示了长江流域5个城市群的城市化对降水和干旱的影响，结果表明大多数城市群的城市化导致强降水增加、弱降水减少,城市地区在城市化进程下干旱事件严重程度增加。

表6-3 用于研究雨岛效应的9个极端气候指标

指标	名称	定义	单位
SDII	降水强度	年降水量≥1 mm的时间	mm/d
ATP	年降水量	≥1 mm降水日累积量	mm
Rx1day	日最大降水量	日最大降水量	mm
Rx5day	5 d最大降水量	5 d最大降水量	mm
R95p	强降水量	日降水量≥95%分位数的总降水量	mm
APD	年降水时间	日降水量≥1 mm的时间	d
R10	中雨时间	日降水量≥10 mm的时间	d
R25	大雨时间	日降水量≥25 mm的时间	d
R50	暴雨时间	日降水量≥50 mm的时间	d

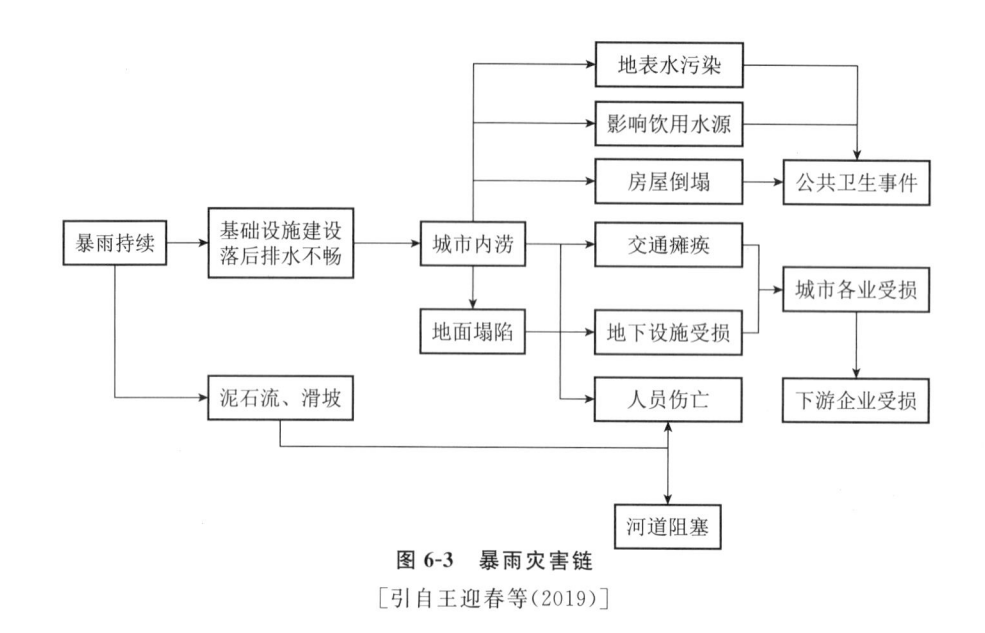

图 6-3　暴雨灾害链
［引自王迎春等（2019）］

第四，城市化效应会改变城市的降水模式（Li 等，2023）。Yan 等（2024）采用气象站和格点数据，研究发现粤港澳大湾区城市化非线性地增加了不同持续时间和重现期的降水强度，逐时降水强度均呈现增加趋势，且超过 60% 的气象站显示正趋势，广州在逐时和逐日两个尺度上的降水极端变化最为显著。

现今也有越来越多的学者采用 WRF 模式、冠层模式或化学模式耦合的方式研究城市对降水的影响。孙晓岩（2023）对珠三角城市群地区两类不同的天气背景（弱天气强迫、强天气强迫）下发生的强降水事件展开研究，利用华南雷达拼图、高分辨率雷达和自动站观测数据、再分析数据以及 WRF 模式探究城市热动力效应及其周边海陆分界、山地等复杂下垫面对局地强降水过程的单独和协同影响。通过数值模拟手段研究城市雨岛效应时可以有以下几种思路：比较有城市和无城市地区的降水、比较城区和非城区的降水、比较快速城市化前后的降水等。

6.3.3　城市化对降水影响的机制

城市化对云和降水影响的潜在机制主要有以下 4 个：①城市地表高粗糙度引起近地面空气辐合增强；②城市热岛效应导致边界层不稳定增强，激发城市热岛环流，进而增强辐合和对流运动；③城市下垫面水汽条件改变；④人为气溶胶的增强导致云凝结核增多从而增强降水（赵文静，2014）。研究发现城市的热岛效应、凝结核效应和高层建筑阻障效应等，可使城市年降水量增加 5% 以上，汛期雷暴雨次数和暴雨量增加 10% 以上（张建云，2012）。城市热岛效应和气溶胶对降水的影响机制可分别参考图6-4、图6-5。然而由于地区降水形成、分布机制的复杂性以及观测资料和数值模式的局限性,对于城市化影响降水的物理机制及驱动因素仍存在诸多争议(胡庆芳等,2018;Han等,2014),上面4个作用机制往往同时发生,具体是哪一种机制起主要作用还需要具体问题具体分析。下面列举一些学者的研究成果。

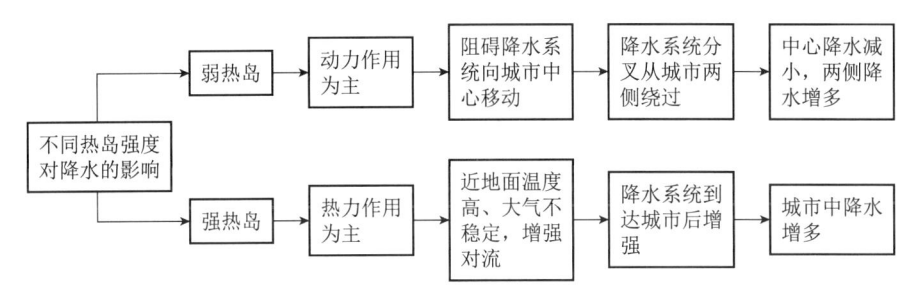

图 6-4 不同热岛强度对降水的影响

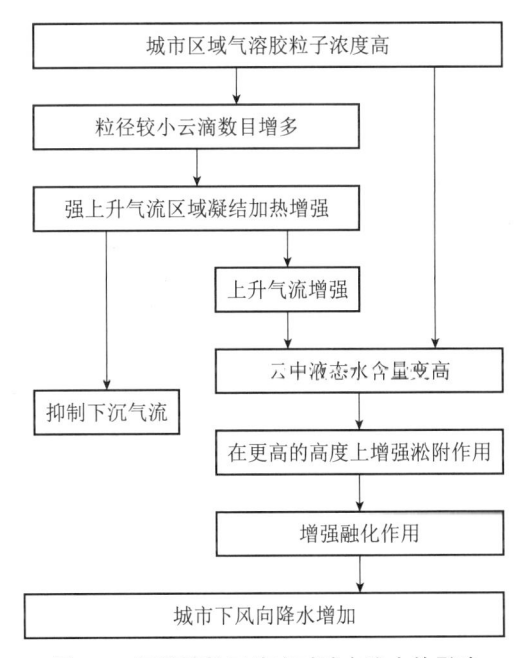

图 6-5 气溶胶粒子浓度对城市降水的影响

邢月等(2020)研究发现城市冠层粗糙度对暴雨云团的运动和降水落区有显著影响,当城市冠层粗糙度较小时,云团经过城市时被加热,产生水汽辐合和雨岛效应,从而增加城区和下风向的降水;当城市冠层粗糙度较大时,云团在城市上风向停留,使城市上风向降水增加;城市冠层粗糙度进一步增加会改变暴雨云团的运动方向,使城市周边降水增加。Thielen等(2000)利用模式研究表明,随着粗糙度的增加,降水量增加,并且推测粗糙度变化对降水强度的影响可能会大大减小,因为气流可以绕过城市地区,从而减小降水量。袁宇锋(2023)研究发现在局地性降水过程中,城市下垫面的存在使得局地性降水过程降水量增加,降水强度增大,降水落区更广,在城市化效应的影响下,降水发生前城区有着更有利的温度条件和动力条件,极端降水对温度有很强的敏感性,城区气温升高会导致极端降水进一步增加。

城市热岛在城市的背风或下风方向产生上升气流,上升气流在有利的热力学条件下引发湿对流,从而导致地表降水。如果空气湿度高且存在深厚、强烈的对流,地表降水很可能在较高的气溶胶浓度下进一步增加(Han等,2014)。例如图6-5展示了气溶胶粒子浓度对城市降水的影响。气溶胶浓度通过产生碰撞-聚并过程,可抑制暖云降水(Rosenfeld,1999),但人为空气污染可能会抑制或促进对流活动,具体取决于云的类型、环境条件以及气溶胶颗粒的大小和浓度(Han等,2014)。肖之盛等(2022)分析了气溶胶对于华北地区秋冬季对流云降水系统和层状云降水系统的影响机制,结果显示华北地区气溶胶光学厚度与秋冬季对流云降水强度之间呈明显的正相关关系。相比于对流云降水系统,华北地区大气AOD与秋冬季层状云降水强度之间没有明显的相关关系。层状云降水系统的降水强度、雨顶高度、雷达反射率、降水粒子谱分布以及潜热加热率等宏微观特征在污染和清洁状态下的差异很小,其原因可能在于华北地区秋冬季层状云降水比对流云降水更容易受到大气水汽条件和垂直上升运动的影响。

6.3.4 未来城市化效应对降水的影响

城市热岛效应(UHI)会改变降水模式,全球变暖也会导致降水量的变化,尤其是会导致极端降水强度和频率的增加。有研究发现,未来随着城市化的发展,较暖的气候条件与历史气候条件相比,城市引起的降水量无论是平均降水量还是极端降水量都有所减少,并且未来城市效应的减弱是由夏季降水量的减少造成的(Steensen等,2022)。

6.3.5 酸性沉降

酸性沉降是一个广义术语,包括任何形式的具有酸性成分的沉淀,例如硫酸或硝酸会以湿态或干态形式从大气中沉降到地面。在自然环境中,包括雨、雪、雾、冰雹甚至酸性灰尘都可以成为酸雨/酸性沉降的载体。酸雨是因工业过程燃料燃烧所排出的硫和氮的氧化物进入大气中,然后转化生成硫酸、硝酸所引起的。正常雨水pH约为5.6,呈弱酸性,酸雨pH通常为4.2~4.4。

为了进一步了解中国不同地区的酸沉降变化特征,郑珂等(2019)利用2001—2017年东亚酸沉降监测网(EANET)中的中国重庆、西安、厦门3个典型城市及其郊区的7个观测站硫酸盐、硝酸盐湿沉降量、PH观测资料,分析3个城市的硫酸盐和硝酸盐湿沉降年际变化特征、季节差异和城郊差异。结果表明,重庆和厦门降水的pH分别从2001年的4.5和4.7上升到2017年的5.5和5.6,西安降水的pH始终保持在5.6以上,SO_4^{2-}沉降量和NO_3^-沉降量均为春夏较高,秋季次之,冬季最低,重庆和厦门各个季节降水pH的低值出现在2010年左右,之后逐年上升。总体上,重庆和厦门的酸雨状况在2010年左右最严重,之后逐年得到改善,西安虽然不受酸雨的侵害,但其主要酸性离子SO_4^{2-}和NO^{3-}的沉降量均逐年减少,这表明中国不同地区的大气污染防治工作取得较好的成效。张舵等(2023)对2006—2021年全国的酸雨分布、酸雨频率、降水pH、化学组分等进行了分析,结果表明2015年以来,酸雨区面积在逐年缩小,到2021年时减少到36.9万km^2,2006—2021年酸雨频率呈下降趋势,到2021年时酸雨频率≥25%的城市比例为12.5%,平均降水pH逐渐上升,2021年时达到6.03,说明中国酸雨降水酸度正逐年降低。大气中酸性气体SO_2和NO_2全国年均浓度下降,年变率为$-10.7\% \cdot a^{-1}$和$-2.23\% \cdot a^{-1}$。全国SO_2柱总量和NO_2对流层总量在2021年较2006年分别下降11.4%、上升1.25%,具有夏季低、冬季高的特征,SO_2柱总量和NO_2对流层总量高值主要分布在京津冀、汾渭平原、长三角、珠三角等区域,中国酸雨类型由硫酸型向硫酸-硝酸混合型转变。

城市中有许多建筑为混凝土搭建,袁晓露等(2022)通过测试模拟酸雨侵蚀条件下混凝土的累积酸消耗、中性化深度、质量、强度等性能的变化规律,结合XRD、SEM等微观测试手段和理论分析,研究了混凝土表层结构受酸雨作用的腐蚀机理,结果表明,混凝土表层结构的孔隙率较大且硬化水泥浆体含量较高,使得酸雨在其中的侵蚀速度较快,而砂率的增加和聚丙烯纤维的掺入可以改善混凝土表层结构,显著提高了混凝土的耐酸雨侵蚀性能。

酸雨对于自然的破坏性也是极大的,例如土壤酸化、土壤肥力减退、农业减产、黄斑等,随着水体的酸化,动物也会受到一定的影响,例如鱼虾灭绝。酸雨严重影响了水生生物和依靠水体生存的陆生动植物的架构,水域酸化会减少水溶性的有机化合物,紫外线(UV)可以渗透水的更深处,使地底的有机物与微生物受到影响(周素娟和汤雨昂,2014)。酸雨还会使能见度降低,会增加患红眼病、支气管炎、肺病等疾病的概率,它也会使我们赖以生存的城市变脏、变黑,影响城市市容质量和城市景观。

6.4 城市内涝及应对措施

6.4.1 定义及产生原因

城市地区雨量过多超过排水能力形成地表积水,当积水过深、范围过大,影响城市交通、居民生活和生产活动而形成的灾害,称为城市内涝,它是一种气象衍生灾害。一般积水深度达到 15~20 cm 将影响交通并产生其他灾害,可视为发生城市内涝。城市雨岛效应集中出现在汛期和暴雨之时,这样容易形成大面积的积水,甚至形成城市区域型内涝(也称城市洪涝)。据《城市洪涝灾害风险管理能力调研报告》(2017)显示,中国诸多大中城市频繁发生严重城市内涝灾害,2000 年以来,平均每年发生 200 多起不同程度的城市内涝灾害。不完全统计发现,全国 30 个海绵城市试点中,武汉、南宁、福州等 19 个城市在 2016 年出现内涝,其中长江流域发生 1998 年以来最大洪水,6~7 月武汉市发生严重内涝,造成武汉市 106 万人受灾,15 人因灾死亡,26.3 万人紧急转移安置,直接经济损失 53 亿元。赣州也在 1961—2016 年间发生 9 次大洪水事件,给赣州市造成了较大的影响和经济损失。2021 年 7 月 17 日至 23 日,河南省遭遇历史罕见特大暴雨(郑州 1 h 降水量达 201.9 mm,日最大降水量 624.1 mm),发生严重城市内涝。李超超(2019)研究发现快速城市化背景下洪涝灾害的新特点:水文特征的变异性、洪涝灾害的连锁性与洪灾损失的突变性,这也表明了合理把握快速城市化背景下洪涝风险的演变趋势,既有理论指导价值,又有防灾减灾实践的现实意义。

近几十年来越来越多的城市发生严重洪涝灾害,其原因有 4 个:第一,全球变暖大背景下,大气持水能力增强,城市降水强度增加;第二,城市在进一步发展的同时,初期的排水系统设计不足,建设落后。城市化水文效应导致地表径流增大,而地下管网工程建设远滞后于地上城市发展速度,从而导致排水抽水能力不足;第三,雨水流量计算精度低,导致雨水管渠设计不合理;第四,排水设施维护管理不到位。

强降水是引起城市内涝的根本原因。降雨雨型对城市内涝特征也有着不同程度的影响。胡彩虹等(2022)研究表明,在相同降雨历时及重现期下,相比于单峰型降雨,双峰型降雨具有更高的内涝风险等级;针对单峰型降雨,当重现期低于 20 年时,降雨雨峰越靠前则产生的淹没情况越严重,当重现期高于 20 年时,降雨雨峰越靠后则产生的淹没情况越严重,随着重现期的增加,单峰型和双峰型降雨所导致的内涝风险之间的差异在不断减小。

6.4.2 城市内涝应对措施

对于城市气象科学研究人员,应加强城市内涝灾害风险评估等方面的研究。为了更加精细化、定量化地预测城市内涝可能造成的损失,亟须在内涝强度预报的基础上进一步开展精细化承灾体的暴露性和脆弱性预估工作,实现由单纯的灾害天气预报向灾害风险预报的进一步延伸。根据研究成果,总结百年一遇的降水情况下,对比分析城市中各个区域的洪涝情况预估模型,分析在特定情景下极端强降水导致的街道内涝风险具有的特征(郝莹,2021)。

对于气象业务部门,应加强以城市气象服务为中心的精细化监测、预报预警服务。降水量预报、暴雨灾害预报预警等是气象部门最基本的职责之一,因此各级气象部门应加强以城市气象服务为中心的中尺度、高密度自动监测网建设,加强对强对流天气的跟踪监测和快速反应能力,同时开展城市内涝风险普查,结合城市地形、排水管网现状,应用地理信息技术进行地面径流和积水深度模拟,建设或完善气象灾害预警发布平台,尽最大可能准确及时地向城市居民发布暴雨临近预报、内涝预报预警信息等。

对于路政部门,应加强内涝点支管改造,全面疏通城市排水管网。借鉴城市排水系统的优秀经验,合理规划具有前瞻性的排水系统等。

对于普通公众而言,城市发生极端强降水时,应时刻关注气象部门发布的预报预警信息。一旦出现城市内涝情况,应尽量避免外出;如已在外行车,应避免行驶至低洼、涵洞、隧道等地;如已在外步行,应尽量往高处的屋内避雨。另外,平时应加强对城市内涝危害等的学习,并且掌握一些必备的逃生技能。

延伸阅读

气象防灾减灾救灾是气象工作的重中之重,气象部门是该项工作的排头兵,应深入贯彻落实新时代气象防灾减灾救灾发展思路,建设新时代气象防灾减灾救灾体系,努力筑牢气象防灾减灾第一道防线。《广州市气象发展"十四五"规划》(2021)提出广州气象要在全省建设气象防灾减灾第一道防线先行示范省中走在前列、当好排头兵。

近年来,由于气候变暖及城市快速发展导致的热岛效应、雨岛效应,使得广州市突发性、局地性、高强度的强降水事件呈现明显的增多、增强趋势,加上城市扩张导致的蓄水面率下降、地面硬化导致的径流系数升高、城市排水管网设施落后等因素,致使广州城市内涝灾害发生的频率、强度日益加剧。另一方面,由于人口和产业高度密集,使得城市内涝灾害具有明显的连锁性和放大性特点,常常造成交通拥堵、车辆被淹、房屋进水、商铺受浸、人员被困以及水利电力通讯设施被毁等。2010年"5.7"特大暴雨过程中广州35个停车场、1400多台车辆被淹,经济损失达1.7亿元。2014年白云区棠乐路京广铁路涵洞水浸,一辆小车误入致车上7人死亡。2018年"6.8"特大暴雨过程中广州出现大范围内涝,34条道路严重水浸,多处路段交通断流,白云区一名学生在涉水时触电死亡。2020年"5.22"特大暴雨过程中,开源大道隧道2人溺亡,地铁十三号线被淹停运。暴雨内涝已经成为影响广州城市运行、安全生产最主要灾害之一,涵隧立交、地铁、道路、内巷小区成为内涝重灾区(《广州城镇内涝气象风险等级划分标准》编制说明,2024)。

为科学应对城市内涝灾害,广州市气象局连同其他部门采取了一系列措施。第一,内涝气象风险预警服务方面,市气象局联合市规划和自然资源局、市交通运输局、市水务局和市应急管理局印发了《广州城镇内涝气象风险等级划分标准》;第二,建立了"广州城市内涝气象风险监测预警系统";第三,针对全市易涝的涵隧立交、地铁、主干道、内巷小区,开展提前1 d的暴雨前内涝气象风险评估和提前2~3 h的暴雨中内涝气象风险预警服务。市民可以通过广州天气网"影响服务"栏目查询未来3 h每个镇街易涝点的内涝气象风险等级,提前规划出行路线,避免遇到内涝或堵塞的情况。

参考文献

[1]中国气象局.地面气象观测规范 第2部分:云的观测:QX/T 46—2007[S/OL].北京:中国气象局,2007.

[2]张华,王菲,汪方,等.全球气候变化中的云辐射反馈作用研究进展[J].中国科学:地球科学,2022,52(3):400-417.

[3]张文忠.云上气溶胶及其对低云影响的卫星遥感研究[D].北京:中国科学技术大学,2020.

[4]卢乃锰,方翔,刘健,等.气象卫星的云观测[J].气象,2017,43(3):257-267.

[5]赵静,曹晓钟,代桃高,等.毫米波云雷达与探空测云数据对比分析[J].气象,2017,43(1):101-107.

[6]唐钰寒.中国东部地区云底高度研究[D].甘肃:兰州大学,2021.

[7]Sharma S,Dass A,Mishra A K,et al. A decadal climatology of cloud vertical structure over the Indo-Gangetic Plain using radiosonde and radar observations[J]. Atmospheric Research,2022,266:105949.

[8]彭杰,王晓峰,傅新姝,等.面向业务应用的上海地区毫米波云雷达观测质量评估[J].大气科学学报,2023,46(3):166 180.

[9]Li F G,Pan X,Xu N,et al. Does urbanization exacerbate asymmetrical changes in precipitation at

divergent time scales in China?[J]. Earth's Future,2024,12(7):e2023EF004355.
[10] 倾鹏程,陶法,胡树贞,等.联合毫米波测云仪和全天空成像仪云分类方法[J].广东气象,2022,44(2):73-77.
[11] 陆雅君,陈刚毅,龚克坚,等.测云方法研究进展[J].气象科技,2012,40(5):689-697.
[12] 刘健,王锡津.主要卫星云气候数据集评述[J].应用气象学报,2017,28(6):654-665.
[13] Vo T T,Hu L,Xue L,et al. Urban effects on local cloud patterns[J]. Proceedings of the National Academy of Sciences,2023,120(21):e2216765120.
[14] Romanov P. Urban influence on cloud cover estimated from satellite data[J]. Atmospheric Environment,1999,33(24-25):4163-4172.
[15] Du J Z,Wang K C,Jiang S J, et al. Urban dry island effect mitigated urbanization effect on observed warming in China[J]. Journal of Climate. 2019,32(18):5705-5723.
[16] Theeuwes N E,Barlow J F,Teuling A J,et al. Persistent cloud cover over mega-cities linked to surface heat release[J]. Npj Climate and Atmospheric Science,2019,2(1):15.
[17] 袁瑞瑞.城市化与气候变化对长三角地区城、郊云量分布的影响[D].江苏:南京信息工程大学,2021.
[18] 赵文静.长江三角洲城市群对区域边界层结构及云和降水的影响[D].江苏:南京大学,2014.
[19] 符传博,丹利,陈红,等.重污染下华南地区小雨和低云量的时空变化趋势特征[J].热带气象学报,2014,30(6):1098-1106.
[20] 周春山,罗利佳,史晨怡,等.粤港澳大湾区经济发展时空演变特征及其影响因素[J].热带地理,2017,37(6):802-813.
[21] 中华人民共和国国家质量监督检验检疫总局,中国标准化管理委员会.降水量等级:GB/T 28592—2012[S].北京:中国标准出版社,2012.
[22] 王莉萍,王秀荣,张立生,等.一种区域降水过程综合强度评估方法的探索和应用[J].气象,2018,44(11):1479-1488.
[23] Changnon S A. The La Porte weather anomaly—fact or fiction? [J]. Bulletin of the American Meteorological Society,1968,49(1):4-11.
[24] Changnon S A,Ackerman B. Summary of METROMEX, Volume 1: Weather anomalies and impacts Bulletin (Illinois State Water Survey) no. 62[C],1977.
[25] 胡庆芳,霍军军,李伶杰,等.水生态文明城市指标体系的若干思考与建议[J].长江科学院院报,2018,35(8):22-26.
[26] Seino N,Aoyagi T,Tsuguti H. Numerical simulation of urban impact on precipitation in Tokyo: how does urban temperature rise affect precipitation[J]. Urban Climate,2018,23:8-35.
[27] 赵彦军,夏军,徐宗学,等.深圳市雨岛效应分析[J].北京师范大学学报(自然科学版),2021,57(6):768-775.
[28] 陈振林,杨修群,王强.城市气象灾害风险防控[M].上海:同济大学出版社,2019.
[29] 史军,梁萍,万齐林,等.城市气候效应研究进展[J].热带气象学报,2011,27(6):

942-951.

[30] Huang S Z, Gan Y, Zhang X, et al. Urbanization amplified asymmetrical changes of rainfall and exacerbated drought: Analysis over five urban agglomerations in the Yangtze River Basin, China[J]. Earth's Future, 2023, 11(2): e2022EF003117.

[31] Yan H C, Gao Y, Wilby R, et al. Urbanization further intensifies short-duration rainfall extremes in a warmer climate[J]. Geophysical Research Letters, 2024, 51(5): e2024GL108565.

[32] 王迎春, 郑大玮, 李青春, 等. 城市气象灾害[M]. 北京: 气象出版社, 2019.

[33] 孙晓岩. 城市化对珠江三角洲地区强降水的影响研究[M]. 江苏: 南京信息工程大学, 2023.

[34] 张建云. 城市化与城市水文学面临的问题[J]. 水利水运工程学报, 2012, (1): 1-4.

[35] Han J Y, Baik J J, Lee H. Urban impacts on precipitation[J]. Asia-Pacific Journal of Atmospheric Sciences, 2014, 50: 17-30.

[36] 邢月, 刘家辉, 倪广恒. 城市冠层粗糙度对暴雨云团运动和降雨落区的影响[J]. 清华大学学报(自然科学版), 2020, 60(10): 845-854.

[37] Thielen J, Wobrock W, Gadian A, et al. The possible influence of urban surfaces on rainfall development: a sensitivity study in 2D in the meso-γ-scale[J]. Atmospheric Research, 2000, 54(1): 15-39.

[38] 袁宇锋. 城市化效应对小时极端降水的影响研究[D]. 南京: 南京信息工程大学, 2023.

[39] Rosenfeld D. TRMM observed first direct evidence of smoke from forest fires inhibiting rainfall[J]. Geophysical research letters, 1999, 26(20): 3105-3108.

[40] 肖之盛, 缪育聪, 朱少斌, 等. 华北地区秋冬季气溶胶污染与不同类型降水的关系. 气象学报, 2022, 80(6): 986-998.

[41] Steensen B M, Marelle L, Hodnebrog O, et al. Future urban heat island influence on precipitation[J]. Climate Dynamics, 2022, 58(11): 3393-403.

[42] 郑珂, 赵天良, 张磊, 等. 2001—2017 年中国 3 个典型城市硫酸盐和硝酸盐湿沉降特征[J]. 生态环境学报, 2019, 28(12): 2390-2397.

[43] 张舵, 许瑞广, 赵一飞, 等. 2006—2021 年中国酸雨年际变化特征分析[J]. 环境污染与防治, 2023, 45(6): 849-854.

[44] 袁晓露, 李北星, 祝文凯, 等. 酸雨对混凝土表层结构的侵蚀机理[J]. 材料导报, 2022, 36(22): 217-222.

[45] 周素娟, 汤雨昂. 酸雨危害及防治[J]. 黑龙江气象, 2014, (4): 45.

[46] UNDP. 城市洪涝灾害风险管理能力调研报告[R/OL]. (2017-09-19)[2024-09-05]. https://www.undp.org/zh/china/publications/chengshihonglaozaihaifengxianguanlinenglidiaoyanbaogao.

[47] 李超超, 程晓陶, 申若竹, 等. 城市化背景下洪涝灾害新特点及其形成机理[J]. 灾害学, 2019, 34(2): 57-62.

[48] 胡彩虹, 姚依晨, 刘成帅, 等. 降雨雨型对城市内涝的影响[J]. 水资源保护, 2022, 38(6): 15 21, 87.

[49] 郝莹. 气象水文耦合的城市内涝风险多尺度预测与预估研究[D]. 江苏: 南京大学, 2021.

[50]广州市市场监督管理局.《广州城镇内涝气象风险等级划分标准》编制说明[EB/OL].（2024-02-02）[2024-09-09]. https://scjgj.gz.gov.cn/attachment/7/7549/7549373/9478347.pdf.

第7章 城市日照和辐射

7.1 城市日照

太阳辐射是城市气候最重要的驱动力,太阳高度角的昼夜变化对城市区域辐射的空间分布影响显著,日照时长也是建筑设计的重要参数。本章第1节介绍日照基本概念和城市化对日照的影响,第2节介绍建筑日照设计的相关标准,第3节介绍城郊辐射差异、紫外线以及城市的辐射收支等。

7.1.1 日照

日照是指在一天中太阳光线照射到地面的时间,它是衡量一个地区接受太阳光照射程度的重要指标。日照的长短影响太阳辐射的分布,是决定一个区域生态生产力[①]的主要气候因子之一。适宜的日照时长有益于人体健康、城市环境等,如晒太阳可以使新生儿生理性黄疸消退得更快、促进人体对钙的吸收、增加建筑物立体美感等,还可以使人改善心情和提高精神状态,冬季室内充足的采光量可以提高室内温度,充足的日照也能有效缓解回南天的潮湿天气。然而,日照过多也可能带来一些不利影响,比如过度日晒可能会增加皮肤癌的风险,尤其是皮肤较为敏感的人群。澳大利亚日照时间长,紫外线辐射强烈,是全球皮肤癌发病率最高的地区。此外,城市中的日照过多,尤其是在密集的建筑群中,可能会加剧城市热岛效应,导致气温升高,影响居民的生活质量。例如迪拜由于其沙漠气候和高楼大厦集中,日照强烈,城市热岛效应明显,导致夏季气温异常高。

日照时数(sunshine duration)是指在一给定时段内太阳直接辐照度$\geqslant$120 W·m^{-2}的各分段时间总和,以小时为单位(精度0.1)(《地面气象观测规范 日照》,GB/T 35232—2017)。它不仅是形成局地气候的主要因素,同时也是决

[①] 生态生产力可以理解为生产力的生态化转变或者生态本身就是一种生产力(王嘉悦,2021),如"绿水青山就是金山银山"就是生态生产力的一种表达。

定植物分布的重要条件。多年平均日照时数是气象旅游资源评估指标体系之一,可以反映评估地区光照资源的充沛程度和晴天的多少(《气象旅游资源等级划分》DB21/T 3862—2023)。一个地区日照时数达到 $6 \cdot d^{-1}$ 以上的天数也可用来衡量该地区太阳能资源的开发潜力(汪姚等,2024)。日光城拉萨是我国年均日照时数最多的城市之一,其平均日照时数可达 3000 h,太阳能资源十分丰富。有学者研究发现 1960—2018 年中国年平均日照时数 $\geqslant 3 \cdot d^{-1}$ 和 $\geqslant 6 \cdot d^{-1}$ 的天数均呈显著下降趋势(汪姚等,2024),这说明全国范围内的年平均日照资源有下降趋势。日照时数与人工建筑物面积呈现显著负相关关系,因此高度城市化和人口稠密的地区,日照时数变小趋势更加明显(Song 等,2019)。另外,日照时数偏多,伴随太阳辐射增强、温度异常偏高也可能加重地面 O_3 污染(王宏等,2020),日照时数也与大气环流密切相关(汪姚等,2024)。

日照时数的长短不仅受地理纬度影响,随季节变化而变化,而且在很大程度上受天气状况和云量的影响。因此,存在两种日照时数数值:可照日照时数(简称可照时数)和实际日照时数(简称日照时数)。可照时数是指在无任何遮蔽条件(地形、云)下,太阳中心从某地东方地平线到进入西方地平线,其光线照射到地面所经历的时间,单位为小时。它完全取决于当地的地理纬度和日期,可根据《地面气象观测规范 辐射》GB/T 35231—2017 计算得到日照时数。

日照百分率是日照时数与可照时数的比值,以百分比形式[式(7-1)]表示,它反映可照时间的多少,这直接影响地表可获得的太阳辐射,进而影响到其他气象要素和地表能量平衡。有学者研究发现 1961—2003 年广州的日照百分率有明显减小趋势(杜春丽等,2008)。气溶胶和云量是影响日照百分率的主要因子,因此日照百分率在一定程度上也可反映空气质量好坏(杜春丽等,2008)。可以采用 ERA5 资料和程琦等(2022)制作的日照百分率数据集开展相关研究。

$$日照百分率 = (日照时数/可照时数) \times 100\% \tag{7-1}$$

根据《地面标准气候值统计方法》(GB/T 34412—2017)可知,从气候统计的角度定量描述日照的量有:年(月、旬)日照时数、年(月、旬)日照百分率、年(月、旬)各级日照百分率($\geqslant 60\%$、$< 20\%$)日数。

7.1.2 日照的观测

日照观测是气象监测中的一项重要内容,它对于理解太阳辐射、气候状况、天气预报等都至关重要。人工观测日照的仪器主要有暗筒式日照计、聚焦式日照计和光电日照计,自动观测仪器有直接辐射表、总辐射表和散辐射表。暗筒式日照计是利用小孔成像的原理,阳光通过暗筒上的小孔照射在内部的日照纸上,留下感光迹线。日照纸涂有特殊的感光药剂,当阳光照射时,药剂会发生变化,从而在纸上留下痕迹,通过测量这些感光迹线的长短,就可以估算出日照时数,这种仪器在气象台站中得到了广泛的应用。直接辐射表能够连续记录太阳的直接辐射量,并通过设定的阈值来确定日照时数。这种设备可以实时监测太阳辐射强度,并通过内部算法自动计算日照时数,大大提高了观测的效率和准确性。直接辐射表自动测量系统可直接将太阳辐射大于或等于 120 W·m^{-2} 时间累加即获取日照时数,也可利用观测的总辐射、散射辐射以及太阳高度角得到直接辐射[式(7-2)],进而将直接辐射大于或等于 120 W·m^{-2} 时间累加得到日照时数(《地面气象观测规范》,GB/T 35232—2017)。

$$S = (E_g - E_d)/\sin h \tag{7-2}$$

式中 S、E_g、E_d、h 分别为直接辐射、总辐射、散射辐射和太阳高度角。

随着气象现代化技术的不断发展,地面观测站的日照观测设备也在逐步更新换代。许多台站已经将传统的暗筒式日照计更换为更为先进的自动观测设备,以提高观测的自动化水平和数据的准确性。

7.1.3 城市化对日照的影响

随着城市化的快速推进,对区域气候的影响日益显著,这种影响不仅体现在温度和降水等气候要素上,还体现在日照的显著变化上。国内外学者对全球不同地区的日照时数变化趋势进行了广泛研究和统计分析。以中国为例,通过对全国性(李慧群等,2013;汪姚等,2024)、区域性(Zheng 等,2008;胡慧敏等,2023)以及城市层面(闫军辉等,2023)的日照时数进行研究,发现在过去几十年间,研究区域普遍呈现出日照时数减少的趋势,造成这种现象的可能原因是城市低云量和污染物均存在年代际增加的趋势。日照时数减少可能对生态系统、农业生产以及人类日常生活产生深远的影响。下面选取几篇代表性文献作简单说明。

Wang 等(2017)研究发现 1960—1989 年间城市和农村年平均日照时数均呈现显著下降趋势,其中城市下降更为明显,而 1990—2013 年间城市和农村日照时数没有明显下降趋势,这是由于 1990 年后我国加大环境污染治理、实施多项环保政策法规以及投入大量资金等原因所致。

赵娜等(2012)利用 1961—2008 年北京城区和郊区 12 个台站的气候观测资料,研究了北京城区和郊区近 48 年的日照时数年际和季节变化趋势。研究结果表明,城区和郊区的日照时数均呈现减少趋势,城区的减少幅度尤为显著。影响因子分析指出,低云量和大气污染物浓度是影响日照时数的两个重要因素,它们与日照时数呈现明显的负相关。

Song 等(2019)通过分析中国东部地区 1961—2014 年间的日照时数长期变

化特征,发现整体呈现下降趋势,平均每十年下降速率约为 0.132 h·d^{-1}。进一步的城市与郊区日照时数对比分析显示,城市地区的日照时数下降速率显著高于郊区,日照时数与城市占比面积之间存在显著的负相关,相关系数为 -0.48,这表明城市化进程对日照时数的减少具有重要影响,在城市地区的研究也获得了类似的结论。

Jin 等(2021)以中国杭州市为例,研究了 1987—2016 年城市化对日照时长的影响及其驱动因素。研究发现,杭州地区年平均日照时长呈微弱且不显著的下降趋势(-0.09 h·10a^{-1}),但郊区和城市站点的日照时长变化存在较大差异,城市化对城市和郊区站点的年平均日照时长有显著影响,对夏季的影响最为明显。城市化对当地太阳辐射变化的显著负面影响与人为污染的变化密切相关,因此,在分析区域太阳辐射趋势和设计可持续发展城市时,必须考虑城市化的影响。

从上述文献研究成果不难发现,城市的日照时数和日照百分率普遍低于郊区,并且这种差距随着时间的推移而不断扩大。特别地,在秋冬季节,城郊之间的日照百分率差异尤为显著。这种现象的成因可归结于以下几点:城市地区大气污染物较多,导致云雾增多,大气透明度降低,从而减少了阳光的直射;城市热岛效应引发的对流云频繁出现,进一步遮挡了阳光,影响了日照条件。

7.1.4　城市内部日照的地区差异

城市冠层日照的地区差异十分复杂,不仅受纬度、季节、云量和大气污染物浓度等自然因素的影响,还受到城市建筑布局的影响,特别是街道两侧建筑物的相互遮蔽作用。这种遮蔽效应主要取决于街道的走向及建筑群高度与街谷高宽比(街道狭窄度指数)。例如,东西向的街道在中心区域的可照时数通常比南北向街道要多,但在冬季,太阳高度角较低,东西向街道可能接收到的太阳辐射很少或几乎没有,导致冬夏季日照时数的差异较大。相比之下,南北向的街道则能够在全年各月都接收到阳光照射。此外,南向墙面在冬季接收到的太阳辐射总量较多,但随着街道狭窄度指数的增加,总体辐射量会急剧减少。

7.2　城市建筑日照设计

7.2.1　日照对城市建筑设计的影响

太阳光作为自然界最宝贵的资源之一,为地球带来光明和温暖,日照同样也影响着城市建筑设计。日照对建筑的影响主要体现在采光、卫生、节能以及居住者的身心健康等方面。

(1) 日照对建筑采光的影响

自然光是建筑内部空间获取光线的主要方式，它能够显著减少人工照明的使用，从而节约能源。为了确保室内获得充足且适宜的自然光，在设计建筑时，建筑师会根据阳光直射原理和日照标准等，合理设计窗户的大小、位置和朝向。在北方，由于冬季严寒、日照时间短，因此房屋建筑设计主要考虑的是最大限度地利用日照来提高室内温度，北方房屋多选择坐北朝南的结构，而南方夏季炎热，冬季温暖，日照时间长，建筑设计中更注重遮阳和通风。

(2) 日照影响室内空气质量

充足的日照不仅能够满足基本的采光需求，还能提供必要的紫外线，有助于杀菌消毒，改善室内环境质量。阳光中的紫外线具有强大的杀菌能力，特别是在波长 250～295 nm 范围内，其杀菌效果尤为明显。因此，保证建筑内部空间每日获得一定时间的日照直射，有助于室内空气的净化，改善卫生条件，减轻病毒、细菌对我们的危害及减少疾病传播的风险。

(3) 日照影响居住者

日照对建筑和居住者都有深远的影响，合理利用自然光可以带来多方面的益处。例如，自然光能够调节人的生物钟，帮助其改善睡眠质量，提升情绪和心理健康。研究表明，充足的日照能够减少季节性情绪障碍（seasonal affective disorder，SAD）的发生，提高工作效率和生活质量。日照有助于人体合成维生素 D，促进钙吸收，有助于骨骼生长，适当的日照能够预防和治疗佝偻病等骨骼发育不良问题，还能促进大脑释放血清素、肾上腺素、甲状腺素及性腺素等"快乐激素"改善情绪。此外，通过日照量的调节，可以控制建筑物的室内温度，实现取暖或降温的目的；日照也可以增强建筑物的立体感和美观效果，通过光影的巧妙应用提升视觉美感。因此，在住宅和办公建筑设计中，确保主要生活和工作空间获得适宜的日照时间，对于提升使用者的幸福感和工作效率具有重要意义。

但同时也需要注意避免其潜在的不利影响。例如，在炎热的夏季，过量的日照会导致室内过热，增加空调等制冷设备的能耗，对居住者的舒适度产生负面影响；长期日照可能导致室内物品变质或褪色，影响其使用寿命和美观。因此，建筑日照设计需要平衡采光和隔热的需求。建筑师可以通过选择合适的建筑朝向、合理设计窗户遮阳设施（如百叶窗、遮阳板等）来控制进入室内的阳光量，防止室内过热和眩光现象。

由上可知，日照对建筑设计的影响是多方面的。合理的日照设计不仅能够提高建筑的能效,改善室内环境质量,还能促进居住者的身心健康。未来,随着绿色建筑和可持续发展理念的普及,日照在建筑设计中的应用将更加广泛和深入。通过科学合理的日照设计,建筑师们能够创造出更加健康、舒适和节能的建筑空间,实现人与自然的和谐共处。

7.2.2 日照建筑设计的措施

城市建筑日照设计方法的研究主要集中在测量和预测日照的方法方面(Wong,2017)。其中较为关键的措施介绍如下。

(1)合理设置建筑物间距

合理的建筑物间距对提升日照应用效果非常关键。在设计建筑物时,应重视建筑物间距的合理设定,以满足日照的基本要求,避免出现前后建筑物之间的相互遮挡,例如,城市中常见的"握手楼"现象。日照间距的设定应基于对建筑物所在地日照状况的详细分析,尽量确保所有建筑物都能获得充足的日照。在高层建筑群中,尤其需要精确计算日照间距避免因建筑间距过窄导致后排建筑物光照不足,特别地,低楼层须作为重点进行计算分析。

(2)合理设计窗户

建筑工程项目中合理运用日照还需要重点从窗户入手进行设计,促使其能够表现出较为理想的采光效果。随着当前人们对于节能要求的不断提升,窗户设计也就显得极为重要,应该在建筑设计处理中引起足够重视,恰当选择合理的开窗位置、数量、窗户大小等。当然,在窗户设计过程中,同样也需要尽量避免阳光的直射,规避日照过强带来的不良影响和威胁。

(3)做好阳台设计

在建筑工程项目各个结构中,阳台和日照关系密切,切实做好阳台设计也就显得极为必要。一般设计为凸阳台,其能够实现对于日照的最大量获取。在凸阳台设计处理中,应该切实加强对结构的严格把关,促使相关结构能够较为稳定可靠,避免因为凸阳台和建筑物结构存在不匹配而影响到整体建筑物的应用性能。

(4)建筑外墙合理设计

建筑外墙的合理设计主要关注建筑外墙的具体造型,促使其能够在光照射中取得较为理想的应对效果,能够形成理想的遮挡效果,其角度和具体造型都需要结合当地日照特点进行分析,以最大限度提升建筑物的采光效率和质量。

南北朝向的建筑接受的日照质量较高,当建筑外墙与太阳光线的夹角逐渐减小时,日照质量也会受到影响,比如墙体越厚、窗户越窄,要求夹角越大,如此才能保证光线进入室内。因此建筑在设计阶段,应该考虑日照分析设计。依据《建筑日照计算参数标准》(GB/T 50947—2014)和《城市居住区规划设计规范》(GB 50180—2018)等规范,根据使用性质对城市建筑进行日照分析。

Littlefair(2001)研究了城市环境中日照、阳光和太阳能获取的相关问题,研究指出城市布局对建筑物获取日照、阳光和太阳能有重要影响,并基于欧洲城市的情况给出了设计指导。例如在日照方面,提出了确保新开发建筑和现有建筑有足够日照的标准和方法,包括限制障碍物角度、计算垂直天空组件等,并考虑了不同纬度和地区的差异;在阳光照明方面,根据气候差异,对不同地区的阳光需求和标准进行了讨论,提出了针对不同纬度的阳光时长标准,并强调了在设计新建筑时要保护现有建筑的阳光获取。

综上所述,日照对城市建筑有一定的影响,进行日照分析从而合理地设计建筑是有必要的。日照分析主要是为了提升建筑物对于日照的应用效益,充分促使其表现出理想的积极作用,规避可能形成的各类不良干扰和威胁,为营造舒适室内建筑环境做出必要贡献。

7.2.3 建筑日照标准

建筑日照标准指根据建筑物所处气候区、城市规模和建筑物(场地)的使用性质,在日照标准日的有效日照时间带[①]内阳光应直接照射到建筑物上的最低日照时数(《建筑日照计算参数标准》,GB/T 50947—2014)。

住宅建筑设计应充分考虑各个房间的自然采光和日照条件,以确保居住者能够享受到充足的自然光线,同时提升居住的舒适度和安全性。为了使设计者在建筑采光设计中,更好地贯彻国家的法律法规和技术经济政策,充分利用天然光,创造良好光环境、节约能源、保护环境和构建绿色建筑,住房和城乡建设部制定了《建筑采光设计标准》(GB 50033—2013)。此标准适用于利用天然采光的民用建筑和工业建筑的新建、改建和扩建工程的采光设计。该标准对住宅建筑、教育建筑、医疗建筑、办公建筑、图书馆建筑、旅馆建筑、博物馆建筑、展览馆建筑、交通建筑、体育馆建筑、工业建筑的采光标准值都做了详细规定。

中华人民共和国住房和城乡建设部颁发的《城市居住区规划设计标准》(GB 50180—2018)指出,住宅建筑日照标准建筑间距应符合表 7-1 的规定。可以看出各个城市根据建筑气候区划和常住人口。以大寒日(每年 1 月 19~21

---

① 有效日照时间带:根据日照标准日的太阳方位角与高度角、太阳辐射强度和室内日照状况等条件确定的时间区段,用真太阳时表示。

日的一天)或冬至日(每年12月21日至23日的一天)为日照标准日,给出日照时数。对特定情况,还应符合下列规定:①老年人居住建筑日照标准不应低于冬至日日照时数2 h;②在原设计建筑外增加任何设施不应使相邻住宅原有日照标准降低,既有住宅建筑进行无障碍改造加装电梯除外;③旧区改建项目内新建住宅建筑日照标准不应低于大寒日日照时数1 h。

表7-1所述建筑气候区划标准分类具体见表7-2[表中数据参考《建筑气候区划标准》(GB 50178-93)]。从表7-1和表7-2可以发现广东属于Ⅳ建筑气候区,由于广东大部分城市城区常住人口大于50万,因此住宅建筑设计时要求大寒日8～16时的日照时数大于3 h。

此外,住宅建筑与相邻构、建筑物的间距应在综合考虑日照、采光、通风、管线埋设、视觉卫生、防灾等要求的基础上统筹确定。从建筑防火相关规范中可知高层建筑主体之间的防火间距不小于13 m,如果从聚光角度考虑,该间距需进一步加大以保证低层室内采光。建筑室内高度过低也不利于采光,因此《住宅设计规范》(GB 50096—2011)要求,卧室、起居室(厅)的室内净高不应低于2.40 m,局部净高不应低于2.10 m。

表7-1 住宅建筑日照标准

建筑气候区划	Ⅰ、Ⅱ、Ⅲ、Ⅶ气候区		Ⅳ		Ⅴ、Ⅵ气候区
城区常住人口(万人)	≥50	<50	≥50	<50	无限定
日照标准日	大寒日				冬至日
日照时数(h)	≥2		≥3		≥1
有效日照时间带(当地真太阳时)	8时—16时				9时—15时
计算起点	距室内地坪0.9 m高的外墙位置				

表7-2 建筑气候区划一级标准(GB 50178—93)

区名	主要指标	辅助指标	各区行政区范围
Ⅰ	1月平均气温≤-10 ℃ 7月平均气温≤25 ℃ 7月平均相对湿度≥50%	年降水量200～800 mm 年日平均气温≤5 ℃的日数≥145 d	黑龙江、吉林全境;辽宁大部;内蒙古中、北部;陕西、河北、北京北部的部分地区
Ⅱ	1月平均气温-10～0 ℃ 7月平均气温18～28 ℃	年日平均气温≥25 ℃的日数<80 d 年日平均气温<5 ℃的日数90～145 d	天津、山东、宁夏全境;北京、河北、山西、陕西大部;辽宁南部;甘肃中东部以及河南、安徽、江苏北部的部分地区

续表

区名	主要指标	辅助指标	各区行政区范围
Ⅲ	1月平均气温 0~10 ℃ 7月平均气温 25~30 ℃	年日平均气温≥25 ℃的日数 40~110 d 年日平均气温<5 ℃的日数 0~90 d	上海、浙江、江西、湖北、湖南全境；江苏、安徽、四川大部；陕西、河南南部；贵州东部；福建、广东、广西北部和甘肃南部的部分地区
Ⅳ	1月平均气温>10 ℃ 7月平均气温 25~29 ℃	年日平均气温≥25 ℃的日数 100~200 d	海南、台湾全境；福建南部；广东、广西大部以及云南西部和无江河河谷地区
Ⅴ	7月平均气温 18~25 ℃ 1月平均气温 0~13 ℃	年日平均气温≤5 ℃的日数 0~90 d	云南大部；贵州、四川西南部；西藏南部一小部分地区
Ⅵ	7月平均气温<18 ℃ 1月平均气温 0~-22 ℃	年日平均气温≤5 ℃的日数 90~285 d	青海全境；西藏大部；四川西部；甘肃西南部；新疆南部部分地区
Ⅶ	7月平均气温≥18 ℃ 1月平均气温-5~-20 ℃ 7月平均相对湿度<50%	年降水量 10~600 mm 年日平均气温≥25 ℃的日数<120 d 年日平均气温≤5 ℃的日数 110~180 d	新疆大部；甘肃北部；内蒙古西部

7.2.4 建筑日照分析方法

城市建筑日照设计通常采用专业软件进行，如 Autodesk 3ds Max 或 Ecotect Analysis，通过三维建模、太阳路径分析和阴影模拟，优化建筑朝向、窗户设计和总体布局。同时，结合卫星遥感资料和地理信息系统（GIS）技术，确保设计方案满足当地日照标准和建筑规范。对于日照分析软件模拟的结果，可以采用以下的日照分析方法（表 7-3），也可采用作图法，如棒影图进行日照分析。此外，设计时应考虑环境影响，坚持可持续设计原则，设计绿色屋顶和太阳能集成的建筑，以提高建筑的能源效率和环境友好性，最终创造出既符合法规又满足用户需求的舒适居住空间。图 7-1 展示了采用软件进行简单的日照分析。

表 7-3 日照分析常用方法

分析对象	计算方法	表达方式
窗户	窗户分析	窗户分析表、线上日照
建筑	立面分析、平面分析	平面等时线、立面等时线、线上日照
场地	平面分析	多点分析、平面等时线

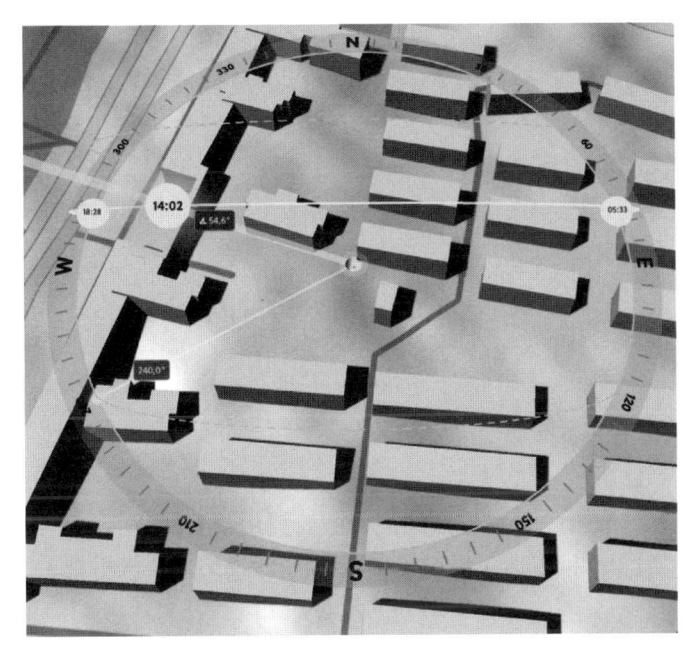

图 7-1　采用 Shadowmap 软件对某地区的 14:02 时刻的日照进行分析
（图片来源：https://app.shadowmap.org）

7.2.5　城市建筑日照设计案例

(1) 案例一：导光系统构建绿色生态节能建筑

遵循经济发展新常态和节能减排政策，导光管系统作为一种绿色建筑技术，通过室外采光装置高效采集自然光，并通过反射管道和漫射器将光线均匀分布至室内，实现无辐射的太阳能直接利用。适用于大型场馆、工厂车间、轨道交通站点、办公及住宅等场所，导光管系统无须铺设电力照明，零污染、零排放、零辐射，能有效降低电力发电带来的环境压力，促进生态环境提升和经济的高质量发展。

(2) 案例二：南京青奥村建筑物日照设计

南京青奥村作为 2014 年青年奥林匹克运动会的运动员村，其建筑设计融入了先进的日照设计理念。通过精心规划的建筑朝向、宽敞的开放空间和大窗户设计，最大化地引入了自然光线。同时，采用智能照明控制系统和节能材料调节光照强度并提高能源效率。青奥村的日照设计不仅提供了舒适的居住环境，还展示了绿色、生态、节能的建筑理念，成为体育赛事可持续发展的典范。

7.3 城市辐射

7.3.1 辐射基本概念

(1) 定义

自然界中的一切物体都以电磁波的形式时刻不停地向外传送能量,这种传递能量的方式称为辐射。以辐射的方式向四周输送的能量称辐射能,有时简称辐射。辐射能的量度有辐射能、辐射通量、辐射通量密度、辐射率和辐射强度等。辐射具有波动性和粒子性两个特点。

(2) 太阳辐射和大气辐射

气象学着重研究的是太阳、地球和大气的热辐射,它们的波长范围为 $0.15 \sim 120~\mu m$。太阳发射及传播的能量主要集中在 $0.15 \sim 4~\mu m$ 波长范围,这部分辐射称为太阳辐射,也称短波辐射。大约 50% 的太阳辐射能量在可见光谱区(波长 $0.4 \sim 0.76~\mu m$),7% 在紫外光谱区(波长 $<0.4~\mu m$),43% 在红外光谱区(波长 $>0.76~\mu m$)。地面、大气间(简称地-气系统)辐射能量交换波长集中在 $3 \sim 120~\mu m$,习惯称长波辐射。

(3) 热辐射四大定律

基尔霍夫定律是指在热平衡条件下,任意物体的吸收率(φ)与其比辐射率(ε)[1]在同一温度和波长下相等。因此,物体的吸收率就是它的比辐射率。该定律表明若物体辐射能力强,其吸收能力也强,反之,吸收能力则较弱;物体在温度 T 时,辐射出某一波长的辐射,那么在同一温度下它也吸收这一辐射。

普朗克定律给出了黑体辐射率与绝对温度 T 和波长 λ 的关系[式(7-3)],由此可知根据探测获取的单色辐射率 $I_{\lambda Tb}$,可得到 T。

$$I_{\lambda Tb} = \frac{2hc^2}{\lambda^5} \cdot \frac{1}{e^{\frac{hc}{a\lambda T}} - 1} \tag{7-3}$$

式中 h 为普朗克常数 $6.62607015 \times 10^{-34}~J \cdot s$,$\sigma$ 为斯蒂芬-玻尔兹曼常数 $5.67 \times 10^{-8}~W \cdot m^{-2} \cdot K^{-4}$,$c$ 和 λ 分别为波速和波长。

斯蒂芬-玻尔兹曼定律是指黑体辐射通量密度与其热力学温度(绝对温度)的四次方成正比,见式(7-4)。对于黑体而言,根据实际测量的辐射通量密度 E 可计算得到热力学温度,该温度是目标物真实物理温度。太阳表面的辐射通量密度可通过太阳常数计算得到,约为 $6.28 \times 10^7~W \cdot m^{-2}$,根据式(7-4)可计算出太阳表面温度约 5770 K。

---

[1] 比辐射率:物体实际辐射能量与黑体在同温度和波长下辐射能量之比。

$$E = \sigma T^4 \tag{7-4}$$

维恩位移定律是指黑体光谱辐射率极大值对应的波长 λ_m 与其绝对温度成反比,见式(7-5)。测量得到的太阳辐射率极大值对应的波长 λ_m 为 0.475 μm,根据式(7-5)也可计算得到太阳表面温度约为 6100 K。

$$\lambda_m T = 2897.6 \ \mu m/K \tag{7-5}$$

需要注意的是,以上的绝对温度、热力学温度是同一个概念,都是物体的真实温度,而色温描述的是光的颜色,与黑体辐射温度有关,亮温反映的是物体辐射强度,注意区分这几个概念。

(4) 太阳常数

为了更好地理解和测量太阳辐射,科学家们引入了太阳常数的概念。太阳常数是指在日地平均距离处大气层顶,垂直于太阳光线的单位面积、单位时间获得的太阳辐射能量,称太阳常数 S_0,世界气象组织推荐采用 1367 W·m^{-2}。也可利用式(7-6)估算 S_0。进一步,可根据太阳常数估算到达大气层顶的太阳短波辐射 S(公式 7-7)。

$$S_0 = \frac{4\pi R_s^2 \sigma T^4}{4\pi d^2} \approx 1370 \ W \cdot m^{-2} \tag{7-6}$$

$$S = \frac{\pi R_E^2 S_0}{4\pi R_E^2} \approx 342 \ W \cdot m^{-2} \tag{7-7}$$

式中 R_s、R_E、T、d 分别为太阳半径、地球半径、太阳表面温度和日地平均距离,σ 为斯蒂芬-玻尔兹曼常数。

(5) 大气对太阳辐射吸收和散射

太阳短波辐射经过大气层时要经过吸收、散射、反射的作用才能到达地球表面。大气中氧原子、O_3 和水汽分别对紫外光和红外光有很强的吸收作用(表 7-4),而对可见光具有较弱的吸收能力。水汽的强吸收波段范围更大,吸收能力更强。

表 7-4 大气 3 种气体成分的吸收能力

气体成分	强吸收波段	弱吸收波段
氧原子	<0.2 μm 的紫外光	0.69~0.76 μm 的可见光
O_3	0.2~0.32 μm 的紫外光	0.6 μm 的可见光
水汽	0.93~2.85 μm 的红外光 (3 个强吸收带)	0.6~0.7 μm 的可见光 (3 个弱吸收带)

太阳辐射在大气中传播时,还会遇到空气分子、尘粒、云滴等质点,这些质点会散射。散射过程根据入射辐射波长与散射质点的相对大小,可以分为以下三种类型。

分子散射(瑞利散射):当辐射波长远大于大气分子、颗粒的尺寸时,会发生瑞利散射。这种散射对较短波长的光更为有效,且波长越短,散射越强(约呈四次方的关系),这也是天空呈现蓝色,日出、日落呈现红橙色的主要原因。在日落时,太阳光线穿过大气层的路径更长,更多的蓝光和绿光被散射掉,留下较长波长的红光和橙光。大气中的尘埃和其他微粒也会增强这种效果,使得晚霞呈现出赤红或橙色。上述散射过程不仅影响太阳辐射的强度,还影响其方向性,使得太阳辐射到达地面之前在大气中多次散射,从而改变了辐射的分布。

米散射(米氏散射):当辐射波长与散射质点的尺寸相近时,会发生米氏散射。这种散射对所有波长的光都相对均匀,不依赖于波长。米氏散射在云层形成时尤为显著,因为云滴的大小与可见光波长相近。一般雾、云、烟尘、气溶胶的散射都属于米散射。

几何散射:当辐射波长远小于粒子尺寸时,主要发生几何散射,此时可用几何光学理论描述。该散射在光学仪器设计开发中应用较多。

太阳辐射经过大气层时,除了被吸收和散射,大气中的云层和较大颗粒的尘埃也能够反射部分太阳辐射能量,其中云层的反射作用最为显著,主要发生在云层顶部。云反射能力随云状和云厚而不同,例如,低云反照率普遍大于中云和高云,最大可达 90% 左右,而高云反照率最小,约 20%。云层越厚,云的含水量越大,云的反照率越大。

7.3.2 城郊太阳辐射差异

(1) 城市太阳直接辐射减少,散射辐射增多,太阳总辐射减弱

大量统计数据表明,市区的总辐射约比郊区少 10%~20%,尤其在冬季,当太阳高度角较小时,这种减弱更为显著,有时甚至可减少至 50%。造成这种现象的原因主要有 3 个方面:①城市空气污染导致低云量增多、空气浑浊度增大,降低了太阳辐射的透射率,使得到达城市下垫面的太阳直接辐射显著减弱;②由于云滴和颗粒状污染物的存在,城市大气浑浊度增大,使得到达下垫面的散射辐射量比乡村地区更大;③尽管散射辐射的增加在一定程度上补偿了直接辐射的减少,但增加量并不足以抵消减少量,因此城市下垫面的太阳总辐射量仍然比乡村地区少。

此外,城市散射辐射的测量比直接辐射更为困难,主要因为散射辐射仪容易受到地面反射或散射的强烈影响,导致测量结果不准确。城市散射作用的强度和理论计算比较复杂。

(2) 城市总辐射中短波辐射占比比郊区更少

城市太阳辐射中的短波部分极易被散射,导致总辐射中短波辐射相较于郊区偏少。这是因为城区大气中含有丰富的细颗粒状污染物和气态污染物,其粒径 γ 远小于入射波长 λ,瑞利散射普遍存在。根据瑞利散射原理,散射光的强度

和入射光波长 λ 的四次方成反比,因此波长较短的波更容易被散射,因此总辐射中的短波辐射所占比例偏少。

(3)城市太阳总辐射的时空变化比郊区复杂

因人类活动而引起空气污染的周期性和非周期性变化,使到达城区的地表太阳总辐射的时间变化比郊区更为复杂。因城市下垫面的复杂性,城区内部太阳总辐射空间分布也很复杂,需具体情况具体分析。例如,日常生活、工业生产和交通运输等活动产生的污染物,会随着时间的不同而发生相应的变化,从而影响太阳辐射的接收。特别是在一天中的午间时段(12:00—15:00),由于大气中的污染物浓度可能达到较高水平,总辐射的削弱效应最为显著。例如,在污染浓度大的工业区,地面所获得的太阳总辐射量必然减少;城市内建筑物密度大,在不同走向、不同狭窄度的街道,因房屋的遮挡,其太阳直接辐射的时间受到不同程度的限制,加上城市内部风向、风速的局地变化很大,在静风区的污染物不易扩散,太阳总辐射显著减弱;在通风较通畅的广场,情况相反,大气污染浓度小,太阳总辐射较强;当风由城市工业区吹来,且风速不大时,其下风方向大气污染浓度增加,太阳总辐射减小。相反,当风由郊区吹向城市时,城市大气透明度有所改善,太阳总辐射增加。

此外,城市地区总辐射的季节性变化也受到云量和污染物浓度季节性变化的影响,表现出与郊区不同的特点。城市中由于建筑物密集和热岛效应的存在,可能改变局部气候条件,进一步影响太阳辐射的分布和强度。例如,在某些季节,城市上空的云量可能会因为城市热岛效应而增加,这会减少到达地表的太阳直接辐射。同时,不同季节污染物的排放量和分布也会有所变化,这些因素共同作用,使得城市太阳总辐射的季节变化表现出更加复杂的模式。

(4)城市内部太阳总辐射的地区差异十分显著

城市内部太阳总辐射的空间差异显著。工业区因污染浓度高,太阳辐射量减少;高楼林立的区域,由于建筑遮挡,直接辐射受限;静风区污染物累积,进一步削弱太阳辐射;而通风良好的开阔地带,如广场,辐射强度较高。风向也会影响辐射分布,风从工业区吹来时,下风向的辐射减少;风从郊区吹来时,有助于提高城市大气透明度,辐射增强。这些因素共同作用,使得城市太阳辐射在不同区域间存在明显差异。

7.3.3 紫外线

(1)定义

紫外线(ultraviolet,UV)是电磁辐射波谱中波长为 $0.1 \sim 0.4\ \mu m$ 的辐射,是一种不可见光,其频率高于蓝紫光,因此人眼无法察觉。图 7-2 中

UV波长范围对应的黄色和橙色阴影面积从上到下分别表示大气层顶和地表接收到的太阳紫外辐射。概括来讲,太阳高度角、气溶胶、云量、O_3、地表反照率等因素均会影响到达地表的紫外辐射量,例如,太阳高度角最大时,紫外辐射也最强(图7-3)。我国自20世纪90年代开展紫外辐射的观测和研究,但观测站点较少,且时段较短。观测UV的仪器主要有滤光片式的紫外辐射表和紫外光谱辐射计。

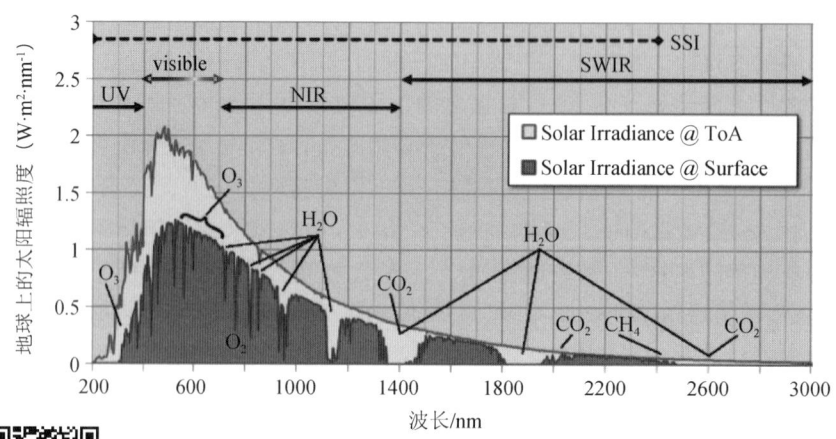

图 7-2 太阳辐射光谱
(UV、visible、NIR、SWIR 和 SSI 分别表示紫外辐射、可见光、近红外辐射、短波红外辐射和太阳辐照度,ToA 和 Surface 分别表示大气层顶和地表。图片引自 NASA Sun Climate)

图7-3显示紫外辐射和可见光辐射的日变化非常相似,在太阳高度角较小的清晨和下午晚些时候,紫外线辐射随时间的增加速率和衰减速率都比可见光辐射的要大。与地表温度的日变化(图7-4)对比可发现,紫外辐射和可见光辐射的日变化有明显差异,这主要是热响应所致。

太阳紫外线强度与温度高低并无直接关系,其强弱主要取决于太阳高度角,太阳高度角越大,紫外线辐射水平越高。因此夏季的紫外线辐射明显高于其他季节。一天中,中午紫外线辐射最强。不难发现,紫外线跟云层有着密切的关系,太阳垂直照在地面,紫外线穿过云层的距离最短,被吸收得最少,因此穿过云层的紫外线最多。尽管云层能吸收紫外线,但高达80%的紫外线辐射仍然能够渗透薄云,大气中的薄雾甚至能增加紫外线辐射的强度,所以多云的天气也不可不"防晒"。在海拔越高的地区,大气层相对越薄,所吸收的紫外线相对越少,到达地表的辐射相对偏多,所以青藏高原的人们总挂着"红脸蛋"。

根据《航天环境》(ISO 21348—2007)将紫外辐射分为10大类。紫外线最常见的天然来源是太阳光(0.1~0.4 μm),它会产生 UVA、UVB 和 UVC 3 种主要类型的紫外线。

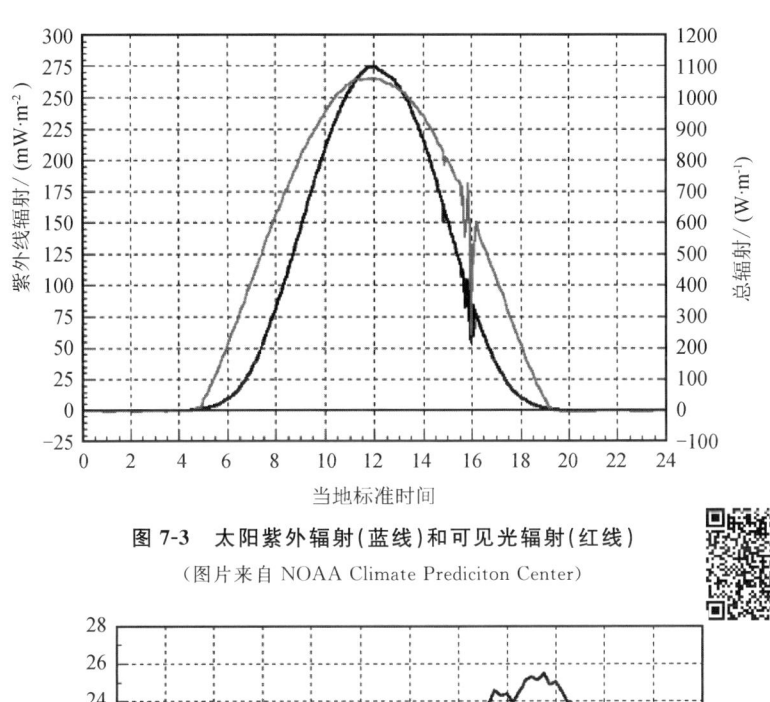

图 7-3 太阳紫外辐射(蓝线)和可见光辐射(红线)

(图片来自 NOAA Climate Prediciton Center)

图 7-4 地表温度的日变化

(图片来自 NOAA Climate Prediciton Center)

UVA(紫外线 A 波段)辐射波长 0.315～0.4 μm,生物作用较弱,主要以色素沉着作用为主,但由于波长较长,90%以上的 UVA 辐射可达到地表,并有少量到达人体真皮。UVB(紫外线 B 波段)辐射的波长为 0.28～0.315 μm,约 90%被大气吸收,约 10%可到达地表,并有少量到达人体表皮。适当照射能预防和治疗佝偻症,长期暴露于 UVB 下会损失皮肤和眼睛,引发皮肤过早衰老,还会使皮肤发红甚至出现红斑,从而引发红斑效应。UVC(紫外线 C 波段)辐射的波长最短(0.1~0.28 μm),几乎被大气层吸收而不能到达地面,0.253 μm 的紫外线具有很强的杀菌作用(张书余,2011)。

(2)紫外线指数

紫外线指数(UV index,UVI)是描述太阳 UV 辐射对人体皮肤潜在影响的无量纲数,根据《紫外线指数预报方法》(GB/T 36744—2018)计算 UVI 指数[式(7-8)]。

$$I_{UV} \approx \frac{Q_{UV} \cdot C}{\Delta I} \quad (7\text{-}8)$$

其中 I_{UV} 表示紫外线指数预报值,无量纲,四舍五入取整,Q_{UV} 为地面紫外辐照度预报值,单位 $W \cdot m^{-2}$,C 和 ΔI 分别为订正因子和与单位紫外线指数相当的紫外线辐照度,取值分别为 0.01 和 0.025 $W \cdot m^{-2}$。

根据世界卫生组织、世界气象组织、联合国环境计划署和国际非电离辐射保护委员会等于 2002 年联合制定的《全球太阳紫外线实用指南》(*Global Solar UV Index：A Practical Guide*),将紫外线强度划分为弱、中等、强、很强和极强 5 个等级,相应紫外线指数分别为 0~2、3~5、6~7、8~10 和 11 以上。通常规定夜间的 UVI 为 0,在热带、高原地区,晴天无云时 UVI 最大可达 15 以上。而我国 UVI 等级划分见表 7-5[引自《紫外线指数预报方法》(GB/T 36744—2018)]。需要注意的是,根据式(7-8),预报值 Q_{uv} 不能为 0,此时 I_{uv} 也不为 0。

表 7-5　我国紫外线指数等级表

等级	紫外线指数	紫外线照射强度	防护措施
一级	0,1,2	最弱	无须采取防护措施
二级	3,4	弱	可以适当采取一些防护措施
三级	5,6	中等	做好充足防护措施
四级	7,8,9	强	做好充足防护措施,且上午 10 时至下午 4 时避免外出
五级	≥10	很强	尽可能不在室外活动,若必须外出时,做好有效防护

最早开展紫外线指数预报的是澳大利亚的昆士兰州,现今关于紫外线的预报方法主要有模式预报:依赖于平流层臭氧的预报和大气辐射传输模型;统计预报:依赖于高精密度、高准确性的紫外线实测资料和相关的气象要素观测。

美国国家气象局使用计算机模型计算紫外线指数,该模型将太阳紫外线的地面强度与预测的平流层臭氧浓度、云量和地面高度相关联。澳大利亚则采用统计预报的方法。依据《紫外线指数预报方法》(GB/T 36744—2018),我国紫外线预报也采用统计预报方法。

(3)危害

紫外线对人体健康的影响。当户外艳阳高照时,我们喜欢把被子、衣物等物品拿到户外进行晾晒,这利用了紫外线强大的杀菌能力。紫外线具有穿透性和温热作用,人体适当地吸收紫外线有很多好处,可以促进局部血液循环、脱敏、止痛、促进伤口愈合、消毒等。通过紫外线照射的方式还能够促进人体对维生素D及钙元素、磷元素的吸收,有助于我们的骨骼生长和发育,促进身体的新陈代谢,增强自身免疫力。然而,吸收过量的紫外线辐射也会给我们的身体带来严重的伤害,紫外线能破坏人体皮肤细胞,导致皱纹、色斑,使皮肤未老先衰,严重时产生日光性皮炎及晒伤,或皮肤和黏膜的日光角化病。眼睛是紫外线的敏感器官,紫外线能对晶状体造成损伤,是老年性白内障致病因素之一。长期经受紫外线辐射可能导致基因突变,这有可能导致癌症。因此,在户外时,我们要注意遮阳和防晒,避免在阳光下暴晒。

紫外线对建筑材料的影响。高辐射能量能够破坏一些建筑材料的分子结构,导致其性能下降。长时间暴露在紫外线下,建筑物的外表面材料,如涂料、油漆和某些类型的塑料,会逐渐褪色和老化。高层建筑的玻璃幕墙尤其容易受到影响,紫外线不仅会导致玻璃表面老化,还可能影响玻璃内部结构的稳定性,从而降低其安全性能。

紫外线对城市建筑内部环境的影响。适量的紫外线具有杀菌作用,能够帮助净化室内空气,减少细菌和病毒的传播。然而,过量的紫外线照射可能对人体健康造成损害。紫外线能够穿透玻璃进入室内,长时间的暴露可能导致皮肤癌、白内障等健康问题。因此,在建筑设计时,需要考虑使用具有防紫外线功能的玻璃或其他材料,以保护居住者免受紫外线的伤害。

紫外线对城市建筑热工性能的影响。在炎热的夏季,紫外线和可见光、红外线共同作用,会使建筑物表面温度升高,增加室内空调的负荷,从而增加能源消耗。因此,在建筑设计中,需要考虑使用具有反射和隔热性能的材料,以减少紫外线和太阳辐射对建筑热工性能的影响。

紫外线对城市建筑的影响还体现在光污染上。城市中的玻璃幕墙和光滑的建筑表面会反射大量的紫外线和可见光,形成白亮污染。这种光污染不仅会影响人们的视觉舒适度,还可能干扰正常的生物节律,导致失眠、疲劳等症状。因此,在城市规划中,需要对建筑物的表面材料进行合理选择和控制,以减少光污染的产生。

(4) 紫外线的应用

紫外线在城市中的运用涉及多个领域,包括环境保护、医疗卫生、建筑设计等。如污水处理、空气消毒、物体表面消毒、冷却塔消毒等。紫外线技术在污水处理中扮演着重要角色,它可以高效杀灭污水中的细菌和病毒,且不会产生化学残留,是一种安全环保的消毒方式。紫外线污水消毒技术已经广泛应用于市政污水处理厂,以及工业废水和医院污水的处理。紫外线灯可以安装在空气管道中,通过发射紫外线来杀灭空气中的微生物(如病毒和细菌)。其在医院、诊所、办公室和住宅中都有应用。紫外线技术也可以用于消毒物体表面,如食品生产线中的传送带,通过紫外线照射来杀灭产品表面的微生物。紫外线系统可以安装在冷却塔的水循环系统中,通过紫外线杀菌作用来控制微生物的生长,降低杀虫剂的使用量,其也以应用于饮用水的消毒处理,确保饮用水的安全。

紫外线技术在城市中的应用不仅提高了居民生活质量,还为环境保护和公共卫生提供了有效的保障。随着技术的不断进步,紫外线消毒设备的功能和应用场景也在不断丰富,将在人类的历史舞台上扮演越来越重要的角色。

7.3.4 城市下垫面的反照率

反照率是指任何物体表面反射的总辐射与入射总辐射量的比值。通常是某个区域某一时段的平均值,结果保留小数点后两位。平均而言,城市下垫面的反照率比郊区下垫面的反照率低,不同性质下垫面的反照率如表 7-6 所示。

表 7-6 城郊下垫面反照率性对比

城市下垫面性质	地面反照率	郊区下垫面性质	地面反照率
1.道路		1.土壤 黑、湿	0.05～0.40
沥青	0.05～0.20	2.农田	0.10～0.27
2.墙壁		3.森林	0.14～0.20
砖	0.20～0.40	4.沙漠	
石	0.20～0.35	灰色、细亮沙	0.21～0.37
混凝土	0.10～0.35	石英矿、白沙	0.35～0.60
3.屋顶		5.草	
柏油和砾石	0.08～0.18	长(1.0 m)	0.16
瓦片	0.10～0.35	短(0.02 m)	0.26
石板瓦	0.10	6.苔原	0.18～0.25
茅草屋顶	0.15～0.20	7.果园	0.15～0.20
波纹铁	0.10～0.16	8.水体	
4.窗		天顶角小	0.03～0.10
清洁玻璃		天顶角大	0.10～0.90
天顶角小于 40°	0.08	9.雪	
天顶角在 40°～80°	0.09～0.52	污浊雪面	0.40～0.50
5.涂漆		普通雪面	0.60～0.70
白色、白涂料	0.50～0.90	新鲜雪面	0.80～0.95
红、棕、绿	0.20～0.35	10.冰面	0.45～0.50
黑	0.02～0.15	11.水面	0.30～0.45
		12.冰川	0.20～0.40

引自 Oke 等(2017)。

城市下垫面不同材质墙壁、屋顶的反照率差异显著,例如砖块墙壁的反照率最高可达 0.40,而混凝土墙壁的反照率最低为 0.10,瓦片屋顶的反照率最大可达 0.35,而石板瓦屋顶反照率只有 0.10,建筑材料外观涂漆颜色极大影响反照率,例如白色外观建筑的反照率明显大于其他颜色外观建筑反照率。郊区土壤反照率会因土壤含水量、颜色差异较大,较矮草地的反照率要高于大多数屋顶的反照率和沥青道路的反照率。

城市下垫面的反照率与城市热环境质量紧密相关,它不仅受下垫面材料本身反射特性的影响,还受到城市自身空间结构的显著影响。城市内部的多次反射辐射现象是由城市下垫面的形态构造所决定的。由于城市建筑物密集,形成了复杂的立体反射面,太阳辐射在这些表面上经过多次反射,增加了在受射面上的累计吸收次数,从而减少了最终被反射的能量。

城市热环境是一个综合的物理系统,它以空气温度和下垫面表面温度为核心指标,涵盖了多种影响因素。这些因素包括太阳辐射、人为热、大气状况(如风速、大气浑浊度、空气湿度)以及下垫面状况(如下垫面类型、反照率、发射率、热导率、热容等)。这些因素共同作用,影响着城市中人们的热舒适度和健康。因此,为了改善城市热环境质量,需要综合考虑这些因素,采取相应的城市规划和建筑设计措施,如增加绿化、使用高反射率材料、改善通风条件等,以降低城市热岛效应,提升城市居民的生活质量。不过有研究发现(Guo 等,2022)1986—2018 年中国城市的反照率每十年增加+0.0044(基于 Landsat 资料),平均辐射强迫为 $-7.757 \text{ W} \cdot \text{m}^{-2}$,这意味着城市化具有冷却效应。

7.3.5 城市的地表净辐射

(1)地表净辐射 Q^*

地表净辐射 Q^* 是指到达地表的向下净太阳辐射与向下净长波辐射之和,具体计算见式(7-9)。Q^* 是地表面与大气边界层能量、动量、水分输送与交换过程中的主要能源,是衡量地表吸收和反射太阳辐射能量差异的关键指标。城市下垫面的反照率、粗糙度及比辐射率等显著影响 Q^* 的大小,从而进一步影响气候。研究发现净辐射通量夏季最高,春季次之,秋季和冬季较低(王菲菲等,2018)。

$$Q^* = Q(1-\alpha) + Q_{L\downarrow} - Q_{L\uparrow} \tag{7-9}$$

式中 α 为下垫面反照率,Q 为到达地面的太阳总辐射,$Q_{L\downarrow}$ 和 $Q_{L\uparrow}$ 分别表示大气逆辐射和地面长波辐射。

下垫面反照率 α 可通过观测得到,也可通过参数化方法估算,例如基于转换方程(王菲菲等,2018)或基于太阳高度角得到(崔耀平等,2012)。不同下垫

面反照率对 Q^* 影响很大,如道路、林地、房屋、草地的反照率依次为 0.125、0.18、0.224、0.25,向上短波辐射依次增加,这表明其辐射冷却作用也依次增强。

地表接受的太阳短波净辐射 $Q(1-\alpha)$ 与污染物浓度密切相关。例如,研究发现城市的污染物会使冠层顶部的向下太阳辐射减小 10%～20%,颗粒物也使城市反射率增大(蒋维楣等,2010),向下短波辐射与 $PM_{2.5}$ 浓度在午后无云条件下有较强的负相关关系,当 $PM_{2.5}$ 浓度较高时值较小,且变化范围也较小,反之则值较大,且变化范围和极大值也较大(胡森林和刘红年,2017)。建筑物和粗糙元会阻截太阳直接辐射,我们把这种效应称为辐射陷阱效应,研究发现南京市城市辐射陷阱效应导致截留的短波辐射日均值可达 23.7 W·m^{-2}(孙仕强等,2013)。

到达地表的太阳总辐射 Q 分为太阳直接辐射和散射辐射。根据《太阳直接辐射计算导则》(GB/T 37525—2019)将太阳直接辐射分为水平面直接辐射和法向直接辐射。计算太阳直接辐射的方法分两种,一种是基于总辐射、散射辐射和水平面直接辐射实测数据之间的物理关系得到,另一种方法是基于地面观测相关气象要素与直接辐射的统计关系计算得到。我国东南沿海地区太阳直接辐射 Q 变化主要受到低云量、气溶胶、总云量、日照时数的影响(赵春霞等,2013)。

(2) 大气逆辐射 $Q_{L\downarrow}$

大气凭借自身的温度向外辐射能量称为大气辐射。地—气之间的长波辐射主要有两个方向:一个是向上的地面辐射 $Q_{L\uparrow}$,另一个是向下的大气逆辐射 $Q_{L\downarrow}$。大气辐射中一小部分向上散失于宇宙空间,其余大部分向下,归还给地面(特别是云层较厚或水汽含量较多时),这部分向下传递的能量即大气逆辐射 $Q_{L\downarrow}$。可采用式(7-10)估算。

$$Q_{L\downarrow} = \varepsilon \varepsilon_a T_a^4 \tag{7-10}$$

式中 ε、ε_a、T_a 分别表示地表发射率[①]、无云时的大气发射率和气温。值得注意的是,如果天空中有云,则大气的逆辐射大大加强,考虑到云层的影响,还需在上述公式基础上添加云层的向下辐射能量。

城市与郊区相比,通常城区的大气逆辐射 $Q_{L\downarrow}$ 更高,这种现象主要与城市热岛效应、温室气体的保温作用以及大气污染有关。城区的地表温度普遍高于郊区,导致城市近地层气温普遍高于郊区,从而增加大气逆辐射;城区由于工业和交通活动频繁,排放的温室气体(如 CO_2)较多,其对地面发射的长波辐射具

---

① 发射率:物体实际辐射能量与同温度和波长下黑体辐射能量的比值。因此,在同一温度和波长下,物体的发射率就是比辐射率,用 ε 表示。

有很强的吸收能力,能够起到保温作用,并重新将能量辐射回地面;城市空气中的气溶胶粒子、大气污染物等较多,可以吸收地面发射的长波辐射,并将其重新向下辐射,增加城市大气逆辐射的强度。

(3) 地面向上长波辐射 $Q_{L\uparrow}$

地面向上长波辐射 $Q_{L\uparrow}$ 可用辐射表直接观测,也可根据斯蒂芬-玻尔兹曼定律计算[式(7-11)]。$Q_{L\uparrow}$ 大小主要取决于下垫面温度和地表反照率。

$$Q_{L\uparrow}=\alpha\sigma T_s^4 \tag{7-11}$$

式中 α 为地表反照率,斯蒂芬-玻尔兹曼常数 $\sigma=5.67\times10^{-8}\text{w}\cdot\text{m}^{-2}\cdot\text{K}^{-4}$,$T_s$ 为地表温度。

7.3.6 城市内的辐射特征

城市冠层街区尺度的辐射特征极为复杂,一方面街区由多种具有不同反射率[①]和发射率的物质组成,这些物质的组合和分布对辐射的吸收和发射有显著影响。另一方面,街区的二维结构使得不同坡度和形态的表面在辐射交换中扮演不同角色,这些表面可能会发射辐射、反射辐射或阻碍辐射的传播。有学者采用城市地表辐射参数化方案(net all-wave radiation parameterization,NARP)来模拟北京地表不同下垫面辐射变化的物理过程(崔耀平等,2012),研究发现不同下垫面对各辐射分量的影响不同,向上长波辐射的值很大,占到全年进入地表总辐射能量的84.3%,城市扩展过程中常见的林地-道路、草地-道路、草地-房屋等,净辐射都呈现出持续增加态势。

城市边界层的辐射特性与乡村环境有显著差异。城市中由燃烧、工业排放、车辆和建设活动产生的气溶胶,以及通过气粒转化形成的二次气溶胶,都富含在城市边界层中,影响辐射特性。例如,城市大气中富含如 CO_2、CH_4、N_2O 等辐射活性气体,这些气体通常吸收和发射长波辐射。城市污染改变了边界层中气溶胶和气体的组成,影响辐射的吸收、透射反射和散射过程,进而影响能见度、城市表面接收的辐射能谱和温度结构。

7.3.7 太阳能在城市中的应用

太阳能在城市中应用广泛,涵盖了发电、供热、照明等多个领域,主要应用之一是利用光伏效应将太阳能转换为电能。太阳能电池是利用光伏效应将太阳光能直接转换成电能的半导体器件。它们由一层或两层半导体材料(通常是硅)组成,当光线照射在电池上时,会在各层之间产生电场,从而导致电流流动。

---

① 反射率:物体对特定波长范围内反射能量与入射能量比值。反照率强调的是整个电磁波谱范围内,具有宏观和长期平均的特点。

这种技术的应用不仅有助于减少对化石燃料的依赖,还能降低环境污染,是推动可持续城市发展的重要途径。

太阳能技术在建筑设计和城市规划中扮演着重要角色。通过优化建筑朝向和设计,以及集成太阳能发电系统,可以提高城市的能源利用效率。城市建筑中应用太阳能供暖、制冷,可节省大量电力、煤炭等资源,而且不污染环境。在年日照时间长、空气洁净度高、阳光充足而缺乏其他能源的地区,采用太阳能供暖、制冷,尤为有利,因此太阳能建筑具有巨大应用前景,但是目前太阳能建筑还存在投资大、回收年限长等问题。

上述应用不仅有助于减少城市对传统能源的依赖,降低碳排放,还能改善城市环境,提高居民的生活质量。随着太阳能技术的发展和应用,未来太阳能在城市建筑、交通运输、农业等多个领域的综合利用将更加广泛和深入,为实现绿色、可持续的城市发展做出重大贡献。

延伸阅读

2024年3月,国家发展改革委、住房城乡建设部联合印发《加快推动建筑领域节能降碳工作方案》(以下简称《方案》),《方案》指出建筑领域是我国能源消耗和碳排放的主要领域之一。加快推动建筑领域节能降碳,对实现碳达峰碳中和、推动高质量发展意义重大。该方案提出的重点任务之一是优化城镇新建建筑节能降碳设计。

绿色照明作为建筑节能中重要的组成部分,也在不断发展以达到节能目的。导光管照明技术正是绿色照明技术中最为成熟、经济,应用最为广泛的一种,已列入各类建筑设计标准中。导光管采光系统已经在国内众多大型、公共建筑中得到广泛应用。导光管照明与传统照明相比较具备节能、环保、健康、安全、防火、防盗、隔音、隔热,光线均匀、柔和、色彩富于变化等优势。导光管采光系统的工作原理是使用室外的采光罩装置收集太阳光,借助于内部存储设备存在系统内部,其经过导光管的高效传输,被室内空间的漫射器均匀分配到室内任何需要光线的地方。通过采集装置的采集和存储,可以实现在阴雨天也会有良好的照明效果。

深圳地铁9号线深圳湾公园站采用导光管系统,引入自然光使地下空间营造出自然生态的空间环境,不仅增强了站内建筑空间立体感,更实现了绿色照明、节能低碳的目的。导光管系统位于公园站休闲景观区域,在站体中部设置2个 $7.9 \text{ m} \times 3.3 \text{ m}$ 采光天井,两侧各设置3个直径2.4 m的导入系统,采光系统覆盖范围约 500 m^2。因光线在导光管系统中传输比在空气中传输的光损小,所以导光管系统通过很小的采光面积(1/6天窗面积)就能达到天窗采光的效果。

导光管入射光线柔和,照明面积大,照度分布均匀,有效作用时间长,采光效率高,可以捕获低角度光线,因此不仅早上及傍晚室内采光有保证,而且阴雨天也能解决照明问题。经计算,6套系统平均每天可节约 10 h 的电力照明用电,每年约可节省4.2万元。导光管系统开洞尺寸小、密封性能好,且不会产生热量,从而降低了冷、热传导系数,保温隔热性能好,相比传统照明方式(如电力照明、天窗照明),节省了采暖和制冷能耗,1年节省空调制冷费约0.7万元。与此同时,采用导光管系统可节省白天的电力照明设备维护费和更换费,以及人工定期清洁费用(马沙和刘永祥,2019)。

参考文献

[1] 王嘉悦.习近平生态生产力理念研究[D].吉林:吉林大学,2021.

[2] 中华人民共和国国家质量监督检验检疫总局,中国国家标准化管理委员会.地面气象观测规范 日照.GB/T 35232—2017[S].北京:中国气象局,2017.

[3] 辽宁省市场监督管理局.气象旅游资源等级划分:DB21/T 3862—2023[S].辽宁:辽宁省市场监督管理局,2023.

[4] 汪姚,黄莉,尚丽君,等.1960—2018年中国日照时数变化及其与大气环流的关系[J].热带气象学报,2024,40(1):146-155.

[5] Song Z Y,Chen L T,Wang Y J,et al. Effects of urbanization on the decrease in sunshine duration over eastern China[J]. Urban Climate,2019,28:100471.

[6] 王宏,郑秋萍,蒋冬升,等.福州市太阳总辐射变化特征及与PM、O_3关系分析[J].生态环境学报,2020,29(4):771-777.

[7] 中华人民共和国国家质量监督检验检疫总局,中国国家标准化管理委员会.地面气象观测规范 辐射:GB/T 35231—2017[/S/OL].北京:中国气象局,2017.

[8] 杜春丽,沈新勇,陈渭民,等.43a来我国城市气候和太阳辐射的变化特征[J].南京气象学院学报,2008,(2):200-207.

[9] 程琦,吴阜麒,魏临风,等.中国30年平均1-km月度气候要素数据集(1951—1980,1981—2010)[DS].全球变化数据学报(中英文),2022,6(4):533-544,698-709.

[10] 中华人民共和国国家质量监督检验检疫总局,中国国家标准化管理委员会.地面标准气候值统计方法:GB/T 34412—2017[S].北京:中国气象局,2017.

[11] 李慧群,付遵涛,闻新宇,等.中国地区日照时数近50年来的变化特征[J].气候与环境研究,2013,18(2):203-209.

[12] 汪姚,黄莉,尚丽君,等.1960—2018年中国日照时数变化及其与大气环流的关系[J].热带气象学报,2024,40(1):146-155.

[13] Zheng X B,Kang W M,Zhao T L,et al. Long-term trends in sunshine duration over Yunnan-Guizhou Plateau in Southwest China for 1961—2005[J]. Geophysical Research Letters,2008,35(15).

[14] 胡慧敏,吴薇,杜冰.四川省1969—2018年日照时数变化规律及未来趋势分析[J].成都信息工程大学学报,2023,38(5):611-614.

[15] 闫军辉,魏然,王娟,等.近百年北京市日照时数变化特征及其未来趋势[J].信阳师范学院学报(自然科学版),2023,36(4):605-610.

[16] Wang Y W,Wild M,Sanchez-Lorenzo A,et al. Urbanization effect on trends in sunshine duration in China[C]//Annales Geophysicae. Göttingen,Germany:Copernicus Publications, 2017, 35(4):839-851.

[17] 赵娜,刘树华,杜辉,等.城市化对北京地区日照时数和云量变化趋势的影响[J].气候与环境研究,2012,17(02):233-243.

[18] Song Z Y,Chen L T,Wang Y J,et al. Effects of urbanization on the decrease in sunshine duration over eastern China[J]. Urban Climate,2019,28:100471.

[19] Jin K,Qin P,Liu C X,et al. Impact of urbanization on sunshine duration from 1987 to 2016 in Hangzhou City,China[J]. Atmosphere, 2021,12,211.

[20] Wong L. A review of daylighting design and implementation in buildings[J]. Renewable and Sustainable Energy Reviews, 2017, 74:959-968.

[21] 中华人民共和国住房和城乡建设部,中华人民共和国国家质量监督检验检疫总局.建筑日照计算参数标准:GB/T 50947—2014[S].北京:中华人民共和国住房和城乡建设部,2014.

[22] 中华人民共和国住房和城乡建设部.城市居住区规划设计标准:GB 50180—2018[S].北京:中华人民共和国住房和城乡建设部,2018.

[23] Littlefair P. Daylight,sunlight and solar gain in the urban environment[J]. Solar Energy, 2001,70(3):177-185.

[24] 中华人民共和国住房和城乡建设部.建筑采光设计标准:GB 50033—2013[S].北京:中华人民共和国住房和城乡建设部,2012.

[25] 国家技术监督局,中华人民共和国建设部.建筑气候区划标准:GB 50178—93[S].北京:国家技术监督局,1993.

[26] 中华人民共和国住房和城乡建设部.住宅设计规划:GB 50096—2011[S].北京:中华人民共和国住房和城乡建设部,2011.

[27] 张书余.城市环境气象预报技术[M].北京:气象出版社,2011.

[28] 国家市场监督管理总局,中国国家标准化管理委员会.紫外线指数预报方法:GB/T 36744—2018[S].北京:中国气象局,2018.

[29] Guo T C,He T,Liang S L,et al. Multi-decadal analysis of high-resolution albedo changes induced by urbanization over contrasted Chinese cities based on Landsat data[J]. Remote Sensing of Environment,2022,269:112832.

[30] 王菲菲,赵小锋,刘秀广,等.城市地表净辐射通量的季相变化及与地表覆盖格局的关系研究[J].地球信息科学学报,2018,20(8):1160-1168.

[31] 崔耀平,刘纪远,胡云锋,等.城市不同下垫面辐射平衡的模拟分析[J].科学通报,2012, 57(6):465-473.

[32] 蒋维楣,苗世光,张宁,等.城市气象环境与边界层数值模拟研究[J].地球科学进展,2010,25(5):463-473.

[33] 胡森林,刘红年.合肥市 $PM_{2.5}$ 对城市辐射和气温的影响[J].气象科学,2017,37(1):78-85.

[34] 孙仕强,刘寿东,王咏薇,等.城、郊能量及辐射平衡特征观测分析[J].长江流域资源与环境,2013,22(4):445-454.

[35] 国家市场监督管理总局,中国国家标准化管理委员会.太阳直接辐射计算导则:GB/T 37525—2019[S].北京:中国气象局,2019.

[36] 赵春霞,郑有飞,吴荣军,等.我国东南沿海地区城市太阳辐射变化差异及其影响因素分析[J].热带气象学报,2013,29(3):465-473.

[37] 国家发展改革委,住房城乡建设部.加快推进建筑领域节能降碳工作方案[R/OL].(2024-03-12)[2024-09-05].https://www.gov.cn/zhengce/content/202403/content_6939606.htm.

[38] 马沙,刘永祥.深圳地铁 9 号线导光管采光系统应用实践[J].铁路技术创新,2019(5):18-21,8.

第8章 城市热量平衡和水分平衡

城市下垫面的形态复杂性、粗糙度高,对湍流运动和水热平衡有着显著影响,且城区人口密集和人类活动频繁,其热量平衡和水分平衡与郊区下垫面存在显著差异。随着城市化的快速发展,地表能量收支和水平衡在年际和年代际尺度上的变化,要求我们对城市下垫面进行更深入的理解和研究。城市下垫面地气相互作用也是大气边界层研究的热点和难点(沙杰,2021)。

城市热量平衡与水分平衡在城市气候中发挥着至关重要的作用,同时也是城市热岛效应、城市大气边界层数值模式、城市气候学、城市污染气象学、城市湍流扩散及城市环境生态学等的研究基础。例如,城市化进程中产生的雾霾和生活污水对城市环境生态学造成了显著影响。雾霾会降低能见度和日照时数,进而影响辐射平衡;同时随着城市化和工业化进程的加快,生活污水的产生量不断增加,生活污水及其处理亦是城市水循环的重要组成部分。鉴于水资源供给与需求之间日益尖锐的矛盾,如何通过降低污染以及增加回用等措施来优化水资源供给,受到了广泛关注。有研究指出,城市污水在水量水质方面相对稳定,处理难度和费用较低,因此对其实施深度处理并加以回用是缓解水资源短缺的有效途径(常会庆和王浩,2015;冯境华,2022;胡庆芳等,2022)。本章节介绍城市地表能量平衡方程、城郊热量平衡的变化、城市水分平衡方程和海绵城市等相关内容。

8.1 城市地表能量平衡方程

8.1.1 城市地表能量平衡方程

城市地表能量平衡(surface energy balance,SEB)是指建筑物—空气—地面系统之间的能量交换达到动态平衡的状态,基于能量守恒定律可列出城市地表能量平衡方程[式(8-1)]。

$$Q^* + Q_F = Q_H + Q_E + \Delta Q_S + \Delta Q_A \tag{8-1}$$

式中等式左边为能量输入项,Q^*、Q_F 分别为地面净辐射、人为热,等式右边为能量输出项,Q_H、Q_E、ΔQ_S 和 ΔQ_A 分别代表城区下垫面与大气的湍流显热交换、蒸发和蒸腾潜热交换、下垫面存储的热量和热量的平流变化,各项单位均为 $W \cdot m^{-2}$。

从式中可以看出城市下垫面获取的能量包括净辐射 Q^* 和人为热 Q_F,这些能量一部分储存在下垫面内部 ΔQ_S,其余的部分则通过 Q_H、Q_E 等方式输送给空气。ΔQ_A 一般很小,可忽略不计,但是当有强烈天气过境(如寒潮、台风)时,不可忽略。Q_H 和 Q_E 的比值称为波文比,常用 β 表示,它是陆面过程中的一个关键参数,对地表和大气间的能量交换具有显著影响,城市地区的 β 往往大于1。

图 8-1 展示了城市和乡村热量收支情况,由于地表至城市粗糙子层顶以下的区域热量交换较为频繁,因此图中空气柱的高度也可取粗糙子层顶的高度,厚度约为 2~5 倍冠层高度,其中 ΔQ_{A_1} 和 ΔQ_{A_2} 表示平流进入和流出的热量,ΔQ_{S_1} 和 ΔQ_{S_2} 分别表示下垫面温度变化存储的热量 ΔQ_{S_1} 和地表向下传导的热量 ΔQ_{S_2}。另外,城市地表能量平衡也存在不闭合问题(孟春雷,2014),即收入不等于支出的情况。

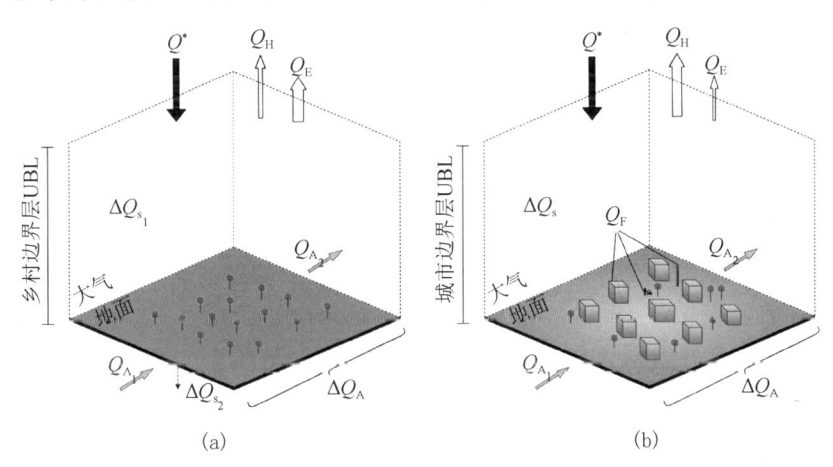

图 8-1 乡村(a)和城市(b)单位时间单位截面积空气柱和地下热传导为零对应深度的热量平衡

(单位:$W \cdot m^{-2}$,改编自:Oke等,2017)

由于乡村人为热 Q_F 往往较城市显著偏小,可忽略不计,储热 ΔQ_S 主要通过地表向下进行传导 ΔQ_{S_2} 热量,因此式(8-1)可简化为式(8-2)。

$$Q^* = Q_H + Q_E + \Delta Q_{S_2} + \Delta Q_A \tag{8-2}$$

8.1.2 人为热 Q_F

(1)定义和分布

人们日常生活、生产制造及生物新陈代谢所产生的热量称为人为热。例如工厂烟囱的排烟温度大多在 100 ℃ 以上，机动车排气歧管的温度高达 200～700 ℃，一些焚烧场的烟气排放初始温度可高达 1000 ℃。人体也是一个移动热源，人体的散热方式及散失的热量详见表 8-1。在城市环境中，由于人口密集、工业活动频繁、供暖需求和交通工具的使用，人为热的产生量显著高于郊区。概括来讲，人为热在城市热量平衡中的占比与多种因素有关，包括纬度、城市规模、人口密度、能源消耗水平、城市下垫面性质、区域气候条件（如沿海、山区、平原等）等。例如高纬度地区的城市，如莫斯科，由于其寒冷的气候条件，人们需要更多的供暖来保持室内温暖，因此人为热的产生量会相对较大；相反，在低纬度地区，如新加坡，由于气候温暖，供暖需求较小，人为热的产生量相对较小。美国曼哈顿和中国香港人口密度相差 5 倍，所处纬度差异也较大，人为热可相差十几倍（周淑贞和束炯，1994）。城市下垫面，如建筑材料和地面覆盖类型也会影响人为热的产生。如有的城市使用大量混凝土和沥青，由于这些材料的热容量较低，会在日间强烈吸收并快速释放热量，导致人为热的显著增加。

表 8-2 展示了城市尺度不同密度建筑物人为热的典型估算值（Oke 等，2017），可以发现城市尺度建筑物密度增加，Q_F 年均值和年较差显著增加，且冬季值高于夏季（表 8-2），大型高密度城市中心和重工业区城市人为热的典型值见表 8-3。

表 8-1　人体每天的散热方式及其散失的热量

散热方式	散失的热量(kJ/d)	占比
传导、对流、辐射	8778	70.0%
皮肤水分蒸发散失的热量	1818.3	14.5%
呼吸道水分蒸发散失的热量	1003.2	8.0%
呼吸散失的热量	438.9	3.5%
加温吸入气、食物传递的热量	313.5	2.5%
屎尿带走的热量	188.1	1.5%

引用苗世光等(2023)。

表 8-2　城市尺度不同城市密度条件下 Q_F 的典型值

城市类型	年平均	冬季	夏季
大型、高密度城市	60～160 W·m^{-2}	100～300 W·m^{-2}	>50 W·m^{-2}
中等密度城市	20～60 W·m^{-2}	50～100 W·m^{-2}	15～50 W·m^{-2}
低密度城市	5～20 W·m^{-2}	20～50 W·m^{-2}	<15 W·m^{-2}

表 8-3　街区尺度不同城市密度条件下 Q_F 的典型值

城市类型	小时值
大型高密度城市中心	100~1600 W·m^{-2}
中等密度城市中心	30~100 W·m^{-2}
重工业区	300~650 W·m^{-2}

从区域和全球尺度来看,人为热排放具有极其显著的空间异质性。全球平均人为热释放通量仅约 0.03 W·m^{-2},相较于净辐射、显热和潜热等,绝对值占比很小。不同区域的人为热强度差异也十分明显,如美国、西欧、中国的排热强度分别为 0.39 W·m^{-2}、0.68 W·m^{-2}、0.28 W·m^{-2}。中国人为热排放也具有典型的地域分布特征,华北、华东、华中和华南等经济发达地区明显高于周边地区,西北地区相对较小。上海是全球年均人为热最大值地区,2010 年最大为 113.5 W·m^{-2}(谢旻等,2015),其中取暖季值较非取暖季高(蔡一乐,2022)。

(2) 特点

人为热具有两个显著的特点。第一,它主要来自固定热源,如工厂、企业和建筑物,其次是移动热源,例如汽车和摩托车,这些交通工具在运行过程中也会释放大量热量。第二,人为热的排放量表现出明显的季节性和日变化。例如,在冬季,由于太阳高度角较低,白昼时间较短,太阳辐射量减少,居民为了取暖而消耗的能源显著增加,人为热也随之增加,这种季节性变化在不同城市中可能有所不同,但总体趋势是一致的。

(3) 计算方法

人为热难以直接观测,国内外已有不少学者对不同尺度的人为热排放进行了定量研究(刘嘉慧等,2018)。现有以下三种计算方法(王业宁等,2016),各有优缺点,适用范围不同。因此不同空间尺度的人为热排放量需要选择合适的计算方法。

源清单法:通过将能耗数据全部转换成热量从而得出人为热空间分布。该方法常用的数据包括各行业煤、油、电等能耗,机动车燃烧效率和热值、气温数据、人口数据、GDP 数据等。该方法较为简单,使用广泛,但不能区分显热和潜热,且时空分辨率较低。有学者将人为热分为交通排放、地区建筑能耗、工业排放和人体代谢产热,其中建筑排热又可分为用电和建筑供暖产热,人体代谢可用式(8-3)(桂煜,2019)计算:

$$Q_F = \frac{N(P_1 \times t_1 + P_2 \times t_2)}{S \times T} \quad (8-3)$$

式中 $t_1 = 12$ h,$t_2 = 8$ h 分别为白天清醒和晚上睡眠的时间;$P_1 = 175$ W,$P_2 = 75$ W 分别为日间活动和夜间活动的新陈代谢功率;N 为估计区域的总人数,S 为面积。钱静等(2023)基于能源、交通、人口和 GDP 资料估算的我国一线城市和工业较发达城市中心的人为热通量值在 80~200 W·m^{-2}。冯倍嘉(2021)采用源清单法对人为热进行评估,研究发现 2007—2015 年珠三角地区年平均人为热均大于 9 W·m^{-2},人为热排放峰值出现在 2010 年,趋势为先增加后减少。高值区(>20 W·m^{-2})主要分布于珠三角地区中心地带的城市群。

平衡方程法:通过估算或观测除人为热的其他量,间接计算出人为热的方法[式(8-1)]。可以通过遥感影像、再分析资料和观测资料等估算较大范围人为热。计算结果的准确度依赖于资料的分辨率,且由于计算变量较多,存在误差积累的弊端。刘嘉慧等(2018)基于能量平衡模型,采用 Landsat TM 影像资料研究厦门人为热排放特征,研究发现工业区人为热高于其他类型的城市功能区,人为热时空分布的差异性与用地类型、人口数量与经济发展程度密切相关,而且建筑物的密度、高度和下垫面的材料通过影响其他地表通量来改变人为热排放的大小;彭婷等(2021)进一步研究发现广州中心城区的人为热排放景观异质性增强,破碎程度提高,不同等级区人为热排放的景观格局演变具有明显差异。

建筑模型法:利用已经建好的建筑模型,得到不同类型建筑的人为热排放量,接着推广到整个研究区域。其基本原理是根据室内外气象条件、围护结构[①]情况,利用动态传热过程计算室内特定温度下的能量得失情况,反映排热强度(王业宁等,2016)。

8.1.3 城区地-气显热 Q_H 和潜热 Q_E 交换

显热交换 Q_H 和潜热交换 Q_E 是影响地表与大气之间能量交换的两种主要方式。显热交换主要取决于地表温度、气温和空气动力学阻力,而潜热交换则受水汽密度、风速和温度等因素的控制。在大多数情况下,城区 Q_H 大于 Q_E,尤其是在干燥的天气下,Q_H 成为地表向大气输送热量的主要途径。然而,在雨后或湿度较高的条件下,城区潜热通量可能也会超过感热通量。这是因为下垫面向空气输送的潜热主要取决于下垫面可供蒸发的水分。夜间,显热通量通常由下垫面向大气输送,这种现象在大城市中尤为明显;相反,在郊区,午后日落前显热通量可能降至零以下,此时大气通过湍流交换向下垫面输送热量。总的来说,城市和郊区在下垫面的性质、降水处理方式以及植被覆盖等方面存在差异,共同影响了显热通量和潜热通量的垂直输送。城市中的热量交换更多依赖于显热通量,而郊区则在潜热通量方面表现更为显著。

---

① 围护结构:指建筑物及房间各面的围护物,分为透明和不透明两种类型。

显热通量 Q_H 和潜热通量 Q_E 通常采用涡度相关法、波文比方法、空气动力学方法(也称"通量梯度法")计算。

(1)涡度相关方法(eddy covaricnce,EC)

涡度相关方法是测量湍流热通量最直接的方法,具有观测频率高、时间连续、稳定性好等优势。涡度相关法通过对大气中的垂直风速和所关注的标量如温度或水汽密度进行高频(如 10 Hz)观测,利用这些高频观测的时间序列计算雷诺协方差,获取标量通量。例如,潜热通量的计算式为:

$$Q_E = \lambda \overline{w' \rho_v'} \tag{8-4}$$

式中,Q_E 为潜热通量,w' 为垂直风速脉动值,ρ_v' 为水汽密度脉动值,λ 为蒸发潜热,上横线表示时间平均。基于 EC 观测原理,对于公式中各分量需使用具有较高时间分辨率、响应速度以及高精度的仪器进行观测。各分析仪的采样频率至少为 10 Hz,平均时间通常选为 30 min,以此有效地捕捉大气中不同频率的湍涡交换信息,保证观测结果的准确性。

(2)波文比方法

波文比(β)为地表感热通量与潜热通量的比值。波文比法依据能量平衡原理,并假设热量和水汽的传输系数相等,通过测量空气的温度梯度和湿度梯度,计算地表感热通量或潜热通量。该方法物理原理明确,所需实测参数包括可利用能量和两层高度上的空气温度及湿度,计算方法简单。

(3)空气动力学方法

具体是利用大气中不同高度的温差或湿度差与气体交换系数的乘积确定湍流通量。例如运用式(8-5)~式(8-7)计算,其中式(8-7)是彭婷等(2021)提出的。另外,潜热还包括植物蒸腾作用损失的热量,植物蒸腾速率不仅与温度、光照等有关,还与植被本身生理特征有关。

$$Q_H = -c\rho K_h \frac{T_2 - T_1}{z_2 - z_1} \tag{8-5}$$

$$Q_E = -c\rho K_v \frac{\rho_{v_2} - \rho_{v_1}}{z_2 - z_1} \tag{8-6}$$

式中,Q_H 和 Q_E 分别代表的是感热通量和蒸发潜热通量(W·m^{-2}),ρ_{v_2} 和 ρ_{v_1} 分别代表在 z_2 和 z_1 高度所测得水汽半小时混合比(g·kg^{-1}),T_2 和 T_1 分别代表在 z_2 和 z_1 高度所测得半小时温度值(K);ρ 代表空气密度(kg·m^{-3});K 是湍流扩散系数(m^2·s^{-1})。

$$Q_E = \frac{\rho C_p (e_s - e_a)}{\gamma (r_a + r_s)} \tag{8-7}$$

式中,ρ 为空气密度,e_s、e_a 分别表示饱和水汽压和实际水汽压(hPa),r_a、r_s 分别表示空气动力学阻力(N)和表面阻抗力(N)。

城乡下垫面性质的不同导致城市和郊区的能量支配分别以 Q_H 和 Q_E 为主（桂煜等，2019），这种地表热量通量的差异是造成城乡温差的主要原因之一。城区在日落后建筑物存储的热能不断释放，加上人为释放热，城市显热通量减少缓慢，致使城区大气降温速率远小于郊区，造成城乡夜间气温差别明显，形成夜间强的城市热岛效应；日出后太阳辐射的加热作用引起城乡地面显热通量、潜热通量迅速增加；午后城区下垫面的性质决定了显热通量和潜热通量在城区分别为高值中心和低值中心，城市通过潜热调节气温的能力被明显削弱（张雷等，2020）。白天地表获取的净辐射约有一半转换为感热（肖捷颖等，2014），所以一般情况下，城区尺度或较大区域平均的 Q_H 大于 Q_E，白天更为显著。但受降雨天气过程影响时，下垫面潮湿 Q_E 值也会超过 Q_H。在第3章中，我们探讨了城市热岛效应的形成原因，其中城乡下垫面性质的差异是一个关键因素。从能量交换的角度来看，这种差异直接影响了感热通量和潜热通量的分布，进而导致了城乡之间的温差。

8.1.4 下垫面存储的热量 ΔQ_S

由于 ΔQ_S 比较难以测量，精确评估仍有较大难度。通常在不考虑热平流量 ΔQ_A 的情况下，利用能量平衡方程［式(8-1)］采用余项法计算。实际上，ΔQ_S 可分为两部分，一部分是下垫面温度变化存储的热量 ΔQ_{S_1}，另一部分是地表向下传导的热量 ΔQ_{S_2}，也被称为土壤热通量，可分别用［式(8-8)］和［式(8-9)］计算（孟春雷，2014），也有学者采用式(8-10)估算土壤热通量。肖捷颖等（2014）采用地表温度、地表反照率、植被指数及地表净辐射估计储热通量。衡量下垫面储热能力的一个关键参数就是热导纳，热导纳值大，说明下垫面的储热能力强，反之，则较弱。城市下垫面热导纳的平均值较郊区的大，因此城市下垫面十分擅于储热。白天城市下垫面吸收太阳辐射，向下传输热量并储存在下垫面内部，储热量显著增加，白天储热占比 $\Delta Q_S/Q^*$ 通常大于感热和潜热之和 $(Q_H + Q_E)/Q^*$ 的占比，夜晚地表冷却，下垫面向上输送热量，ΔQ_S 有所降低。对于白天储热能力更大的街区，其夜晚放热能力也越强（苗世光等，2023）。

$$\Delta Q_{S_1} = c \Delta z \frac{\partial T_g}{\partial t} \qquad (8\text{-}8)$$

$$\Delta Q_{S_2} = \frac{t_k}{\Delta z}(T_g - T_2) \qquad (8\text{-}9)$$

$$\Delta Q_{S_2} = C_g R_n \qquad (8\text{-}10)$$

其中 c 为地表热容，Δz 为表层厚度，T_g 为地表温度，t 为时间，t_k 为地表热导率，T_2 为表层下某个深度土壤温度，R_n 是地表净辐射，C_g 是通过地面观测获得的依赖于土地利用类型和季节的系数。

城市下垫面储热能力主要受两方面因素的影响。第一,城市下垫面的热力性质。不同下垫面的热力性质差异巨大,例如改性沥青和透水砖的导热系数分别为 1.39 W·m^{-1}·K^{-1} 和 0.98 W·m^{-1}·K^{-1},水泥和草地的比热容分别为 920 J·kg^{-1}·K^{-1} 和 1010 J·kg^{-1}·K^{-1}(李秋霞,2020)。混凝土、钢材、沥青等材料的热容量和导热率通常比自然下垫面的小,因此它们接受太阳辐射时表面温度更容易升高,从而加热近地层大气,而荷兰砖、嵌草砖、大理石等材料的热容量较郊区下垫面大,因此地表存储了热量,再加上城市平均反照率比自然下垫面的低,而城市热导纳平均值更大,因此下垫面在白天存储了大量热量。第二,城市建筑物的构筑方式、几何形状和密度。由于城市建筑群的立体性和密集分布,使得辐射在传输过程多次反射和吸收,从而使得储热能力更强。此外,城市下垫面的热量储存还受到建筑物墙壁朝向和季节变化的影响。早晨 6 时至傍晚 17 时,朝东和朝西的墙壁由于受到太阳辐射的直接照射,会持续向建筑物内部输送和储存热量,夜晚墙壁则将储存的热量释放到外部环境中。在冬季,由于太阳高度角的变化,朝南的墙壁接收到的太阳辐射最多,因此向内输送和储存的热量最多,而向外输送的热量最少。这些热量储存和释放的模式对城市冠层的小气候形成具有重要影响,同时也对建筑节能设计提出了挑战。

城市区域的下垫面类型多样,不同下垫面的热量储存能力存在显著差异。这种差异不仅取决于下垫面材料的热容量、导热率和热导纳,还与它们在城市中的分布面积密切相关。为了准确计算城市区域的热储存量,必须对城市下垫面进行详细分类,并考虑各种类型所占的面积百分比。

8.1.5 城市化对地表辐射平衡的影响

城市化是将自然表面转化为不透水表面的最显著、最不可逆的土地利用变化,这种变化会影响城市下垫面反照率、水分蒸发、动量输送等,从而对城市辐射平衡产生影响。有诸多学者研究了城市化对地表辐射平衡的影响,主要集中在以下几个方面。

关于城市化对地表辐射平衡方程各项影响的研究。例如孙仕强等(2013)基于南京城郊能量平衡分量对比观测发现,城郊能量平衡分配的方式有显著不同,城市地表储热及感热为能量分配的主要方式,其中白天城区储热项占净辐射的 56%,而郊区仅占净辐射的 7%;城区感热全天为正,始终处在不稳定层结,郊区潜热通量为能量分配的主要方式,夜间存在稳定层结条件。Wang 等(2015)通过对北京城区和郊区地表能量平衡以及其他相关变量的直接比较,探讨了城市化对地表能量平衡的影响,研究结果表明城区站点入射短波辐射总体低于郊区站点,且夏季差异较大,冬季差异较小;入射长波辐射总体高于郊区,冬季差异略大于夏季;其中城郊站点短波辐射的差异主要受气溶胶光学厚度和云量差异的影响;而长波辐射的差异不仅与城郊期间温室气体浓度差异有关,更可能是由城区较高的气温(城市热岛效应)导致的;城区站点的感热通量总体高于郊区站点,潜热通量总体低于郊区站点,可用能量(感热和潜热通量之和)在生长季节除5月和10月外总体高于郊区站点,5月和10月的异常与城区和郊区地表水可用性差异有关。

关于城市化对地表温度和热岛效应影响的研究。地表温度是决定地表向上长波辐射的主要因子,地表温度变化会影响城市地面净辐射,从而对辐射平衡产生影响。这一领域的研究非常多,可结合第3章城市热岛效应进行理解,也可通过以下几篇文章理解。Shen等(2021)采用时空替代(space-for-time-substitution,SFTS)方法,结合卫星数据对城市化在全球范围内对地表能量平衡和地表温度(LST)造成的潜在扰动进行研究,结果显示当自然下垫面转换为城市下垫面时,会使得年平均的白天、夜间和昼夜平均的LST分别变化+2.4 ℃、+0.9 ℃和+1.7 ℃,这主要是由4—10月潜热减少以及其他月份显热和地热储存的减少所致。城市化对地表能量平衡和温度的扰动表现出明显的空间异质性(即随纬度和气候带的变化而变化)和时间不对称性(即昼夜和季节性:夏季白天强,冬季夜间弱)。城市化对地表生物物理效应的扰动与不同地区和月份的降水、气温、植被指数之间存在着很强的相关性,表明这些时空变化与当地的背景气候、植被系统密切相关。Chakraborty和Qian(2024)采用土地覆盖数据、CMIP6数据和卫星遥感数据研究大陆尺度和区域尺度的城市变暖,结果显示2003—2019年全球尺度上城市地表温度都有显著增加趋势,其中长江三角洲城市化对地表温度升温的贡献在白天可达0.39,未来城市地表温度上升可能会随着城市化程度的增加而进一步增加。

关于城市局部尺度地表能量平衡的研究。例如Lin等(2024)基于局地气候分区方法研究季节性地表能量平衡与地表温度的关系以及城市形态对地表温度的影响,研究表明与城市蓝地(以水体为主)和绿地(以植被为主)相比,城市建筑空间的地表温度、显热通量和储热通量相对较高,但净辐射和潜热通量较低;在LCZ建筑类型中,紧凑型和大型低层建筑的地表温度和传热能力较高,而紧凑型和开放式高层建筑的情况正好相反;三维建筑形态在影响地表能量平衡比组分变化方面的相对重要性高于三维植被形态,具体而言,比各建筑高度对地表能量平衡分量的季节变化影响大,而三维城市绿化率在植被形态中的重要性相对较高。

8.2 城市地表水分平衡方程

全球超过一半的人口居住在城市中,水在城市居民的日常生活中扮演着至关重要的角色。从提供饮用水到处理废物,水是日常城市生活不可或缺的一部分。事实上,水是城市中最大物质的流动,其流量甚至超过了食物、货运、人员或其他任何事物。城市水循环是现代世界的基本系统之一,它与全球水文循环相辅相成,不仅涉及水在城市内部的流动,还与更广泛的水文循环相互作用,包括从供应饮用水到清除废物的各个环节。如果城市水生态系统不协调,可能会阻碍水资源的自然循环,影响其可持续利用。

沿海城市和非沿海城市在水循环方面有所不同。沿海城市的水循环主要涉及水的海陆内循环,即水在海洋和陆地之间的循环,这包括海洋蒸发、降水以及河流向海洋的输送。而非沿海城市的水循环则主要涉及水的陆地内循环,即水在陆地上的循环过程,具体包括降水、地表和地下径流以及蒸发等。

现代城市用水的来源多样,包括当地地表水源、当地地下水源、污水再生利用、雨水回收、海水净化利用以及跨流域调水。这些水资源的分配和使用在不同地区和用途上有所不同,其中工业用水占 50%～70%,生活用水占 30%～50%。我国北方城市的水源多以地下水为主,南方城市以地表水为主。理解和管理城市水循环对于保障水资源的可持续利用和保护环境具有重要意义,尤其是在水资源分布不均和需求日益增长的背景下。

8.2.1 城市地表水分平衡方程

根据质量守恒定律,可列出城市地表水分平衡方程:

$$P+F+I = E+\Delta r+\Delta S+\Delta A \tag{8-11}$$

式中 P、F、I 为水分平衡方程的收入项,分别为降水量、燃烧产生的水分和管道供应城市的水分,E、Δr、ΔS 和 ΔA 为水分平衡方程的支出项,分别为蒸发和蒸腾总量(简称蒸散量)、地表径流量变化、储存水分、平流水分。一般 ΔS 和 ΔA 不可忽略。

燃烧水分 F 的主要来源有工厂、建筑物和机动车燃料燃烧过程产生的水分,比如在 1 个标准大气压下,1 L 汽油充分燃烧产生约 270 g 水,1 m³ 天然气完全燃烧产生约 2 m³ 的水汽,水煤浆雾化燃烧也会产生大量水分。根据质量守恒定律,也可给出乡村水分平衡方程[式(8-12)],与城市水分平衡方程比较可发现,未考虑人为水汽排放。图 8-2 中 A_1、A_2 分别表示平流进入和流出的水分。

$$P+I = E+\Delta r+\Delta S+\Delta A \tag{8-12}$$

式中，ΔS 为土壤向下传输的水分，其与城市水分平衡方程中 ΔS 不同，一般不可忽略。

城市中的 ΔS 主要表示存储在城市下垫面-空气中的水分以及渗透、下渗作用传输的水分，而乡村中的 ΔS 主要以渗透、下渗的作用为主，存储在下垫面-空气中的水分相对较少。

城市与郊区在水资源的利用和分配上存在显著差异。城市的管道输送用水量（I）比郊区大得多，且有大量人为水汽（F）补充和雨岛效应，因此水分收入远大于农村。若不考虑 ΔA 影响，由于城市下垫面植被偏少，水分蒸发和植被蒸腾作用小，储存水分能力差，因此从水分平衡方程得出城市的径流量（Δr）比郊区明显偏大。统计发现城市的径流量（Δr）普遍比郊区大，有研究表明城市 Δr 相较于郊区将增加 2～5 倍（刘家宏等，2014）。

结合前面对城市热量平衡方程的分析，可以发现城市下垫面在储存热量方面更有效，而在储存水分方面则相对较弱。因此，城市水管理需要特别关注如何有效控制和利用径流量，以减少水灾风险并提高水资源的利用效率。

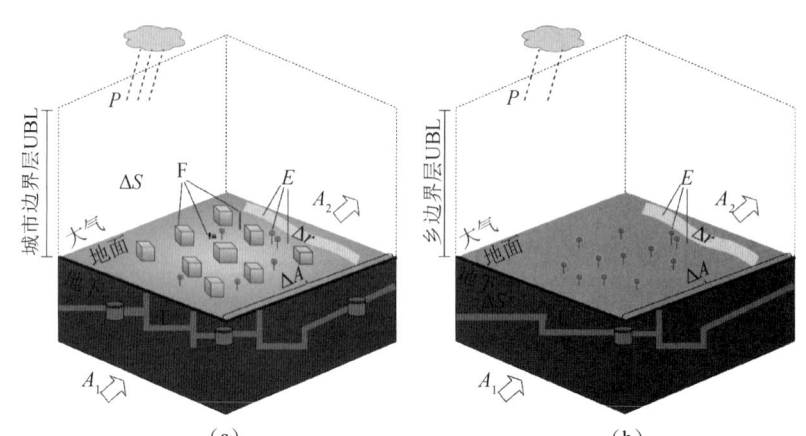

图 8-2 城市(a)和乡村(b)单位时间单位截面积空气柱和地下水分传输为零对应深度的水分平衡

[单位：m^3，改编自 Oke 等（2017）]

8.2.2 城市化水文效应

城市化水文效应是城市发展过程对水循环、水生态、水资源和水环境造成的一系列影响（图 8-3），主要表现为城市地表径流量增加、流速增大、汇流时间缩短、基流[①]减少、污废水增加的现象，从而使城市面临防洪排涝问题、水生态问

---

① 基流：深层地下径流，值比较稳定。基流的补充和消耗过程受人类活动影响，如城市化地区导致不透水面积增加，降水入渗补给地下水减少，基流减少。

题、水资源短缺问题和水环境问题。对比城市和乡村地表水分平衡方程[式(8-11)、式(8-12)]可以看出城市径流相较于乡村要明显偏大,这是城市化水文效应最显著的特征。如果将水分平衡方程简化为式(8-13),通过数值模拟可以发现在几乎无植被覆盖的商业区,蒸发作用和土壤下渗作用均较小,径流较大,占比分别为20%、20%和60%,而在植被茂密的森林区,降水主要用于蒸发和土壤下渗,径流仅占5%(图8-4)。

$$P = E + \Delta r + \Delta S \tag{8-13}$$

图8-5给出典型单峰径流曲线,可以看出城市地区的径流曲线呈现出急剧上升和迅速下降的特点,与郊区相比,峰值更高,出现的时间更早,且下降速度更快,而郊区的径流曲线则相对平缓,峰值较低,出现时间较晚,且变化更为缓慢。简而言之,城市化过程中不透水面的增加,使得雨水无法有效下渗,增加了城市内涝和洪水发生的可能性。

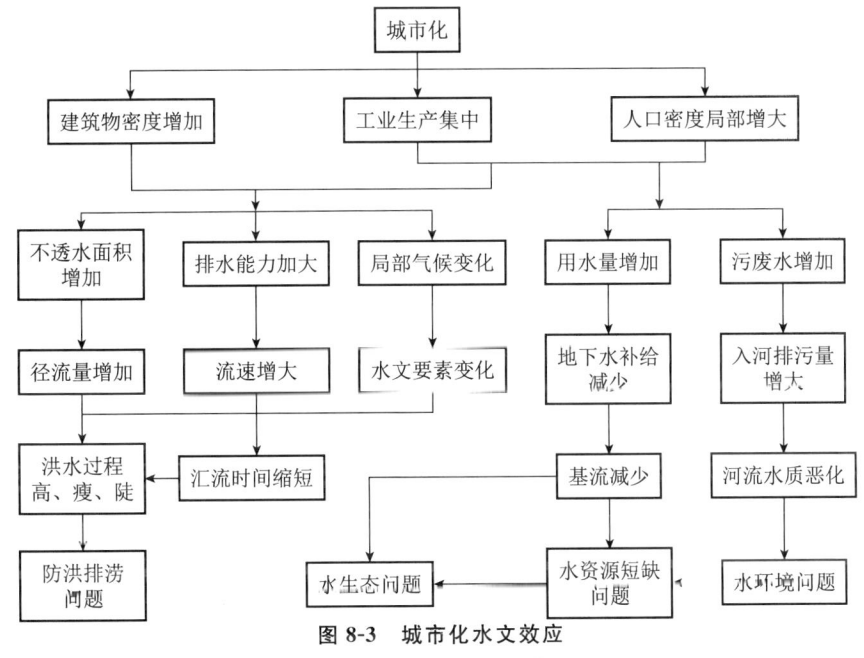

图 8-3 城市化水文效应
[引自张建云(2012)]

2021年河南郑州7·20特大暴雨引发严重城市内涝,造成极大的人员伤亡和财产损失。城市内涝不仅带来直接的洪水威胁,还会引发一系列连锁反应,如洪水控制难度增加、洪峰历时缩短以及地表径流污染等问题。针对洪水控制、洪峰历时缩短问题,可通过建设雨水收集系统、绿色屋顶、透水铺装、雨水花园和湿地等措施增加雨水的渗透和蓄水能力,减少对市政排水系统的压力;通过升级排水系统、定时定点维护排水管道等可以提高排洪能力;通过加强城市水平衡方面的公众教育、政策制定和应急管理计划等可以提高公众的环保意识,限制不透水面积的增加,并提升城市应对内涝的能力;通过推动海绵城市建设、智能水务管理和生态补偿机制,可以进一步提升城市的整体水文调节能力和生态韧性。针对城市内涝过程引发的地表径流污染问题,可通过修建沉淀坑、渗漏坑、多孔路面、蓄水池等工程措施进行缓解。

图 8-4　不同下垫面类型的水分收支

[改编自 Oke 等(2017)]

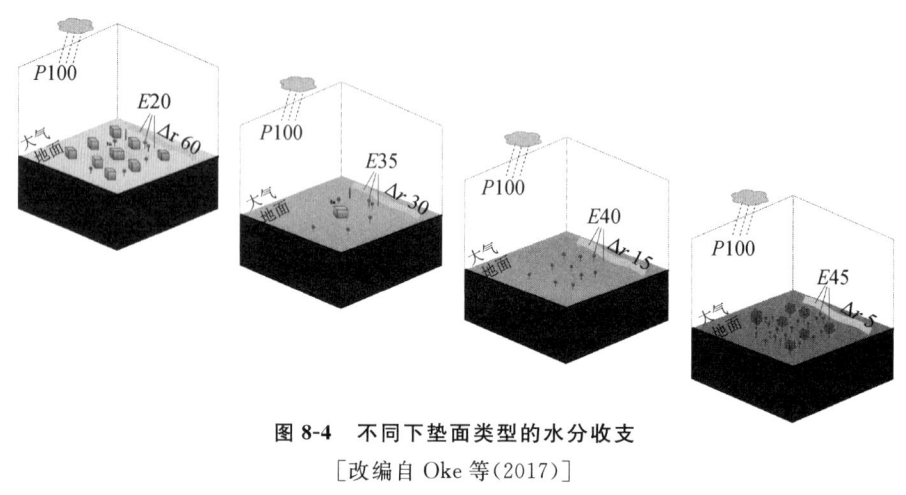

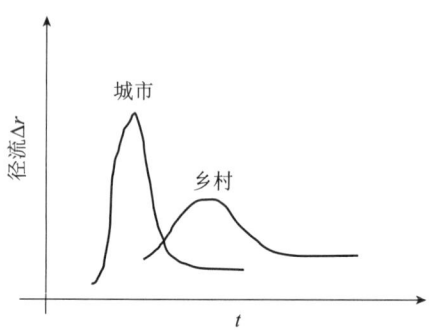

图 8-5　暴雨过程典型单峰径流曲线

8.2.3　城市排水和污水治理

　　城市排水是维持城市水平衡的关键组成部分。随着城市化的快速发展,原本用于雨水流通和蓄滞的空间不断挤压,导致不透水面积增加、坡面汇流过程加快、洪水沿程的粗糙度变低。这些变化显著影响了城市的雨洪特性,使得城区的径流系数和径流量不断增加。为了有效应对这些挑战,加强污水排放管理、设置水质监测站点,并实现排水泵站的智能化运行与管理,大大提升防洪除涝的整体效率,是实现城市管理向现代化、信息化、智能化科学发展的有效手段

（陈勇，2022）。

　　随着城市化的发展，人口剧增，工业用水、生活用水加大，排放大量污水，城市水污染问题也日益严重，城市水污染治理迫在眉睫。生活污水中一般含大量固体悬浮物、磷酸盐、钾、钠及重金属离子、可化学或生物降解的溶解性或胶态分散有机物（以COD和BOD表征）、含氮化合物（包括氨氮、硝酸盐氮、亚硝酸盐氮和有机氮）、菌类生物群等。处理城市生活污水的方法主要有：普通曝气法、SBR法、AB法、活性污泥法。在城市经济不断发展的过程中，要提高全民意识，加强污水治理。城市水污染治理是一个需要长期坚持的工作，有着较强综合性和复杂性，必须有效提高大众水污染治理意识，才能真正提高水资源的有效利用率，从而减少水污染情况的出现。与此同时，政府部门必须加大水污染治理的投入力度和宣传力度，不断加强污水处理，才能真正增强公众的环保意识，从而将水污染治理贯彻到人们生活的每个环节，以在节约用水、正常排污等基础上，避免污水任意排放、水资源肆意浪费等情况出现，从而推动城市水污染处理成效大大提高。根据国家发展改革委印发的《"十四五"重点流域水环境综合治理规划通知》，预计在2025年我国城市生活污水的收集率达到70%以上。这一目标的实现将显著提升我国城市水环境的治理水平，减少污水对水体的污染，保护生态环境和居民健康。通过加强污水处理设施的建设和管理，提高污水收集和处理效率，可以有效地控制和减少城市生活污水对环境的影响。

　　针对工业废水处理，要从源头进行治理，政府必须加大资金投入和管理力度，采取一定强制手段，不断加强城市污水处理基础设施建设，才能真正减少污水排放量，从而提高水资源利用效率。国家针对工业废水的排放情况制定了相应的排放标准。城市水污染治理过程中，还需要注重环境保护法律法规的不断健全，有效落实相关规章制度，加强执法监管和考核，真正实现以防为主、防治共行，最终促进水资源开发与利用可持续发展。

　　城市雨污分流改造是一项重要的城市基础设施升级工程，其目的是将城市旧城区原有的合流制排水管网改造为分流制排水管网。这种改造对于解决我国城市普遍面临的排水问题至关重要。目前，我国雨污混流现象普遍存在，雨水与生活污水通过相同的排水管道混合排出，使得城市污水被直接排到河道等水体之中，造成城市水体污染。为了改善这一状况，可以通过一些技术手段实现雨污分流，使城市更好地实现雨水资源的高效率利用，提高城市对于地表水的利用率和降低城市排水对河流的污染，从而大大提升城市排水系统的稳定性、经济性和环保性（赵一涛，2023）。

8.3 海绵城市

8.3.1 海绵城市内涵

当前我国面临的水旱灾害、水土流失、生态退化和水体污染等各种国土空间安全问题,其重要原因之一在于各级空间规划和开发利用实践中对水循环与水平衡的客观规律认识和遵循不够、底线控制不严(胡庆芳等,2022)。海绵城市(sponge city)是运用低影响开发理念,改变传统城市建大管子、以快排为主的雨水处理方式,借助自然力量排水,"源头分散"、"慢排缓释",就近收集、存蓄、渗透、净化雨水,让城市如同生态"海绵"般舒畅地"呼吸吐纳",实现雨水在城市中的自然迁移。

海绵城市建设又被称为低影响设计和低影响开发(low impact development,LID),是一种旨在通过模拟自然水文循环的生态技术体系。其核心理念是通过分散的、小规模的源头控制措施来管理和减少暴雨所产生的径流和污染。LID 是 20 世纪 90 年代末发展起的暴雨管理和面源污染处理技术,旨在通过分散的、小规模的源头控制来达到对暴雨所产生的径流和污染的控制,使开发地区尽量接近于自然的水文循环。LID 低影响开发是一种可轻松实现城市雨水收集利用的生态技术体系,其关键在于原位收集、自然净化、就近利用或回补地下水。LID 的技术体系具体见表 8-4。

表 8-4 LID 技术体系

保护性设计	限制路面宽度、保护开放空间、集中开发、改造车道等
渗透	渗透性铺装、渗透池(坑)、绿地渗透等
径流蓄存	蓄水池、雨水桶、绿色屋顶、雨水调节池、下凹绿地等
过滤	微型湿地、植被缓冲带、植被滤槽、雨水花园、弃流装置、截污雨水口、土壤渗滤等
生物滞留	植被浅沟、小型蓄水池、下凹绿地、渗透沟渠、树池、生物滞留带等
LID 景观	种植本土植物、土壤改良等

海绵城市是一种创新的城市雨洪管理概念,它赋予城市像海绵一样的"弹性",以适应环境变化和应对自然灾害。在降雨期间,海绵城市能够吸水、蓄水、渗水、净水,同时在需要时将蓄存的水"释放"并加以利用。这一概念通过结合自然途径与人工措施,不仅确保了城市排水和防涝安全,而且最大限度促进了雨水在城市区域的积存、渗透和净化,从而实现了雨水资源的有效利用和水循环的良性发展。

海绵城市雨洪管理理念有效解决了城市雨水集中排放造成的内涝和管网

瞬时压力过载的问题,同时提高了雨水的利用率,缓解了城市缺水的状况。自2015年起,中国开始实施"海绵城市"试点项目,根据水灾害历史发生频率,选定武汉、北京、深圳、济南等30个城市作为海绵城市试点城市(Sang 和 Yang,2017)。

8.3.2 建设途径和具体措施

可通过以下3种途径建设海绵城市。第一种途径,区域水生态系统的保护和修复。如识别生态斑块、构建生态廊道、水生态环境修复、建设人工湿地。第二种途径,城市规划区海绵城市设计与改造。如城市总体规划强调自然水文条件斑块的利用,因地制宜等;在水系统、绿地系统、道路交通等设施专项规划中体现低影响开发理念。第三种途径,建筑雨水利用与中水回用。如将雨水、洗衣洗浴水和生活杂用水等污染程度较轻的水经简单处理用于冲厕或消防用水等,也可将市政污水再生水进行利用(仇保兴,2015)。

低影响开发的大部分工程设施建设都基于园林景观,具有雨水渗透、储存、净化、控制洪涝、削减峰值流量等功能。根据降水的产汇流过程,可以分为源头控制、中途转输、末端调蓄3个阶段,根据每个阶段不同类型用地的功能、用地构成、土地利用布局和水文地质等特点,可以选用不同的低影响开发设施(陈振林等,2019),具体的措施见表8-5。

另外,关于海绵城市建设的具体技术可参考住房城乡建设部2014年颁发的《海绵城市建设技术指南》。

表8-5 海绵城市建设的具体工程措施

阶段	特点	景观工程设置	对雨水的主要作用	适用范围
源头	多点收集分散布置	透水性地面铺装	渗透	广场、停车场、人行道一级车流量和荷载量较小的道路
		绿色屋顶	滞留、净化	符合屋顶荷载、防水条件的屋顶
		雨水花园	渗透、净化、削减峰值流量	各种绿地和广场
		下沉式绿地	渗透、调节、净化	各种绿地和广场
		渗透塘	滞留、下渗、净化	汇流面积较大且具有一定空间条件的区域
		渗井	滞留、下渗	各种绿地
		植被缓冲带	滞留、下渗、净化	道路周边
		雨水桶	收集	单体建筑、接雨水管、设置于建筑外墙边

续表

阶段	特点	景观工程设置	对雨水的主要作用	适用范围
中途	缓释慢排	调节塘/池	削减洪峰流量	建筑与小区及城市绿地等具有一定空间条件的区域
		湿塘	调蓄、净化、补充水源	各种场地,有空间条件要求
末端	雨水汇集、调节和储蓄	雨水湿地	有效削减污染物,控制径流总量和峰值流量	各种场地,有空间条件要求
		景观水体	调节、储蓄	公园、居住区等开放空间
		河流及滨河绿地	控制洪涝,净化水体	城市水系滨水区
		自然洪泛区	集中调节雨水径流和控制洪涝	洪泛区、滨水区、城市洼地

延伸阅读

永续发展是我国建设生态文明的目标之一,坚持人与自然和谐共生是习近平生态文明思想的科学内涵之一。作为全球生态文明的重要参与者、贡献者、引领者,建设生态文明是我国作为最大发展中国家在可持续发展方面的有效实践。党的二十大以较大篇幅进一步阐释了生态文明建设问题,尤其是在操作层面提出了很多富有建设性的新建议、新举措。我国城市普遍面临水资源短缺问题,中水回用是缓解城市缺水的一个重要途径。

中水是指日常生活和生产中产生的废水污水经处理后达到一定的水质标准,可在一定范围内重复使用的非饮用水,水质介于污水和饮用水之间。中水回收利用技术主要有冷却水技术、过滤水技术、生物和物化处理技术。中水可以用来回供给城市绿化、环卫、冲洗厕所、工业用水、浇灌田地等。目前中水在我国得到了充分利用,有效缓解了大城市用水压力,特别是缓解了水资源枯竭型城市的水资源压力,提升了城市综合品位。有些地方已经将中水回收利用纳入城市总体规划,进行统一规划、统一设计,确保了中水回收利用能够正式纳入供水应用系统。2022年全国污水排放量是625.8亿立方,回用了近180亿立方,回用量是南水北调中线多年平均调水量的近2倍。广州、深圳等地的中水回收利用率居国内前列。《广州市非常规水资源利用规划(2018—2035)》制定再生水利用规划,并指出要推广公共建筑物生活污水中水回收示范项目,扶持中水技术设备研发生产企业,探索建立建筑中水应用管理制度,2019年全市再生水利用率达36.45%。深圳市用中水代替传统水,从2021年的1500万立方米增至2023年的2950万立方米,工业冷却、城市清洗,再生水利用率超90%。

据"上海水务海洋"微信公众号报道,上海市海滨污水处理厂通过"内、中、外"3个循环的有机联动,实现了一级 A 达标尾水的"零排放、100%资源化利用",成为全市首家实现此目标的污水处理厂。该厂区污水处理设施和绿化浇灌等均使用尾水代替自来水,每年污水资源化利用达到56.5万吨左右,节约成本约120万元。同时,海滨资源再利用中心使用该尾水作为垃圾焚烧炉的直流冷却水。上海市虹桥污水处理厂采用高温水源热泵技术,利用污水厂尾水获取污泥干化热能,替代燃气锅炉生产高温热水。该项目在2023年上半年同比减少天然气消耗量53万立方米,节约天然气费用237万元,污泥干化能源成本降低22%,实现污水处理厂减污降碳协同增效。

参考文献

[1] 沙杰. 城市和郊区复杂下垫面湍流通量和热岛强度观测研究[J]. 江苏:南京大学,2021.
[2] 常会庆,王浩. 城市尾水深度处理工艺及效果研究[J]. 生态环境学报,2015,24(3):457-462.
[3] 冯境华. 城市生活污水处理厂设计方案分析[J]. 节能与环保,2022,334(5):60-61.
[4] 胡庆芳,陈秀敏,高娟,等. 水平衡与国土空间协调发展战略研究[J]. 中国工程科学,2022,24(5):63-74.
[5] 孟春雷. 城市地表特征数值模拟研究进展[J]. 地球科学进展,2014,29(4):464-474.
[6] Oke T R, Mills G, Christen A, et al. Urban climates[M]. United Kingdom: Cambridge university press, 2017.
[7] 周淑贞,束炯. 城市气候学[M]. 北京:气象出版社,1994.
[8] 苗世光,王雪梅,刘红年,等. 城市气象与环境研究[M]. 南京:南京大学出版社,2023.
[9] 谢旻,朱宽广,王体健,等. 中国地区人为热分布特征研究[J]. 中国环境科学,2015,35(3):728-734.
[10] 蔡一乐. 中国城市人为热通量估算及影响因素研究[D]. 北京:北京建筑大学,2022.
[11] 刘嘉慧,赵小锋,林剑艺. 基于地表能量平衡的厦门岛城市功能区人为热排放分析[J]. 地球信息科学学报,2018,20(7):1026-1036.
[12] 王业宁,孙然好,陈利顶. 人为热计算方法的研究综述[J]. 应用生态学报,2016,27(6):2024-2030.
[13] 桂煜. 合肥地区城市与郊区气象要素及地气通量差异的实验研究[D]. 合肥:中国科学技术大学,2019.
[14] 钱静,毛利伟,杨续超,等. 基于POI和多源遥感数据估算中国人为热排放[J]. 中国环境科学,2023,43(6):3183-3193.
[15] 冯倍嘉. 珠三角地区人为热源清单的建立及其对城市热环境的影响[D]. 广东:暨南大学,2021.
[16] 彭婷,孙彩歌,张永东,等. 广州市中心城区人为热排放景观格局的时空变化[J]. 华南师范大学学报(自然科学版),2021,53(5):92-102.

[17] 张雷,任国玉,苗世光,等.城市化对北京单次极端高温过程影响的数值模拟研究[J].大气科学,2020,44(5):1093-1108.

[18] 肖捷颖,张倩,王燕,等.基于地表能量平衡的城市热环境遥感研究——以石家庄市为例[J].地理科学,2014,34(03):338-343.

[19] 李秋霞.城市典型下垫面热量传递过程研究及可视化平台设计[D].云南:云南师范大学,2020.

[20] 孙仕强,刘寿东,王咏薇,等.城、郊能量及辐射平衡特征观测分析[J].长江流域资源与环境,2013,22(4):445-454.

[21] Wang L L, Gao Z Q, Miao S G, et al. Contrasting characteristics of the surface energy balance between the urban and rural areas of Beijing[J]. Advances in Atmospheric Sciences,2015,32:505-514.

[22] Shen P K, Zhao S Q, Ma Y J. Perturbation of urbanization to Earth's surface energy balance[J]. Journal of Geophysical Research:Atmospheres,2021,126,e2020JD033521.

[23] Chakraborty T C, Qian Y. Urbanization exacerbates continental-to regional-scale warming [J]. One Earth,2024.

[24] Lin Z L, Xu H Q, Hu X S, et al. Characterizing the seasonal relationships between urban heat island and surface energy balance fluxes considering the impact of three-dimensional urban morphology[J]. Building and Environment, 2024, 265, 112017.

[25] 刘家宏,王浩,高学睿,等.城市水文学研究综述[J].科学通报,2014,59:3581-3590.

[26] 张建云.城市化与城市水文学面临的问题[J].水利水运工程学报,2012,(1):1-4.

[27] 陈勇.城市排水系统内涝积水计算分析[J].河南水利与南水北调,2022,51(9):15-16.

[28] 赵一涛.城市雨污分流改造的问题及其技术措施研究[J].四川建材,2023,49(1):222-224.

[29] Sang Y F, Yang M Y. Urban waterlogs control in China:more effective strategies and actions are needed[J]. Natural Hazards,2017,85:1291-1294.

[30] 仇保兴.海绵城市(LID)的内涵、途径与展望[J].给水排水,2015,51(03):1-7.

[31] 陈振林,杨修群,王强.城市气象灾害风险防控[M].上海:同济大学出版社,2019.

[32] 广州市水务局.广州市非常规水资源利用规划(2018—2035)[EB/OL].(2020-06-24)[2024-10-01]. https://www.gz.gov.cn/hdjlpt/yjzj/api/attachments/view/8818dc1174c11841d05f01c11ee6cffc.

第9章 城市气象服务

气象事业是科技型、基础性、先导性的社会公益事业,气象工作关系生命安全、生产发展、生活富裕、生态良好,做好气象工作意义重大、责任重大。城市化进程显著影响城市天气和气候(罗鑫玥和陈明星,2019),而城市气象条件改变和气候变化又可以进一步影响城市的热量平衡、水分平衡、生态系统平衡等,从而给城市环境、资源带来巨大压力,城市承灾力也随之降低。现阶段大城市面对气象灾害的暴露度和脆弱性呈增加态势(王艳君等,2014),气候变化和城市化发展的叠加影响对气象保障服务提出了新要求、新挑战,同时,安全、绿色、智慧城市发展也给大城市气象保障服务发展带来新机遇。本章介绍城市气象服务的概念、城市气象服务"两个体系"、我国气象现代化成果以及城市智慧气象服务。

9.1 基本内涵

为保障城市发展安全平稳,满足人们对美好生活环境的追求,气象各级主管机构及其合作单位提供的气象预报信息及其服务称为城市气象服务。城市气象服务信息需要满足"精、准、早、快"等需求,要解决的关键问题是提高城市气象监测、预报预警能力以及解决精细化、无缝隙预报的关键技术(谢璞等,2011)。目前各级气象主管机构发布的城市气象服务信息大致可从以下4个方面阐述。

9.1.1 提供城市天气实况和未来预报服务

我国气象预报实行统一发布制度。各级气象主管机构所属的气象台应当按照职责通过气象预报发布渠道向社会发布,并根据天气变化情况及时更新发布气象预报(《气象预报发布与传播管理方法》,2015)。中央气象台发布全国温度、降水等要素的逐小时天气实况图、城市天气实况、未来3 h和7 d预报以及全国未来10 d中期天气预报等。各省级气象台站发布天气实况和未来7 d、

8~15 d、40 d温度及降水预报信息,广东省气象局还发布精细到街道的分钟级降水预报、逐时预报以及机场、地铁、车站等高精度预报信息。通过查询官方网站,可以发现各市级台站发布的预报内容存在较大的地区差异。如湛江市气象局发布天气实况、整点预报和未来 7 d 预报以及海洋预报、台风预报等,深圳市气象局发布天气实况、整点预报和未来 10 d 预报和能见度预报等,广州市气象台发布短时天气预报、10 d 天气展望、市区和镇街天气预报等。当前,我国 31个大城市已全面实现无缝隙、全要素、高分辨率网格预报产品的应用,0~2 h、2~12 h、12~24 h 预报的空间分辨率普遍达到 1 m,时间分辨率达到 1 h(刘丹等,2023)。

9.1.2 提供高影响天气预报预警信息

高影响天气是指对社会、经济和环境产生重大影响的天气现象与事件。我国是世界上遭受高影响天气最严重和最频繁的国家之一。尤其大城市具有高流动性、密集性等特征,导致高影响天气对当地社会经济、生命财产等造成的后果可能是灾难性的,其诱发的次生灾害及灾害链事件还可能造成严重的社会、政治影响。旅游、餐饮、建筑施工、农业、物流交通、批发零售等行业对高影响天气比较敏感,更需要高影响天气及时、精准地预报预警信息。广东省气象局通过气象影视、气象微博、应急客户端"停课铃"、短信、应急气象电话、LED 显示屏等及时针对省内城市发布气象灾害预警信号,包括森林火警、冰雹预警、道路结冰、预报预警、灰霾预警、大雾预警、寒冷预警、雷雨大风、高温预警和台风预警。

深圳市应急管理局、深圳市水务局、深圳市气象局联合印发《深圳市气象灾害风险提示(2024 年版)》,文件对 14 种气象灾害的影响行业和主要风险做了明确规定。深圳"31631"服务机制与部门联动机制在对高影响天气的预报预警中发挥了重要作用。该机制的主要步骤是:提前 3 d 加密区域天气会商,给出预警信号、风雨预测、风险评估发布节奏及防御建议,提前 1 d 预报精细到区的风雨落区、具体量级和重点影响时段,并进行多部门会商,提前 6 h 进入临灾精细化气象预警状况,定位高风险区,提前 3 h 发布分区预警和分区风险提示,滚动更新落区、过程累计雨量等信息,提前 1 h 发布精细到街道的定量预报。2021 年 8 月 21—23 日降水过程预报过程中,郑州市气象台借鉴深圳等地先进经验,采用"31631"气象预报工作机制,提高了精准预报的能力,充分发挥气象防灾减灾第一道防线作用。

9.1.3 提供特种环境气象预报和服务

随着生活水平的不断提高,人们越来越重视生活质量,对周围的环境、空气污染、天气气候变化日益关注,且人类健康受天气、气候以及环境条件的影响极大,因而特种环境气象服务应运而生(吴兑和邓雪娇,2000)。如中国气象局发布的每日24 h霾预报和空气污染气象条件预报,每周发布的环境气象公报和大气环境气象公报等。广东省气象局发布的生活指数、热岛监测公报、气候影响评价、交通气象风险、内涝气象风险预报、景点和校园天气预报等,深圳市气象局提供的环境气象服务、旅游气象服务、海洋气象服务、人居环境气候舒适度、健康气象服务、航空气象服务等,其中人居环境舒适度指数分为冷不舒适、舒适、热不舒适3个等级共9个类别。

9.1.4 提供突发公共事件应急气象服务

突发公共事件是指突然发生,造成或者可能造成重大人员伤亡、财产损失、生态环境破坏和严重社会危害,危及公共安全的,并且在处置应对过程中需要气象保障服务的非气象类紧急事件,包括以下4类。

第一类:水旱、地震、地质灾害、海洋灾害、生物灾害、火灾等非气象类的自然灾害;第二类:受气象条件因素影响或制约的交通运输事故、环境污染、生态破坏事件等事故灾难;第三类:受气象条件因素影响或制约的传染病疫情、食品安全和职业危害、动物疫情,以及其他严重影响公众健康和生命安全的公共卫生事件;第四类:受气象条件因素影响或制约的恐怖袭击等社会安全事件。

在突发公共事件应对过程中,突发公共事件的发展、次生衍生灾害的发生、应急处置与救援工作的有效开展常常直接受到天气影响,气象部门的应急气象服务工作所发挥的支撑与保障作用愈发显著,这也是气象部门的重要职能之一。例如疫情防控期间的气象服务信息,还有贯穿国家、省、市、县4级的国家突发事件预警信息发布系统针对突发公共事件发布的应急气象服务信息。

城市气象服务涉及多领域、多部门,包括防汛、水务、城市交通(交通管理、路政)、市容、电力、供暖等部门对定点、定量、定时大气预报和高影响天气的预警能力的需求极高,气象服务在整个城市安全运行和保障工作中起着至关重要的作用。比如,对于交通运输管理部门而言,高速公路交通事故有近30%发生在大雾、冰雪和强降水等恶劣天气条件下(曲晓黎等,2020)。对于电力部门而言,输电线路路径长、覆盖广,所经过区域多为高寒、雷害、覆冰、大风区,极易受到寒潮、台风、暴雨等气象灾害的影响而发生故障(卢赓和邓婧,2020)。据统计,气象灾害导致的故障占电网总故障数的60%以上(徐安馨,2021)。冬季南方地区尤其是贵州和云南容易受到北极极地涡旋、西北太平洋副热带高压、南支槽等天气系统的影响,出现输电线路覆冰灾害。夏季,台风成为影响电网安全运行最主要的气象灾害。但是电力系统从气象机构获取的气象预报信息,主要建立在公共气象服务基础上,与电网小空间、多时间尺度、点对点精细化预报要求差距还比较大,因此大力提升突发公共事件应急气象服务是城市气象服务的重要任务之一。

9.2 城市气象服务"两个体系"

2014年中国气象局发布《关于印发加强城市气象防灾减灾和公共气象服务体系建设指导意见的通知》,提出在3~5年内城市气象防灾减灾和公共气象服务"两个体系"建设将进一步提高城市气象灾害防御能力,让城市生活更安全。国务院2022年4月发布的《气象高质量发展纲要2022—2035》提出,到2035年,建设覆盖城乡的气象服务体系,以智慧气象为主要特征的气象现代化基本实现。根据中国气象局2023年6月发布的《2022年大城市气象高质量发展评估报告》显示城市气象服务充分融入人民生产生活,公众气象服务满意度评分基本在90.0以上,在大城市,公众对气象服务的认可度、满意度基本都在90分以上,以预警为先导多部门应急联动机制和全社会的响应机制都得到了进一步完善。

气象灾害易引发"灾害链",对城市安全运行和人民财产造成极大威胁。如2019年4·11深圳短时极端强降水天气事件导致全市多处突发洪水,形成严重城市内涝,并造成福田区、罗湖区等多处暗渠,最终致11人死亡。由于此次暴雨过程持续时间短,几乎一半以上降水集中于短短10 min内,造成较大伤亡和财产损失。由此可见城市迫切需要建设完善的气象防灾减灾体系和公共服务体系,这就要求提高对灾害的监测、预警和管理能力。李阳和蒋洁(2023)以郑州7·20特大暴雨为例探讨城市气象应急影响处置机制,剖析了当前我国城市气象灾害应急响应机制不健全、应急处置滞后等问题,提出了如何进一步完善城市气象灾害应急管理机制及处置预案等建议。

针对城市气象防灾减灾体系,气象部门应着力提高多灾种早期预警能力,建立气象部门监测预报、多部门内部通报和面向社会发布预警"三位一体"的气象灾害早期预警体系,提高气象灾害风险管理能力和信息发布能力,强化城市应急响应和救援救助能力,并完善气象科普宣传工作体系;同时要推动城市气象灾害防御由"从上向下"的单向被动行动,向"上下互动"和"左右联动"的多向主动行动转变。如重庆市气象局利用气象、水利、规划和自然资源等部门已建观测站经纬度和海拔信息,在中小河流、病险水库、山洪危险区和地质灾害隐患区域开展地面站的精准选址,为气象观测站网规划布局提供帮助,同时利用雨量、水位和流量等数据,研发动态临界雨量阈值,建立中小河流洪水、山洪灾害气象风险预警业务,在汛期防灾减灾中发挥了重要作用(蒲希,2024)。

针对公共气象服务体系,均等化、互动化、分众化的城市公众气象服务应逐步开展,开展涉及城市煤、电、油、气、运、水等安全运行的专业气象服务,有针对性地开展城市群气候变化影响评估,开展暴雨强度公式编制和定期修订工作,加强城市气候可行性论证。2021年中国气象局印发的《"十四五"公共气象服务发展规划》明确指出到2025年,气象服务数字化、智能化水平明显提升,"智慧精细、开放融合、普惠共享的现代气象服务体系"基本建成,为"十四五"时期我国公共气象服务高质量发展提供了行动纲领。深圳市气象局在大网络大背景支撑下,以城市气象服务对接不同阶段深圳城市定位和发展战略,融入城市安全治理、城市规划、建设管理,围绕城市低碳发展和重大公共工程建设,并开展城市环境气象条件、热岛效应、通风评估、气候可行性论证等方面的研究和服务,为深圳通用机场选址、大鹏半岛生态文明建设、"云轨"建设等项目进行论证评估,为粤港澳大湾区、"东进战略"、宜居城市建设规划等重大项目建设和重要战略决策提供了技术支撑,保障安全城市、低碳城市、韧性城市建设,提升城市规划科技水平(王延青等,2019)。

此外,"两个体系"应充分融入、促进城市发展。比如,城市气象灾害防御采用"上下互动"和"左右联动"模式。北京将气象防灾减灾纳入全市突发事件应急总体预案和18个专项预案体系中,在市、区两级预警中心对17类突发事件进行预警,通过新媒体扩大气象工作影响力等;广州将两个体系深度融入大城市公共管理举措;天津市气象局以城市气象防灾街道、社区示范建设为主,推动两个体系融入城市公共管理。

在"两个体系"建设基础上,中国气象局于2020年发布《粤港澳大湾区气象发展规划(2020—2035年)》,指出到2025年,建成互利合作、深度融合的大湾区现代气象业务体系、服务体系、科技创新体系,完善气象综合防灾减灾体系。粤港澳三方气象部门已于2019年4月推出粤港澳大湾区天气网站,并且联合发布《粤港澳大湾区气候监测公报》。同时成立了粤港澳大湾区气象监测预警预报中心,业务涵盖气象灾害及其次生、衍生灾害的监测预警预报技术,开展粤港澳海陆一体化综合监测与服务方案研究,共建共享研发创新平台(粤港澳三地协同防灾减灾创新平台等)、气象科技咨询与服务、专业化个性化气象服务、区级防灾减灾精细化气象服务、雷电灾害风险评估、气候可行性论证、承接气象数据信息化项目建设和生态气象技术保障服务等。这些举措旨在统筹构建粤港澳大湾区现代气象监测预报预警服务体系,最大限度地保护人民生命财产安全和提高生态文明水平,协同推进气象强国建设,加快提高中国气象的国际影响力和在共建人类命运共同体中的地位和作用。

2021年,中国气象发布《全国气象发展"十四五"规划》指出,推进气象基本公共服务均等化和发展城市气象服务。推进城乡、区域、人群之间气象基本公共服务均等化,实现每10 min向公众提供全国1公里30分辨率温度、降水、风速、风向等气象实况监测产品和短临预报,每1 h提供分辨率1公里的气象要素预报。提供基于位置和场景精准推送的普惠化、分众式气象服务。开展面向民众衣食住行、游购娱学康个性化、定制化的气象服务。打造以中国天气为品牌的气象服务融媒体矩阵,发展网络机器人气象服务。发展精细到城市网格的三维天气实况和预报,研发多灾种的城市气象风险图,提高城市气象灾害防御能力和水平。围绕城市治理科学化、精细化、智能化要求,推动气象与规划建设、安全运行、风险防控等深度融合,为建设城市防洪排涝体系和增强公共设施应对风暴、干旱等灾害能力提供支撑,全面提升宜居、智慧、绿色、韧性城市建设气象保障能力。开展北京、上海、广州、深圳、杭州等大城市气象保障服务国际示范。加强城市群一体化发展和现代化都市圈气象保障服务建设。

9.3 气象现代化

气象相关敏感行业超过经济产值的1/3,气象信息收视率、关注度很高,已成为最重要的三大公共信息之一。2015年中国气象局发布的《全国气象现代化发展纲要(2015—2030年)》指出,2030年全国全面实现气象现代化,2022年发布的《气象高质量发展纲要2022—2035》指出,到2025年气象服务供给能力和均等化水平显著提高,气象现代化迈上新台阶,2035年实现以智慧气象为主要特征的气象现代化基本实现。气象与国民经济各领域深度融合,气象协同发展机制更加完善,结构优化、功能先进的监测系统更加精密,无缝隙、全覆盖的预报系统更加精准,气象服务覆盖面和综合效益大幅提升,全国公众气象服务满意度稳步提高。

我们要发展气象现代化,必须了解世界气象现代化的共同特征。其主要表现在注重气象统筹规划,大力推动观测自动化、数值预报系统集约化发展,注重大力发展气象影响预报和风险预警,注重科技创新、人才和开放合作。推动气象高质量发展,要坚持目标导向和问题导向。自从气象高质量发展纲要推出以来,31省出台相关政策,80%地市落实政策。天气预报没有价值,只有服务于民才有价值,而城市气象预报的服务更为重大。

2018年,我国开始进行全国地面气象观测自动化改革,并顺利开展了试点运行和全国业务试运行,取得了良好的效果。2020年3月18日,中国气象局印发《关于全国地面气象观测自动化改革正式业务运行的通知》,宣布地面气象观测自动化改革将从4月1日起调整为正式业务运行,这意味着我国的地面气象观测工作正式脱离了人工观测时代,将全面实现自动化,同样意味着自动化、智能化的气象观测仪器仪表将在地面气象观测中发挥更大的作用。地方支持气象事业发展的资金投入在近20年增长了10倍多。上海为加强预报预警工作,开发了"轨道交通影响预报与风险预警"系统,到2025年末,上海智慧气象服务效益将更加凸显,智慧气象服务城市网格覆盖率达到100%,中心城区的气象预警精细到各区,气象灾害风险预警覆盖到重点单位,智慧气象服务覆盖到基层社区,气象预警信息发布渠道全覆盖。天津率先开启1 km×1 km高时空分辨率智能网格预报产品,构建无人机自动气象探测系统、城市内涝监测预警推送服务。目前北斗导航探空系统在500 hPa以下气压的观测精度为1.3 hPa,温度和湿度的观测精度分别为0.2 ℃和3%。

改革开放40年以来,我国已建成具有世界先进水平的现代综合观测系统,建立了完善的现代气象预报预测系统,形成了完备的现代气象信息系统。《2022年大城市气象高质量发展评估报告》显示城市气象服务的"两个体系"建设日趋完善,并取得诸多成果。2022年大城市气象高质量发展指数为75.3,北京、上海、深圳排名居于前三;气象服务水平指数为77.4,广州、上海、杭州位列前三。下面从综合观测、预报预测、信息网络、气象服务方面简单列举。

深圳城区和全市地面气象观测站(四要素)的观测盲区进一步缩小,城区站网间距达到3.2 km,87%的大城市建设有两种以上的垂直观测设备。共有S/C波段雷达37部,其中45.2%的大城市监测覆盖率超过90%,共有X波段雷达67部,有22.6%的大城市监测覆盖率超过90%。智能网格0~2 h,2~12 h,12~24 h预报空间分辨率达到1 km,时间分辨率和更新频次最高达到10 min,北京、广州、深圳等大城市基本具备24 h内快速更新全要素、高时空分辨率预报产品的能力。大城市暴雨预警信号准确率平均值达到93.2%。在气象服务方面,69%大城市预警信息发布公众覆盖率达到99%,77%大城市的气象服务公众覆盖率达到100%,公众气象服务满意度评分基本90.0分以上,74.2%大城市人均减灾效益超过300元。其实,大城市气象高质量发展得益于我国的气象现代化发展,尤其是我国数值天气预报的发展。

9.4　城市智慧气象服务

智慧气象表现为深入应用云计算、物联网、移动互联、大数据、人工智能等新技术,依托气象科学技术进步,使气象系统成为一个具备自我感知、判断、分析、选择、行动、创新和自适应能力的系统,让气象业务、服务、管理活动全过程都充满智慧(王婉,2018)。智慧气象的内涵至少包括完整适用的感知、全面准确的预测、及时满意的服务、生动持续的创新(沈文海,2015),"AI+气象"在近几年迅速崛起,涌现出大量气象大模型(黄小猛等,2024),例如中国气象局发布的"风富""风清""风顺"大模型。城市气象服务如何更好地在城市建设过程中发挥重要作用,是气象工作者的一项重要研究内容(董事等,2022)。

北京城市气象研究院自主研发的城市微尺度气象快速模式可提供逐 10 min 更新、10 m 级分辨率微尺度的天安门三维风场预报,并且该模式已成功应用于多个重大活动气象保障服务,气象科技赋能效果尽显。中国气象局《智慧城市气象观测和服务试点工作方案》提出融入政府推进智慧城市建设工作,针对防灾减灾、城市治理等领域,通过加强部门合作构建智慧城市气象观测系统,开展情景互动服务;通过建立智慧城市气象观测和服务相关规范和标准,形成可推广的工作机制和建设经验。目前,我国多个城市已经开展了城市智慧气象服务建设,并取得了良好效果。

全国综合气象信息共享平台(China Interated Meteorological informection Sharing System,CIMISS)由 1 个国家中心和 31 个省级中心组成,形成了一个物理分布、逻辑统一的信息共享平台,可提供多种实时、历史数据的在线存储服务。与原国家级数据存储系统相比,CIMISS 能使资料入库时间缩短 20%,数据访问效率提高 2~5 倍。目前,CIMISS 全球观测数据完整性大幅提高,全球地面观测数据每日台站个数从 1 万增加至 1.1 万,全球海洋观测数据每日记录数增加 160%,全球探空观测数据每日台站个数从 750 增加至 800,飞机观测数据每日飞机架次从 2000 增加至 6000。如果说 CIMISS 是气象数据整合分发平台的代表,那么智慧气象服务云平台则能使个性化气象服务走近公众。

2019 年上海市气象局牵头研发了"城市精细化管理气象先知系统",该系统也是城市大脑即上海城市运行管理和应急处置系统的重要应用之一,可为重大活动开展现场实时的精细化气象服务。该系统包括两方面内容——气象数据综合汇聚和可视化展示分析。在大数据分析建模的加持下,智慧气象先知系统做到了多种数据的汇聚融合,在气象影响预报和风险预警上实现全流程、全要素、全过程的精细化。目前智慧气象先知系统已基本形成以基于天气、基于位置、基于时间和基于场景为指引,绘就城市三维精细"天图",感知研判城市气象风险,实现智慧气象服务与城市运行管理的深度融合。该系统目前已在珠海、芜湖等地推广(丁昕彤,2023)。

重庆市气象局联手百度打造国际领先的气象 AI 深度学习平台,为智慧气象和智能预报提供技术和平台支撑。利用百度公有云资源服务,实现气象数据上云,建立了气象云资源中心,极大地提升了重庆的气象数据处理、计算与分析能力。通过打造"天枢·智能探测系统、天资·智能预报系统、知天·智慧服务系统、御天·智慧防灾系统"(智慧气象"四天"系统),让天意不再难测。

2022年WMO以线上会议形式启动了"超大城市智慧气象服务公私参与试点项目",这标志着代表中国气象局的深圳市气象局和香港天文台、澳门地球物理暨气象局共同参加的"世界气象组织超大城市智慧气象服务公私参与六项示范项目(2021—2024)"正式启动实施。

北京市气象局组织构建了海陀山冬奥气象综合观测平台,该平台实现了多要素、多手段、多尺度(覆盖中、小、微尺度)的三维立体实时综合观测,为实现冬奥赛区"百米级、分钟级"气象服务保障提供科技支撑。从2019年起,该平台连续开展4个冬季的综合观测试验,形成了包含温压湿风、辐射湍流、云和降水宏微观参数等多种要素的数据集。该数据集不仅为海陀山高影响天气的统计特征和机理研究提供了数据支撑,而且在模式的降尺度模拟改进和验证方面发挥了重要作用,同时还有效提高了预报员对海陀山区高影响天气的认知,提升了预报、预警能力(王倩倩等,2023)。

延伸阅读

2022年中国气象局发布的《气象高质量发展纲要(2022—2035年)》提出监测精密、预报精准、服务精细的现代气象体系概念。目前,业务部门要达到预报精准、服务精细到乡镇还是存在很大困难。2020广年东省突发事件预警信息发布中心首次尝试和探索精准到县乡镇,发布预报预警信息。2023年广东省已建立短时临近分镇精细化预报机制,短时临近监测预警业务系统,并结合一些模式预测、估测、会商等预报信息,可以发布逐时未来1h强降水可能影响到的乡镇预报预警信息。广东省突发事件预警信息发布中心这种不畏艰难、勇于探索、勇攀事业高峰的品质值得我们每个气象人学习。以下是该机构的一些基本介绍。

广东省突发事件预警信息发布中心(广东省人工影响天气中心)成立于2003年,委托广东省气象局管理,是地方公益一类事业单位。主要职责包括:负责省突发事件预警信息发布平台的建设、规划、维护,负责预警信息的收集、分析和研判,发布经审定的预警信息并反馈发布情况,组织预警信息发布绩效评估,拓展预警信息发布手段;协调省内外、跨部门、跨市县的人工影响天气工作,实施省内人工增雨、人工消雨、人工消雾、人工防霜等人工影响天气工作;承担全省人工影响天气试验项目的实施,开展人工影响天气作业方法试验研究、效果检验方法研究和预警指挥作业系统建设等工作。2007年该中心成功为湛江地震辟谣。2008年,广东省列入中国气象局突发事件预警信息发布中心试点省。2015年预警信息发布系统已基本建成。该系统建设了12121语音电话与传真、短信、微博群、网站、电子显示屏、农村大喇叭、应急气象频道、手机客户端、微信等多种发布渠道子系统,实现"一键式"对各种渠道发布各类突发事件预警信息。2018年,广东省人民政府发布《广东省气象灾害防御重点单位气象安全管理办法》,将台风、暴雨、雷电、大风、高温、寒冷等灾害性天气发生时,容易直接或者间接造成人员伤亡、较大财产损失或者发生生产安全事故的单位称为气象灾害防御重点单位,并且给出了8类气象灾害防御重点单位(表9-1)。

表9-1 气象灾害防御重点单位

1	学校(含幼儿园)、医院以及火车站、民用机场、轨道交通、高速公路、客运车站和客运码头等人员密集场所的经营管理单位
2	易燃易爆、有毒有害等危险物品的生产、充装、储存、供应、运输或者销售单位
3	重大基础设施、大型工程、公共工程等在建工程的业主单位
4	电力、燃气、供水、通信、广电等对国计民生有重大影响的企事业单位
5	旅游景区、主题公园、风景区的经营管理单位,重点文物保护单位
6	渔业捕捞、船舶运输、渔港、海上平台、跨海桥梁等的经营管理单位
7	大型生产、大型制造业单位或者大型劳动密集型企业
8	其他因气象灾害容易造成人员伤亡、较大财产损失或者发生生产安全事故的单位

参考文献

[1]罗鑫玥,陈明星.城镇化对气候变化影响的研究进展[J].地球科学进展,2019,34(9):984-997.

[2]王艳君,高超,王安乾,等.中国暴雨洪涝灾害的暴露度与脆弱性时空变化特征[J].气候变化研究进展,2014,10(6):391-398.

[3]谢璞,李青春,梁旭东.大城市气象服务需求与关键技术[J].气象科技进展,2011,(1):25-29.

[4]中国气象局.气象预报发布与传播管理办法[EB/OL].(2015-03-12)[2024-09-05].https://www.gov.cn/gongbao/content/2015/content-2901383.htm.

[5]刘丹,黄彬,花丛,等.以评促建示范引领释放动能[N].中国气象报,2023-06-05(001).

[6]深圳市应急管理局.深圳市气象灾害风险提示(2024年版)[EB/OL].(2024-03-14)[2024-09-05].https://www.sz.gov.cn/cn/xxgk/zfxxgj/tzgg/content/post_11194375.html.

[7]吴兑,邓雪娇.环境气象学与特种气象预报[J].广东气象,2000,26(8):3-5.

[8]曲晓黎,张娣,郭蕊,等.高速公路高影响天气风险预报预警技术[J].气象科技进展,2020,10(4):51-53.

[9]卢赓,邓娟.气象灾害下电力系统面临的风险辨析及应对策略[J]机电工程技术,220,49(12):30-32.

[10]徐安馨,基于场景分类识别的电网气象灾害预警方法[D].济南:山东大学,2021.

[11]王延青,刘敦训,徐文文.深圳气象改革发展实践与展望[J].气象科技进展,2019,9(3):88-93.

[12]中国气象局.关于印发加强城市气象防灾减灾和公共气象服务体系建设指导意见的通知[EB/OL].(2014-01-05)[2024-09-05]. https://www.cma.gov.cn/zfxxgk/gknr/wjgk/qtwj/201612/t20161213_1711926.html.

[13]国务院.气象高质量发展纲要(2022—2035年)[R/OL].(2022-04-28)[2024-09-05]. https://www.gov.cn/zhengce/zhengceku/2022/05/19/content_5691116.htm.

[14]中国气象局.2022年大城市气象高质量发展评估报告[R/OL].(2023-06-02)[2024-09-05]. https://www.cma.gov.cn/2011xwzx/2011xqxxw/2011xqxyw/202306/t20230602_5550181.html.

[15]李阳,蒋洁.以郑州"7·20"特大暴雨为例探讨城市气象灾害应急响应处置机制[J].中国防汛抗旱,2023,33(4):61-65.

[16]蒲希.打造智慧气象多跨融合"样板间"[N].中国气象报,2024-02-28(002).

[17]中国气象局."十四五"公共气象服务发展规划[EB/OL].(2021-11-24)[2024-09-05]. https://www.cma.gov.cn/zfxxgk/gknr/ghjh/202112/P020211-209358186806802.pdf.

[18]王延青,刘敦训,徐文文.深圳气象改革发展实践与展望[J].气象科技进展,2019,9(3):88-93.

[19]中国气象局.粤港澳大湾区气象发展规划(2020—2035年)[EB/OL].(2020-04-30)[2024-09-05]. https://www.gov.cn/xinwen/2020-04/30/content_5507633.htm.

[20]中国气象局.全国气象现代化发展纲要(2015—2030年).气发〔2015〕59号[EB/OL].(2015-08-19)[2024-09-05]. https://www.gov.cn/gongbao/content/2016/content_5036290.htm.

[21]国务院.气象高质量发展纲要(2022—2035年)[EB/OL].(2022-04-28)[2024-09-05]. https://www.gov.cn/zhengce/zhengceku/2022/05/19/content_5691116.htm.

[22]中国气象局.关于全国地面气象观测自动化改革正式业务运行的通知[EB/OL].(2020-03-28)[2024-09-05]. https://www.gov.cn/xinwen/2020-03/20/content_5493764.htm.

[23]王婉.利用"智慧气象信息平台"解决预警发布"最后一公里"的问题.[J].通讯世界,2018(6):292-293.

[24]沈文海."智慧气象"内涵及特征分析[J].中国信息化,2015(1):80-91.

[25]黄小猛,林晨銮,熊巍,等.数值预报AI气象大模型国际发展动态研究[J].大气科学学报,2004,47(1):46-54.

[26]董事,杨东,陈云强,等.我国特大型城市气象发展趋势研究[J].中国信息化,2022(7):97-98,87.

[27]中国气象局.智慧城市气象观测和服务试点工作方案[EB/OL].(2019-10-17)[2024-09-05]. https://www.cma.gov.cn/2011xwzx/2011xqxxw/2011xqxyw/201910/t20191017_537593.html.

[28]丁昕彤.上海市气象灾害防御技术中心气象灾害风险研判室副主任李海宏:深耕先知系统赋能城市运行[N].中国气象报,2023-02-10(004).

[29]王倩倩,陈羿辰,程志刚,等.海陀山冬奥气象综合观测平台及研究进展[J].气象学报,2023,81(1):175-192.